DIV+CSS

网站布局

案例精粹

第 2 版

闫 睿 编著

清华大学出版社

北 京

内 容 简 介

本书通过30个网站案例，介绍了用标准DIV+CSS构思和实现网站的一些方法。从分析需求和DIV设计入手，通过介绍CSS样式，步步深入地给出了一个个比较美观新颖的包含多个页面的案例。

书中每个案例都是独立的，其中囊括了在线购物、公司网站、个人网站、视频网站、电影网、小说阅读网站、科教类网站等的各种主题，大家不仅可以通过学习，了解到DIV布局、CSS搭配样式、JavaScript实现动态等一系列的知识点，还可以充分利用其中的一些素材，搭建和装饰自己的网站。

本书适合从事网页开发设计的人员（尤其是美工）阅读。此外，从事Web开发的程序员也能从本书里得到启示。本书也能够作为高等院校相关专业的参考用书，特别地，本书的诸多案例更能帮助阅读者轻易地完成课程设计等工作。

图书在版编目（CIP）数据

DIV+CSS网站布局案例精粹/闫睿编著. —2版 —北京：清华大学出版社，2015（2021.2 重印）
ISBN 978-7-302-38773-2

I. ①D… II. ①闫… III. ①网页制作工具 IV. ①TP393.092

中国版本图书馆CIP数据核字（2014）第286429号

责任编辑：夏非彼
封面设计：王 翔
责任校对：闫秀华
责任印制：刘海龙

出版发行：清华大学出版社
  网 址：http://www.tup.com.cn，http://www.wqbook.com
  地 址：北京清华大学学研大厦A座   邮 编：100084
  社 总 机：010-62770175   邮 购：010-62786544
  投稿与读者服务：010-62776969，c-service@tup.tsinghua.edu.cn
  质 量 反 馈：010-62772015，zhiliang@tup.tsinghua.edu.cn
印 装 者：三河市龙大印装有限公司
经 销：全国新华书店
开 本：190mm×260mm 印 张：26 彩 插：2 字 数：672千字
版 次：2011年4月第1版 2015年2月第2版 印 次：2021年2月第6次印刷
定 价：59.00元

产品编号：050445-01

DIV+CSS
网站布局案例精粹（第2版）

资源文件使用说明

- · 提供30个整体网站设计案例
- · 赠送50个网站案例

全书网站案例

DIV+CSS
网站布局案例精粹

赠送50个网站案例（HTML模板）

本书配套的下载资源文件中赠送了50个网站的HTML模板，这些模板的布局具有不同的风格，美工朋友可以使用这些模板充实自己的资料库，在需要的时候从中借鉴各种布局样式和素材。

模板主题

SPA女子会所	欢乐西餐厅	美食网站
奥迪汽车	婚纱摄影	女友花园网
奥运网站	我爱家居网	鹏润地产网
电子世界	建筑师之家01	商用设备公司网站01
蜗斯电子商务	建筑师之家02	商用设备公司网站02
中华儿童学习网	健康饮食网	科技网站
儿童玩具网	交通运输网	室内设计网
中华民族儿童网01	东方教育	新鲜水果网
中华民族儿童网02	黑咖啡食店	图书馆网站
凡客诚品	科技公司	网上书店
杨澜个人网站	朗图设计01	香奈尔网站
韩国料理网	朗图设计02	天天影视网
月月花卉网首页	留学网	音乐网
月月花卉网二级页面	旅游网01	中华音乐网
华硕电脑	旅游网02	中华资讯网
古化石网	网律师网站	网上书店
欢乐餐厅	冒险岛	

前　言

美感是一个网站的生命，访客大多是根据页面的布局和美观性（而不是内容）来给出网站的第一印象，所以，美工在网页设计和开发的过程中起到了一个不可估量的作用。

对于美工读者来说，如果很好地掌握了DIV和CSS，那么就能很快地把自己的构思设计成为实际的网页，在掌握了一定的网页设计知识以后，如果美工朋友还能大量"参考优质网站"，并从中汲取养分，那么就能很快地用他山之石琢成一块网页的"美玉"。

在本书里，您能看到30个网站的范例，这些网站都是经过我们精心挑选，其中包含了诸如购物、小说阅读、个人网站、资讯类网站和电影网站等多种题材，这些网站页面精美，布局各异，而且包含了多种动态的效果。

熟读唐诗三百首，不会作诗也会吟，当您仔细阅读过这30个案例后，一定会让您的眼界大为拓展，一方面能更扎实地使用DIV和CSS这些基本知识，另一方面，也能让您能更深刻地了解"设计方法"，毕竟在这30个网站里，存在着太多的排版方法和动静搭配的方式，当您在设计其他网站时，可以充分借鉴这种风格，提升网站的美观程度。

此外，本书还包含了50个案例，这些案例是30个案例的补充，具有很大的重用性。如果您想通过网络创业，那么，这30个网站加50个案例里，或许会有让您创业的题材，比如其中的小说阅读网站、购物平台和资讯类网站，都能很好地吸引点击量。

CSS和DIV的语法是比较丰富的，但实用的语法并不多，在本书里，并没有针对性地讲述语法知识，而是通过案例，综合演示"语法应用"的效果。这里，大家看不到"什么语法是什么含义"之类的讲述，但能大量看到"某某语法是如何应用在案例中"的这类解释。

归纳地讲：这本书可以给您带来如下的收获：

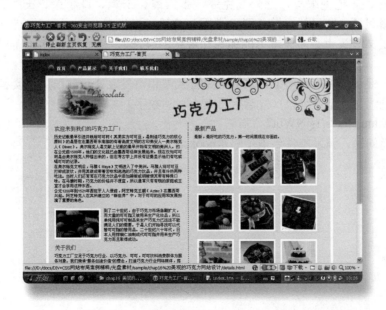

- 您能通过修改案例中部分或整体，开发一个类似的网站或页面。
- 您能采用案例里的框架，把整体网站通过修改内容，改编成风格相似但主题不同的网站。
- 您能把案例中的一些动态效果（比如JavaScript等）通过改编，放置到您的页面里，从而让您的页面更吸引访问者的眼球。
- 当然最基本的收获是，您可以更深刻地了解DIV和CSS。

本书和当前市面上的CSS+DIV系列书相比，有如下的特点：

- 采用"案例轰炸"的方式，让您在短时间内能了解到各种样式的网站风格。
- 每个案例"小而全"，集DIV+CSS+动态效果为一身，所以大家能在一套案例中学到三套知识点的整合方式。
- 不再强调理论，而是强调"实战"，通过那么多案例的引导，哪怕是刚入门的新手级美工，通过学习，也能很轻松地上手。
- 只给出并分析最实用的知识，而帮您过滤掉一些边边角角的不大实用的知识点，让您在最短的时间内掌握最实用的知识体系。
- 在本书的资源文件中，还有50个中等规模的案例，这些案例的布局是基于不同种风格的，通过这些案例，能让美工朋友很好地充实自己的资料库，在需要的时候从中借鉴各种布局样式和一些素材。

编写这套素材库的美工和程序员均有5年以上工作经验。他们很了解各位美工读者需要什么，可以说是量身定做了这个包含30个案例和50个案例的素材库。

为了让您更有效地从这本书里得到最大的收获，建议您采用如下的阅读方式：

第一，运行代码，了解一下这个案例的功能，知道这个案例中包含哪些亮点。

第二，查看资源文件，深入了解这个案例的页面构成和代码结构。

第三，阅读代码，知道代码的整体布局，并了解感兴趣代码（比如动态效果代码）的位置。

第四，学习整体网站的构架，或者直接从中取得感兴趣的代码，改编到自己的网站。

本书由闫睿、史艳艳编写，此外高克臻、张云霞、王魁、许小荣、王冬、王龙、张银芳、周新国、张凤琴、陈可汤、陈作聪、聂阳、沈毅、张华杰、朱丽云、张秀梅、张玉兰、李爽、田伟、王文婷等也参与了本书的编写和最终的整理，在此，编者对他们表示衷心的感谢。

由于时间仓促及作者水平所限，本书难免有纰漏和不妥之处，敬请广大读者批评指正。

本书配套的源文件下载地址（注意字母大小写和数字）如下：

http://pan.baidu.com/s/1sjNWbt7

如果下载有问题，请发邮件到电子邮箱booksaga@126.com。

编者

2014年10月

目　　录

社区交友网站

互联网拓展了人与人之间的关系，当前，越来越多的SNS系统应运而生，从而改变了传统社区的交流方式。交流类网站由于可以拓展人脉关系，当前非常走红。

本章将给大家介绍一个社区交友类网站的产生方式，其中，将介绍首页、"博客"和"贺卡"三个页面，并重点讲解页面框架和图片这两个重要的页面布局。

1.1 网站页面效果分析

社区交友网站的设计初衷是，给更多的用户创建一个聊天、交友和娱乐的平台，所以良好的视觉效果和完善的用户体验是本网站设计的关键。

国内的社区交友网站多以奶白背景色和暖背景色加上高亮文字、图片为主，这种经典设计，已经成为国内用户的审美标准，这里我们给大家提供的案例是颜色艳丽、色彩鲜明的网站，相信第一次看到该页面的用户都有眼前一亮的感觉，源代码在与本书配套的下载资源的源文件中。

1.1.1 首页效果分析

社区交友网站的首页效果如图1-1所示，这里采用了四行的样式。

第一行，除了Logo外还包含带分页标签的搜索功能块。第二行，显目地突出了图片效果的导航菜单，这样能使网站看起来别具一格。第三行包括了网站的主体内容，这里采用了三列的样式，其中，第一列不仅提供了聊天软件下载功能，还包括了登录模块。中间列展示了社区里的各功能模块，比如圈子、语音聊天室、电子贺卡、小游戏等。右边列有热门词导航等功能模块。

而在页面的最后一行中，放置了诸如导航菜单和版权信息等内容。

图1-1 首页的效果图

1.1.2　博客页面的效果分析

博客页面同样为三列布局，如图1-2所示，左边是"热门推荐"区域，中间部分包含了"专栏作家"、"搜索"、"专题介绍"、标签和"评论信息"等模块，而最右列放置了"登录"功能块。下面将分析这个页面的效果，和首页完全相同的部分我们就不再讲述了。

图1-2 博客页面效果图

1.1.3 网站文件综述

网站文件包括页面、样式、JavaScript、图片等内容，其中页面所用到图片、CSS文件和JS代码，分别保存在images、css和js目录里，文件及其功能如表1-1所示。

表1-1 交友网站文件和目录一览表

模块名	文件名	功能描述
页面文件	index.htm	首页
	blog.htm	博客页面
	piczhan.html	电子贺卡页面
css目录	之下所有扩展名为css的文件	本网站的样式表文件
js目录	之下所有扩展名为js的文件	本网站的JavaScript脚本文件
Images目录	之下所有的图片	本网站需要用到的图片

1.2 规划首页的布局

这个网站的首页内容比较丰富，也非常美观，本节将按次序介绍其中重要DIV的构建方式。

1.2.1 搭建首页页头的DIV

在这个页头中包含了两大要素，第一是Logo图片，第二是带导航效果的搜索模块。在这个搜索模块里，用户可以通过切换，分别搜索"图片"或是"视频"内容。这部分的效果如图1-3所示。

图1-3 页头DIV的效果图

下面是页头DIV的关键代码。

```
1.   <div class="h">
2.    <div class="h1">
3.    <!--Logo图片-->
4.    <div class="h1-1">
5.     <img src="img/logo.gif" width="157" height="76" border="0" alt="">
6.    </div>
7.    <!--定义带导航效果的搜索模块-->
8.    <div id="search_banner">
9.     <div class="nsb" id="nsb">
10.    <div class="nsb-1" id="top_links">
11.     <div class="nsb-1-1s" id="web">网站</div>
12.     省略其他导航内容
13.    </div>
```

```
14.    </div>
15.    <!一搜索按钮-->
16.    <div class="nsb-2-2">
17.     <input type="button" id="sub_btn" value="" class="nsb-2-2-b"/>
18.    </div>
19.    省略其他次要代码
20.   </div>
21. </div>
```

在上述代码的第3~5行里，定义了本页面的Logo图片，从第8~14行里，定义了搜索部分的导航菜单，而在第17行，用图片的形式定义了搜索按钮，这个搜索按钮包含了名字为nsb-2-2-b的CSS，这个CSS定义了搜索按钮的宽度、高度、背景图片等属性，关键代码如下所示。

```
1.  .nsb-2-2-b {
2.      background:url('../img/button.gif') no-repeat; //定义按钮的背景图片
3.      width:99px;            //定义宽度
4.      height:32px;            //定义高度
5.      line-height:32px;       //定义行高
6.      border:0px;            //定义边框
7.      margin:0px;            //定义外边距
8.      ......
9.  }
```

1.2.2 搭建导航菜单部分的DIV

导航菜单部分可以说是本网站的特色，这些导航菜单不仅排列精致，而且色彩精美，显示效果如图1-4所示。

图1-4 导航菜单的DIV效果图

导航菜单的关键代码如下所示，其中，从第4~8行的代码中定义了一个父菜单，而从第15~17行，用图片的方式显示出了子菜单。

```
1.  <div class="h2">
2.   <div class="bud">
3.    <ul>
4.    <li id="menuItem0" class="main_li" style="margin-top:-10px; ">
5.     <a href="index.html" class=" main_li_link" id="link_menuItem0">
6.        首页
7.     </a>
8.    </li>
9.    <li id="menuItem1" class="main_li" >
10.     <a href="blogs.html" class="main_li_link" id="link_menuItem1">
11.        软件下载
```

```
12.          </a>
13.        <ul id="ul_sub_menu1" class="ul_sub_menu">
14.          <!--这里是子菜单-->
15.          <div class="li_sub_menu-d-img">
16.             <img src="img/template/arrow.gif" width="13" height="11"
border="0" class="sub_menu_img">
17.          </div>
18.        </ul>
19.        省略其他菜单效果的代码
20.      </ul>
21.    </div>
22.  </div>
```

1.2.3 搭建首页主体部分最左列的DIV

在首页主体部分中，最左列放置了"软件下载"和"登录"等模块，它们的样式放在一个DIV里，这部分的效果如图1-5所示。

关键代码如下所示，画面虽然复杂，大部分都是图片和文字的堆砌，所以这里不做详细描述。

```
1.  <div class="d-main">
2.    <div class="d">
3.    <div class="d-top">
4.     <div class="d-top-1">
5.     <div class="dl_def" id="dl-m">
6.      <div class="dl_def0">
7.      <div class="dl_def0-2" id="dl-btn">
8.       <!--定义聊天软件部分的图片-->
9.       <div class="dl_def1-1">
10.          <a href="#"><img width="191" height="114" border="0" src="img/
download_65_generic.gif"/></a>
11.       </div>
12.      </div>
13.      </div>
14.      <div class="dl_def1">
15.       <div class="dl_def1-2-0" id="dl-pr">
16.        <!--用图片的方式定义最新手机版的菜单-->
17.          <div id="icq_togo" class="dl_def1-2-1"><a href="#"><img
width="170" height="28" border="0" src="img/dl_2go.gif"/></a></div>
18.        省略其他的菜单
19.       </div>
20.      </div>
21.     </div>
22.    </div>
23.    <div class="d-top-2" id="browser">
24.     <!--定义登录部分模块-->
25.     <div class="d07-2-2"><a target="_top" href="#">
26.      <img src="img/log_in.gif" width="133" height="37" border="0"></a>
```

图1-5 主体部分最左列DIV效果

```
27.        <p>  快快登入，找人聊天</p>
28.      </div>
29.      </div>
30.      <div class="d-top-3"><a href="#"><img src="img/safety.gif" width="95"
height="95" border="0" alt="搜索好友" ></a></div>
31. </div>
```

1.2.4 搭建"你的圈子"部分的DIV

图1-6 你的圈子模块

在首页中，有很多功能模块，比如"你的圈子"和"语音聊天室"等，这些功能模块的样式非常相似，都是采用"标题加图片加文字"的效果。下面就通过"你的圈子"这个模块来分析这类功能模块的构造方式，这部分的效果如图1-6所示。

这部分的关键代码如下所示，其中第5行里展示了标题性文字，在第8~10行里，放置了图片，而在第11~14行里，放置了针对这个功能模块的文字描述。

```
1.  <div class="gr" id="gr_div">
2.     省略次要代码
3.     <div class="seperator">
4.        <h4 class="title"><a href="#" title="">
5.          <span id="icq_grp">你的圈子</span></a>
6.        </h4>
7.        <!--图片-->
8.        <div class="picture"><a href="#" title="">
9.          <img width="158" height="98" src="img/ICQ7Group.jpg"/></a>
10.       </div>
11.       <p class="p_title"><a href="#" title="">你的圈子</a></p>
12.       <p class="p_content"><a href="#" title="">
13.          建立或者加入圈子，聊聊共同的话题</a></p>
14.     </div>
15.   </div>
16.   <div class="main_gr" id="group_more">
17.     <span class="link_more"><a href="#"><span>更多圈子
18.       </span></a></span>
19. </div>
```

请注意，在第3行中，通过seperator这个CSS来控制整个模块的风格，这部分的代码如下所示，它指定了整个DIV的宽度、左内边距和悬浮方式。

```
1.  .seperator {
2.      width:181px;          //宽度
3.      padding-left:14px;    //定义左内边距
4.      float:left;           //定义悬浮方式
5.  }
```

1.2.5 搭建"最近博客文章"部分的DIV

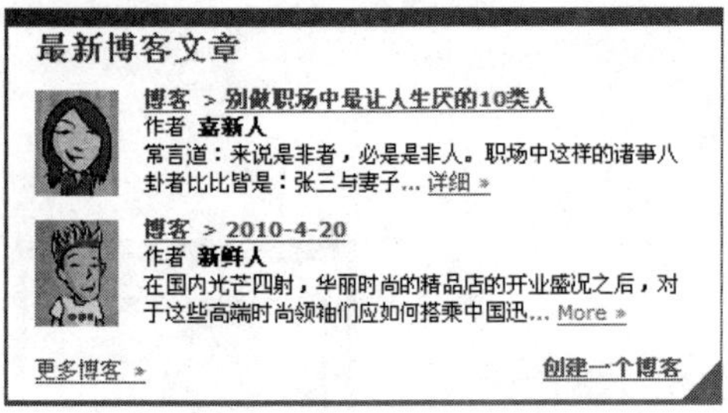

图1-7 最新博客文章部分DIV效果图

在这个交友社区里，会员写的博客总想在第一时间内和别人分享，所以在首页中，需要用一个DIV来包含"最近博客文章"部分的内容。这部分的效果如图1-7所示，它使用了一个大的DIV嵌套诸多小DIV的样式。

关键代码如下所示，其中，在第12行里，定义了博主的头像，在第16行，定义了博客的标题，在第19和20行，显示了作者名称，而在第21行，定义了博客的内容。

```
1.  <div class="d1-2-1-b">
2.   <div class="rc-b">
3.    <div class="rc-b0"> </div>
4.     <div class="rc-b-sp-3"> </div>
5.     <h3 class="rc-b1"><span id="r_blg">最新博客文章</span></h3>
6.     <div class="rc-b2">
7.      <div class="rc-b2-1">
8.       <div>
9.        <div class="rc-b2-1-p">
10.        <div class="rc-b2-1-p1"> <a href="#">
11.       <!--定义博主的头像-->
12.       <img src="img/show_photo..jpg" width="46" height="57" border="0">
13.        </a>
14.        </div>
15.       <div class="rc-b2-1-p2">
16.        <a href="#" class="rc-more" ><b>博客</b></a> >
17.         <a href="#" class="rc-more"><b>
18.           别做职场中最让人生厌的10类人</b></a><br>
19.         <a href="#">作者</a> <a href="#"><b>
20.           嘉新人</b></a><br>
21.         <a href="#">省略博客内容块</a> </div>
22.       </div>
23.        省略其他博客文章
24.     </div>
25.    </div>
26. </div>
```

请注意在这个模块的上方，有一个长条的颜色块，这个效果是通过第3行引入CSS来实现的，CSS部分的关键代码如下所示。

```
1.  .rc-b0 {
2.      height: 9px; //定义高度
3.      line-height: 9px; //定义行高
4.      background: #B030D1; //定义背景色
5.  }
```

而在代码的第10行中，引入了名为rc-b2-1-p1的样式，这个样式针对DIV和图片都有效。

```
1.  .rc-b2-1-p1 {
2.       float: left;
3.       width: 60px;
4.       height:70px;
5.       padding-left: 15px;
6.  }
7.  .rc-b2-1-p1 img {          //针对图片的
8.       margin-top:2px;        //顶部的定义外边距
9.  }
```

1.2.6　搭建页脚部分的DIV

这个网站的页脚部分比较传统，它包含了导航和版权的信息，如图1-8所示。

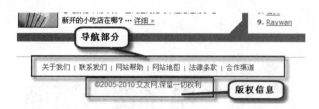

图1-8　页脚部分的DIV

页脚部分的关键代码如下所示，这部分的代码比较简单，所以就不再展开说明了。

```
1.  <div class="f">
2.   <div class="f-lnk-d">
3.    <a href="#" class="f-lnk">关于我们</a>
4.    <!—省略其他部分的导航信息-->
5.    <span class="f-end">&copy;2005-2010交友网.保留一切权利</span>
6.   </div>
7.  </div>
```

1.2.7　首页CSS效果分析

在前面描述DIV的时候，已经讲述了部分CSS的代码，本小节我们将用表格的形式描述首页中其他值得注意的CSS的效果，如表1-2所示。

表1-2　首页DIV和CSS对应关系一览表

DIV代码	CSS描述和关键代码	效果图

`<div class="dl_def1-1">`	定义此DIV里的背景色、宽度、高度等样式
	`.dl_def1-1 {`
	　　　　　`position:relative;`
	　　　　　`right:21px;`
	　　　　　`width:114px;`
	　　　　　`height:114px;`
	　　　　　`background:#F8511C;`
	　　　　　`}`
		定义这个DIV的背景色等样式

（续表）

DIV代码	CSS描述和关键代码	效果图

`<div> <a href="#" class="f-2">聊天</a>`	定义文字的大小
	f-2 {
	        font-size:14px;
	}	

`<div class="d1-2">`	定义整个DIV的宽度、高度和顶部外边距
	.d1-2 {
	        width:760px;
	        height:210px;
	        margin-top:10px;
	}
		针对整个DIV，所以效果不再给出

1.3　电子贺卡页面

在电子贺卡页面中，将放置"贺卡列表"、"菜单导航"等内容。本节我们就来分析一下其中重要DIV的实现方式。

1.3.1　导航列表部分的DIV

在导航列表部分中，用图片加文字的方式，简捷地介绍贺卡的分类信息，如图1-9所示。

这部分的关键代码如下所示，用ul和li生成分类列表，从第6行代码中可以看到li标签嵌套了ul，这个ul就是子节点。

图1-9　作家介绍部分的DIV

```
1.  <div class="cat-nav-2">
2.      <ul id="left_menu">
3.          <li class="cat-nav-2-1-on" id="sel_
cat" title="Go to 'Main' category"><a href="#"
class="on" title="">全部贺卡</a></li>
4.          <li class="cat-nav-2-sp"> </li>
5.          <li class="cat-nav-2-3"> </li>
6.          <li class="cat-nav-2-1" id="top_1"><a href="#" class="" id="lnk_1"
title="">爱情类</a> <span id="1_img" ><img src="img/nav_arr_down.gif" border="0"
width="11" height="11" alt="" title="" onClick="open_sub_cat('1');"></span>
7.          <ul style="display:none;" id="1"> // 子菜单内部添加一个ul列表
8.          <li class="cat-nav-2-sp"> </li>
9.          <!--子列表略内容略-->
```

```
10.          <li class="cat-nav-2-arr"><img src="img/close_chr.gif" border="0"
width="8" height="8" alt="" title="Close 'Holidays' category" onClick="open_sub_
cat('1');"></li>
11.     </ul>
12.    </li>
13.    </li>
14.    <li class="cat-nav-2-3"> </li>
15.    <li class="cat-nav-2-1"><a href="#" class="" title="">问候类</a></li>
16.  </ul>
17.</div>
```

1.3.2 贺卡目录部分的DIV

贺卡目录部分将显示精选贺卡列表，这部分的文字排列整齐，效果如图1-10所示。

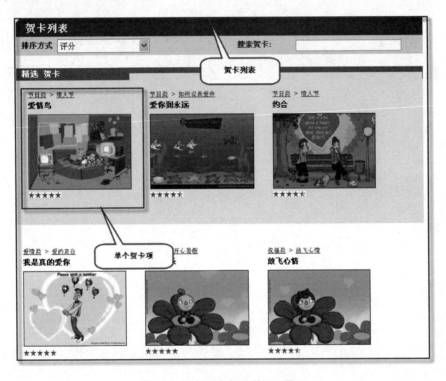

图1-10 贺卡列表部分的DIV展示

这里只列出一个贺卡项，代码如下所示。从代码上我们很容易看出它是由li组成，并且里面的评论图片也是由嵌套ul和li组成。每个贺卡项上由4行：所属类别、标题、图片和评分图片组成，这种由上自下的方式，对样式布局没有太大的难度，设计时没有使用太多的margin和padding，不需要额外代码区支持跨浏览器。另外，第7~15行代码ul，我们可以用单张图片替代，如图1-10所示，单个项评分5颗星，将其单独做成图片取名level5，让页面开发工程师用程序去判断src加载的图片名称。这样写单个项至少可以节省5行代码。

```
1.    <ul class="d2-ul-1">
2.      <li class="li-link" style="width:180px;"> <a href="#" title="">节日类</
a> &gt; <a href="#" title="">情人节</a> </li>
3.      <li> <div class="d-spvh-5"> </div> </li>
4.      <li class="li-title"><a href="#" title="">爱情鸟</a></li>
5.      <li><div class="d-spvh-5"> </div> </li>
6.      <li class="li-img-0"><a href="#" title=""><img src="img/001.jpg"
height="118" width="168" /></a></li>
7.      <li class="li-comment"> <!--//五颗星的图片->
8.        <span class="no-font"><a href="#" title="">
9.        <img src="img/star_full.gif" border="0" width="10" height="9">
10.       <img src="img/star_full.gif" border="0" width="10" height="9">
11.       <img src="img/star_full.gif" border="0" width="10" height="9">
12.       <img src="img/star_full.gif" border="0" width="10" height="9">
13.       <img src="img/star_full.gif" border="0" width="10" height="9"></a>
14.     </span>
15.     </li>
16.   </ul>
17. </li>
```

众星璀璨的影视网站

第 2 章

电影是当前比较流行的一种娱乐方式，而一些巨星云集的大片，更能带给人们以视觉上的盛宴。

最近有什么大片，这些大片有哪些明星，诸如此类的问题一直是电影爱好者们关心的问题。在这个章节里，我们将介绍一个电影题材的展示类网站，其中将包含首页、"热门分类电影"和"热门电影介绍"三大页面，从中大家能了解信息展示类网站的风格和开发方式。

2.1 网站页面效果分析

这个网站的特色是"精而全"，不仅需要用精美的图片来吸引访问者的眼球，而且还要用足够多的电影资讯来吸引住长期访客。

本章将着重分析首页和"电影分类"页面的设计样式，而"电影介绍"页面，虽然也比较精美，但它的设计风格和开发方式与前两个页面非常相似，所以就不作介绍了。

2.1.1 首页效果分析

这个影视网站的首页篇幅比较长，我们把它分为三个图共"六行"的样式来说明。如图2-1所示，在第一行里，放置着包括Logo图片和"导航部分"的页头部分，第二行里放置着"电影搜索"功能模块，第三行里放置的页面的导航菜单，通过这个用户能链接到"最新大片"和"电影时刻表"部分的页面。第四行是首页的主体部分，包括电影介绍和电影新闻等部分，如图2-2所示。第五行里仍然放置"电影搜索"模块，这个模块在首页中是第二次出现，原因是页面比较

图2-1 首页前三行的效果图

图2-2 第四行主体部分的效果

长，方便用户不论访问到哪里，都能搜索自己喜欢的电影。而最后一行是页脚部分，放置导航和版权声明信息，如图2-3所示。

图2-3 最后一行页脚部分

2.1.2　电影分类页面的效果分析

　　在电影分类页面中，不仅提供了导航菜单，而且放置了大量的电影图片。页头和页脚部分和首页非常相似，而主体部分分成三列，大致的效果如图2-4所示。

图2-4　电影分类页的效果图

2.1.3　网站文件综述

这个页面的文件部分比较传统，用img、css和 js三个目录分别保存网站所用到的图片、CSS文件和JS代码，文件及其功能如表2-1所示。

表2-1　电影网站文件和目录一览表

模块名	文件名	功能描述
页面文件	index.html	首页
	dvd.html	电影分类的页面
	events.html	描述具体电影的页面
css目录	之下所有扩展名为css的文件	本网站的样式表文件
js目录	之下所有扩展名为js的文件	本网站的JavaScript脚本文件
img目录	之下所有的图片	本网站需要用到的图片

2.2　规划首页的布局

首页中的内容是比较复杂的，我们把它分成几个部分，分析一下首页中诸多重要DIV的设计方式。

2.2.1　搭建首页页头的DIV

首页的页头部分，包含了Logo图片、导航菜单和"登录和注册模块"三部分内容，样式如图2-5所示。

图2-5　首页页头的DIV设计分析图

实现页头部分的关键代码如下所示，在第4行中，定义了首页中标题性文字的代码，这里可以放Logo图片也可以放广告，从第10~14行，定义了导航部分的菜单，而在第16~18行里，定义了注册和登录功能模块。

```
1.    <div id="adheader">
2.      <table class="ad">
3.        <!—标志性图片-->
4.        <tr><td><img src="image/72890.jpg" /></td></tr>
5.      </table>
```

```
6.     </div>
7.     <!--开始定义菜单-->
8.     <div class="headTop">
9.       <div id="channels">
10.       <div class="channelsLink">
11.         <a href="#">电视</a> | <a href="#">
12.             音乐</a> | <a href="#">广播</a>
13.         省略"电影菜单以及子菜单"的编码
14.       </div>
15.       <div class="userZip userZipLong">
16.         <div class="userInfo ">
17.           <a href="#"/>登录/注册</a>
18.         </div>
19.         <div class="headZip">
20.         <!--搜索电影模块-->
21.           <form name="locForm" onsubmit="JavaScript:onSubmitLocationSear
ch();">
22.           <input name="location" type="text" class="srchtix" id="locSearch"
onfocus="if(this.value=='请输入')this.value='';"
23.           onblur="if(this.value=='')this.value='请输入';" value="请输入" />
24.           <a href="#" id="submit" class="submit">
25.           </a>
26.           <input type="hidden" name="showBorderOption" value="true" />
27.           </form>
28.       </div>
29.     </div>
```

2.2.2 搭建"最新电影"部分的DIV

影视网站的首页需要图文并茂，所以在首页的显眼位置，采用了导航加文字加图片的方式，构建了"最新电影"部分的DIV，这部分的效果如图2-6所示。

图2-6 最新电影部分的DIV效果图

下面我们来分析一下这个DIV，关键代码如下所示，其中在第2~7行里，用ul和li的方式，定义了左边"导航菜单"部分的样式，在从第8~24行里，定义了右边"最新电影"部分的样式。

```
1.  <!--导航菜单部分的DIV-->
2.  <div id="topFiveNav">
3.    <ul class="topfivenav">
4.    <li id="inTheatersNav" class="selected"><a href="#">最新电影</a></li>
5.    <!--省略其他部分的导航菜单-->
6.    </ul>
7.  </div>
8.  <div id="topFive">
9.    <div class="top5container top5mov">
10.   <div class="dimsPoster">
11.     <a id="movieLink21411" href="#"
12.       onclick="s_objectID='MF5-IT-Poster1';">
13.       <img width="90" height="133" src="image/21411_p_m.jpg" />
14.     </a>
15.   <div class="movietitle">
16.     <a id="movieLinkTitle21411" href="#" >迷失世界
17.     </a>
18.   </div>
19.   <div class="movielinks"> <a href="#" class="movieShow"
20.     id="movieShowtimesLink21411";">订票</a>
21.     <a id="movieTrailerLink21411" class="movieTrailer" href="#"
22.       onclick="s_objectID='MF5-IT-Trailer1';">预告片</a>
23.   </div>
24.   </div>
25.  省略其他电影描述编码
26. </div>
```

请注意这里的第2行，引入了ID为topFiveNav的CSS，用来设置左边导航部分的文字，这部分的关键代码如下所示，这个CSS还作用到了ul和li这两个html元素上。

```
1.  #topFiveNav{
2.    background:#fff url(../image/mf_main_top5logo3.gif) no-repeat 0 0; /*背
景图*/
3.    width:135px; /*宽度*/
4.    float:left;  /*设置靠左悬浮标志*/
5.    padding-top:50px; /*设置顶部的内边距*/
6.  }
7.  #topFiveNav ul li{
8.    height:15px;
9.    padding:5px;
10. }
11. #topFiveNav ul li a{
12.   display:block;
13.   width:120px;
14. }
```

2.2.3 搭建"最新电影新闻"部分的DIV

首页中不仅需要放置最新电影，还要放置最新的电影新闻，这部分的篇幅比较大，大致的效果如图2-7所示。

最新**电影新闻**　　　　　　🔲　　　　　　　📶 免费订阅

全部新闻　　订阅新闻　　　　　　　　　　　　　　搜索

《诸神之战》内地破亿 五一长假前的小低潮
9:07:17 — 2010-4-27 — 查看: 全文

本周市场比较平淡, 随着新片不断上映, 3月底4月初上映的大量影片开始逐渐淡出人们视野, 近期影院主导上映影片基本上都是《诸神之战》、《杜拉拉》和《东风雨》, 虽然这三部影片在不同观影人群中都是褒贬不一, 但市场容量并没有缩减, 而且本周三是国家哀悼日, 所有影片停映一天, 周票房依然可以保持在1.3亿左右的高位, 看样子, 2010年的单周票房轻易不会跌破亿元水平线了。　　截止4月25日, 2010年累计票房已经突破了32亿, 照此趋势, 2010年上半年的票房必将超过45亿, 能否做到更高, 就看5月、6月的票房表现了。截止4月25日, 本月的票房已达到5.3亿, 照此趋势, 本月最终票房在6亿左右。

赵葆华: 不能接受批评是不自信的表现
9:23:46 — 2010-4-27 — 查看: 全文

赵葆华称, 他对《无人区》的观点并不是针对这一部片子, 而是对当下青年导演的创作提出意见, 没想到在网上引来铺天盖地的"围剿"。虽然目前他已经把自己博客上与此事有关的文章都删除了, 但赵葆华表示, 不能接受批评是不自信的表现。

《赵氏孤儿》象山开城仪式 票房直指5亿元
8:08:42 — 2010-4-27 — 查看: 全文

大导演拍摄新片总爱玩"神秘", 但经过几年华语大片的洗礼, 如今大导演们开拍新片也懂得变通与媒体沟通的方式。张艺谋的新片《山楂树之恋》尝试用官网发布的形式, 提供简单的拍摄进度报告。而陈凯歌新片《赵氏孤儿》却是在每一次转换外景地之后, 邀请媒体进行实地探班。

《实习医生格蕾》季终拍摄 巨大灾难降临医院
10:34:30 — 2010-4-27 — 查看: 全文

据悉, 第六季最后一集将以2小时联播形式播出, 第一部分中, 西雅图医院将会发生巨大的灾难, 让所有人陷入惊慌, 而第二部分Meredith Grey和Cristina Yang的医术将会面临巨大挑战: 不得不怀疑, 时下流行角色死亡的美剧, 是不是将祸害到医院中某个角色了···

《探索者传说》凶多吉少 ABC磨刀霍霍向此剧
09:09:09 — 2010-4-27 — 查看: 全文

据内部消息称, 这部由畅销小说改编的剧集收视平平, ABC电视台企图把它卖给更小的电视台播放, 因为剧集质量上乘, 不过不小的收购资金让很多电视台都望而却步, ABC电视台不得不忍痛割爱, 砍掉剧集。　　《探索者传说》从2008年11月份开始播出, 看来坚持完2010年5月, 这部剧集很有可能要告别我们了。

台北票房综述: 神勇《海扁王》蝉联冠军
11:56:55 — 2010-4-27 — 查看: 全文

本周末的台北票房排行榜与上周末相比变化不大, 冠军依然是由尼古拉斯·凯奇主演的"超级英雄电影"《特攻联盟》(本站名《海扁王》), 较于首周末跌幅甚小的本片, 在收获了本周末的679万(新台币, 下同)之后, 累积票房俨然已达"准2000万级别", 对于一部投资总额仅为3000万美元的好莱坞动作喜剧片而言

《特殊关系》发新照 聚焦英国首相陈年往事
11:07:22 — 2010-4-27 — 查看: 全文

电影讲述了1997年至2000年期间, 当时的英国首相托尼·布莱尔与当时的美国总统比尔·克林顿之间的"亲密联系"。同时电影还将重点展现克林顿与白宫实习生莱温斯基在1995到1997年期间的"不正当关系", 以及此事被曝光后是如何险些令克林顿下台的。英国演员麦克·辛将第三次在皮特·摩根的剧本中出演托尼·布莱尔, 美国总统克林顿则由演员丹尼斯·奎德扮演。

克里夫欧文加盟动作新片 与斯坦森演死对头
11:07:22 — 2010-4-27 — 查看: 全文

据悉, 两位动作明星将在片中扮演死对头, 一个是前英国特种部队成员, 一个是有名的刺客头目。影片根据Ranulph Fiennes的小说《The Feather Men》改编, 由新锐导演Gary McKendry执导, McKendry是一位来自爱尔兰的导演, 他执导的短片曾获奥斯卡提名。

更多电影新闻

图2-7 最新电影新闻部分的DIV

这部分的关键代码如下所示，其中在第5、第6行，定义了新闻的标题，从第10~26行，定义了一篇新闻的全部要素，包括标题、发布时间和新闻正文等，由于多篇新闻的样式都相同，所以这里只给出针对一篇新闻的代码。

```
1.  <div id="realTimeNews">
2.   <div class="rtnHeader">
3.    <h2>
4.      <!—标题文字-->
5.    最新<b><span class="red">最新电影新闻</span></b></h2>
6.     <a href="#" rel="nofollow" class="rtnHelp aolHelpPopOutTarget">
7.    <div id="rtnNavigation">
8.     <div class="selected" id="rtnNavAll">全部新闻</div>
9.    省略无关的代码
10.   <div class="asset">
11.    <div class="description">
12.     <div class="headline">
13.        <!—新闻标题-->
14.        <a target="_blank" href="#">
15.         《诸神之战》内地破亿 五一长假前的小低潮
16.        </a>
17.      </div>
18.      <!—新闻发布时间-->:
19.      <div class="publishTime">
20.        <span>9:07:17 </span>
21.        <span>2010-4-27</span>
22.      </div>
23.      <div class="snippet">
24.         这里是新闻的全文
25.      </div>
26.     </div>
27.    这里省略其他新闻模块的代码
28.   </div>
29. </div>
30. <div class="more"><a href="#">更多电影新闻</a></div>
```

在代码的第1行里，我们引入了ID为realTimeNews的CSS，由此定义整个新闻部分DIV的样式，这部分的代码如下所示。

```
1.  #realTimeNews {
2.    border-top:3px solid #000000;     /*在每个新闻顶部3像素位置定义一条边框*/
3.    float:left;                       /*定义靠左的悬浮方式*/
4.    position:relative;                /*定义相对定位的方式*/
5.    width:639px;                      /*定义宽度*/
6.  }
```

2.2.4 搭建"搜索"部分的DIV

在首页中，为了方便用户，搜索部分的模块出现了两次，下面我们来看一下这部分的样式，如图2-8所示。

图2-8 搜索部分的DIV效果图

这部分的关键代码如下所示,其中第4行,定义了搜索部分的图标,第12行定义了本文
输入框,第14行定义了搜索按钮。

```
1.  <div class="headMiddle footMiddle">
2.    <div id="moviefoneLogo">
3.      <!—搜索部分的图标-->
4.      <a title="Moviefone" href="#">
5.      <img src="image/moviefone-logo-195x68.jpg" id="mainimage" />
6.    </a>
7.    </div>
8.    <div id="moviefoneSearch">
9.      <div class="searchBar">
10.       <form name="movieForm" ……">
11.        <!—文本输入框-->
12.          <input name="q" type="text" class="srch" id="footerMovieSearch"
"value="请输入" 省略其他要素 />
13.       </form>
14.         <a href="JavaScript:onSubmitMovieSearch('footerMovieSearch');"
id="submit" title="搜索" class="submit"></a>
15.       </div>
16.     </div>
17. </div>
```

请注意在代码的第9行里,引入了ID为chartImage的CSS,它定义了图片外边距和边框等
属性,这部分关键代码如下所示。

```
1.  .mediumChartWithImages li img.chartImage {
2.      float: left;                /*悬浮方式*/
3.      margin: 0 0 0 -66px;        /*定义外边距*/
4.      border: 1px solid #0187c5;  /*定义边框*/
5.  }
6.  .mediumChartWithImages li a:hover img.chartImage {
7.      border-color: #0187c5;
8.  }
```

2.2.5 搭建页脚部分的DIV

这个网站的页脚部分比较传统,放置了导航菜单和版权声明,效果如图2-9所示。

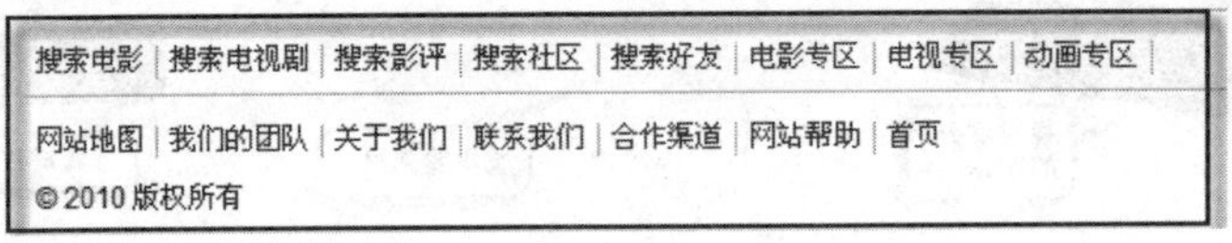

搜索电影 | 搜索电视剧 | 搜索影评 | 搜索社区 | 搜索好友 | 电影专区 | 电视专区 | 动画专区

网站地图 | 我们的团队 | 关于我们 | 联系我们 | 合作渠道 | 网站帮助 | 首页

© 2010 版权所有

图2-9 页脚部分的DIV

这部分的关键代码如下所示，代码比较简单，就不再详细说明了。

```
1.  <div id="footLegal">
2.    <!---定义上半部分的导航菜单-→
3.    <div class="links">
4.      <ul>
5.        <li><a href="#">搜索电影</a></li>
6.        省略其他导航菜单
7.      </ul>
8.    </div>
9.    <!---定义下半部分的导航菜单-→
10.   <div class="links">
11.     <ul>
12.       <li><a href="#">网站地图</a></li>
13.       省略其他导航菜单
14.     </ul>
15. </div>
16.   <!—版权声明-->
17.   <div class="copyright">
18.     &copy; 2010 版权所有
19.   </div>
```

请注意第3行和第10行，引入了ID为links的CSS，由此定义了导航菜单，这部分CSS的代码如下所示。

```
1.  .links {
2.    border-bottom: 0.08em solid #cdd4d3;     /*设置底部边框*/
3.    padding-bottom: 1em;                     /*设置底部内边距*/
4.    overflow: hidden;                        /*定义文字超出后会自动隐藏*/
5.    margin-bottom: 1em;                      /*设置底部外边距*/
6.    display: block;
7.    height: 100%;                            /*设置高度*/
8.  }
```

2.2.6 首页CSS效果分析

在前面描述DIV的时候，已经讲述了部分CSS的代码，本小节我们将用表格的形式描述首页中其他CSS的效果，如表2-2所示。

表2-2 首页DIV和CSS对应关系一览表

DIV代码	CSS描述和关键代码	效果图
\<img class="feed-item-thumbnail"	定义图片浮动靠左 .feed-item-thumbnail {width: 60px; float:left; margin: 6px 6px 6px 4px; display:block;}	据内部消息称，这部由畅销小说改编的剧集收视平平 **图片靠左，使文字能够跟在后面** ABC电视台全国推出真实类小的电
\<div class="searchBar">	定义DIV中的文本框内的颜色 .searchBar form input {background:transparent url(../ image/mf_header_images_v4.gif) repeat scroll 0 -131px;border:0 none;color:#666;….;}	请输入要搜索的电影名　　搜索 设置DIV中文本框的颜色为灰色
\<span class="sortmenu"> \<img width="27" height="25" border="0" class="arrow" alt="" src="image/mf_main_head_arrowbtn.gif" />	以百分比作为宽度，适合用于DIV包含DIV的情况 .sortmenu {background:#FFFFFF none repeat scroll 0 50%;border-color:#CFCFCF;border-style:solid;border-width:1px 0 1px 1px;color:#818181;display:block;float:left;font-size:11px;font-weight:normal;height:12px;margin-top:1px;padding:5px 5px 6px;text-decoration:none;vertical-align:top;width:76px;}	科幻电影 用DIV+CSS+图片模拟出下拉列表框效果 请输入要搜索的电影名

2.3 分类页面

分类页面多是以分类和电影列表为主，该页面显示了电影的所有分类和这个分类下的所有内容。在这个页面中，因为页头和页脚部分和首页是相同的，所以这里就不再介绍了。本节主要介绍的是中间部分的实现。此外，由于这个页面有些DIV的风格比较类似，所以我们就讲些比较重要的DIV实现方式。

2.3.1 分类页面左边部分的DIV

分类页面左边部分的DIV分为三个部分，分别是"分类列表"、"正在热映"和"排行榜"，因为内容比较多，所以这里分别截出其中的一部分进行说明，如图2-10所示，它们使用的DIV比较长，所以我们分开来截图。

图2-10 分类列表图

上图中的三个部分其实是由两个DIV组成的，第一个DIV是分类部分，第二个DIV是由"正在热映"和"排行榜"组成的，只不过是用了不同的CSS，使它看上去像是三个部分而已，其代码如下所示。

```
1.  <div class="k9">
2.   <div class="naviga">
3.    <h3 class="featured">热门分类</h3>
4.    <ul>
5.      <li class="mainnav"><a href="#">全部</a></li>
6.          ......
7.    </ul>
8.   </div>
9.   <div class="naviga">
10.   <h3 style="background-color:#F5F5F5;text-align:center">正在热映</h3>
11.    <ul>
12.      <li class="item">《怒火凤凰》</li>
13.      …..
14.      <li class="clearNav"></li>
15.      <li class="item">排行榜</li>
16.      <li class="item"><a href="#">《月光宝盒》</a></li>
17.      ......
18.    </ul>
19.   </div>
20. </div>
```

2.3.2 分类页面中间部分的DIV

分类页面中间部分分成两部分，上面部分是最新电影，下面部分是影片列表，下面我们依次说明。

先来介绍上面部分，上面部分比较简单，主要就是电影标题、电影图片和电影说明，其效果如图2-11所示。

图2-11 中间部分的上部效果图

实现此部分的DIV代码如下所示。

```
1.  <div class="body">
2.    <div class="left"> <a href="#" target="_blank"> <img border="0"
src="image/avatar-132.jpg" width="132" height="88" /></a></div>
3.    <h4><a href="#" target="_blank">阿凡达 – 更多介绍</a></h4>
4.    <p>主角杰克就是因为这个被请来的，…..</p>
5.    <ul class="dvdWeek">
6.      <li><a href="#" target="_blank">更多介绍</a></li>
7.      <li><a href="#" target="_blank">影片播放</a></li>
8.    </ul>
9.    <div class="clear"></div>
10. </div>
```

接着我们来介绍中间部分的下面部分，这部分显示的是"影片列表"，它包含了全部的影片，这里因为篇幅问题，只给出部分截图，如图2-12所示。

图2-12 中间部分下面部分效果图

实现这部分的代码如下所示。

```
1.  <div class="hubCenter dvd">
2.    <div class="body">
3.      <div class="sort">
4.        <div class="sortText">影片搜索:</div>
5.        <div class="sortDropDown">
6.          <select name="sort">
```

```
7.              ...
8.            </select>
9.          </div>
10.      <div class="clear"></div>
11.      </div>
12.      <div class="movieWrapper">
13.      <div class="movie">
14.      <img class="thePoster" src="image/nuhuofenghuang.jpg" width="125"
height="185" /><a class="movieTitle" href="#">
15.      <span>《怒火凤凰》</span></a>
16.      <div class="thisWeekCont">
17.      <div class="thisWeek"></div>
18.      </div>
19.      <div id="movieLinks">泰拳功夫嘻哈街舞
20.          <div class="captHoverDiv">
21.              <a href="#" class="captHover movieRent" >点评</a>
22.              <a href="#" class="captHover movieBuy" target="_blank">播放</
a>
23.          </div>
24.      </div>
25.      </div>
26.      </div>
27.          ......
28.      </div>
29.    </div>
30. </div>
```

上述代码中，只给出一个影片的样式，其他影片的样式是一样的，就不再重复说明了。其中第4~11行是影片的搜索部分，第12~26行是影片列表的显示部分，在这部分中，电影图片和电影名称是组合在一起的，使用用户使用时有更好的体验。

美食资讯网站

随着互联网的日益发展，越来越多的人开始从网络上获取生活方面的资讯。但是，网络上的信息大多是零散无序的，如果仅靠人们自己从诸多网站上通过分析对比获得最佳答案，这需要比较多的时间，所以资讯类网站就应运而生了，这类网站也颇能吸引一定量的人气。

这个章节里我们将介绍一个美食资讯网站，全面综合地向用户提供上海的餐厅和食谱等美食方面的信息。这个网站里包含了首页、"餐厅列表"和"美食店铺介绍"三大页面，这类网站的成功典范是大众点评网。

3.1　网站页面效果分析

由于本网站属于美食资讯类网站，所以第一要用精美的图片来引起访问者消费的欲望，第二要包容足够多的餐厅等资询信息，第三要提供完备的搜索入口，让用户能很容易地找到自己感兴趣的信息。

在本章中，将着重分析美食网站首页和"美食店铺介绍"页面的设计样式，而第三个包含搜索结果的"餐厅列表"页面，虽然也比较重要，但它的风格与前两个页面非常相似，所以就不再赘述了。

3.1.1　首页效果分析

资讯类网站的首页一般需要包含比较多的信息，这个网站也不例外，首页的篇幅比较长，分为七行的样式。

如图3-1所示，在第一行里，放置了"登录注册"、导航菜单和"搜索"三大功能模块。在第二行里，放置了"高级搜索"和"广告图片"两大模块。如图3-2所示，第三行是本网站的主体，其中将用多个DIV，放置"免费试吃餐厅"、"免费菜谱下载"、"热门菜品"和"飙升排行榜"等内容。如图3-3所示，在第四行里，放置了美食图片，在第五行里，放置了"大厨和美食家"活动模块，在第六行里，放置了"关于我们"、"获取帮助"、"加入美食阵营"和"更多操作"等部分的功能菜单，在最后一行里，将放置页脚的导航菜单和版权声明信息。

首页的样式由于篇幅比较大，所以分三个截图介绍，如图3-1、图3-2、图3-3所示。

图3-1 首页前两行的效果图

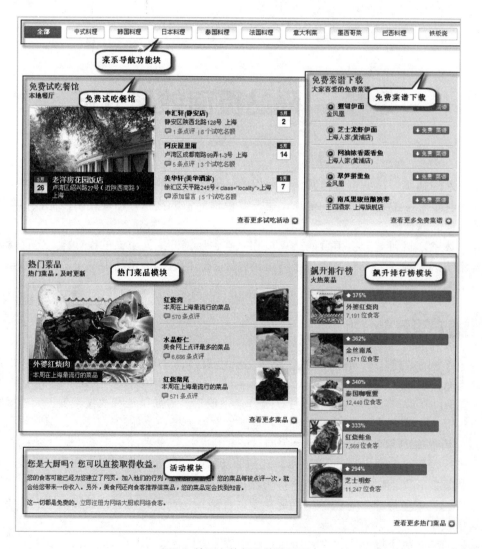

图3-2 首页主体部分的效果图

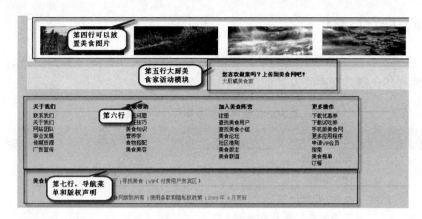

图3-3　后三行的效果图

3.1.2　美食店铺页面的效果分析

美食店铺页面向访问者介绍餐厅的详细信息，这个页面的样式与首页有部分相似的地方，所以这里只给出最具特色的主体部分，它分为三列，效果如图3-4所示。

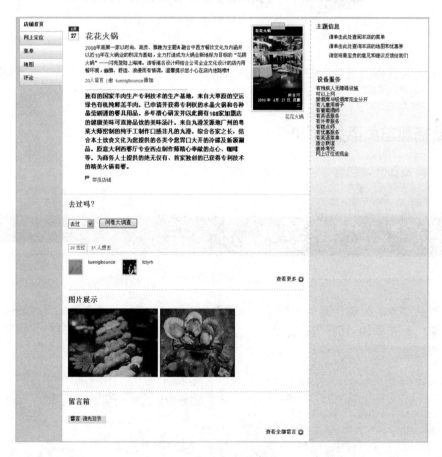

图3-4　餐厅页面的效果图

3.1.3　网站文件综述

这个页面的文件部分是比较传统的，用img，css和 js 三个目录分别保存网站所用到的图片、CSS文件和JS代码，文件及其功能如表3-1所示。

表3-1　美食网站文件和目录一览表

模块名	文件名	功能描述
页面文件	index.html	首页
	Dian.html	描述餐厅信息的页面
	events.html	描述餐厅列表的页面
css目录	之下所有扩展名为css的文件	本网站的样式表文件
js目录	之下所有扩展名为js的文件	本网站的JavaScript脚本文件
img	之下所有的图片	本网站需要用到的图片

3.2　规划首页的布局

首页中的内容相当复杂，我们把它分成几个部分，分析一下首页中诸多重要DIV的设计方式。

3.2.1　搭建首页页头的DIV

首页的页头部分，包含了"注册登录模块"、导航菜单和搜索模块三大部分，样式如图3-5所示。

图3-5　首页页头的DIV设计分析图

实现页头部分的关键代码如下所示，在第2行里，定义了页面的Logo，从第3~8行，定义了导航菜单，而在第10~15行里，定义了注册和登录功能模块，从第17~21行，通过form定义了搜索模块。

```
1.   <div id="header" class="clearit">
2.    <div id="headerWrapper"> <a href="index.html" id="lastfmLogo">美食网</a>
3.     <ul id="primaryNav">
4.      <li id="musicNav" class="navItem">
5.       <a href="dian.html" class="nav-link">餐厅</a>
6.      </li>
```

```
7.        省略其他导航菜单
8.      </ul>
9.      <div id="profileLinks">
10.      <ul>
11.       <li id="loginLink" class="profileItem">
12.       <a href="#" class="profile-link"><strong>登录</strong></a></li>
13.       <li id="signupLink" class="profileItem">
14.        <a href="#" class="profile-link"><strong>注册</strong></a></li>
15.      </ul>
16.      </div>
17.      <form id="siteSearch" method="get" class="autocomplete">
18.       省略其他搜索部分的代码
19.        <button id="siteSearchSubmit" type="submit" class="submit" title="搜索">
20.        </button>
21.      </form>
22.  </div>
```

3.2.2 搭建"高级搜索"部分的DIV

这部分页面提供了比较"智能化"的搜索方式，能让用户根据自己的喜好找到感兴趣的餐厅，这部分的效果如图3-6所示。

这部分的关键代码如下所示，其中在第3~7行里，定义了"智能提示"菜单，在第9~14行里，用form的形式定义了搜索文本框和"确定"按钮，而在第15~18行里，定义下方的"智能提示"菜单。

图3-6 高级搜索部分的DIV效果图

```
1.  <div id="content">
2.   <div class="wrapper">
3.       <h2 class="tagline">美食网会根据你的喜好推荐餐厅</h2>
4.       <p class="example">比如，喜欢烧烤，喜欢寿司，还喜欢
5.        <a href="#">法国菜</a>、<a href="#">中国菜</a>和
6.        <a href="#">日本料理</a>。您喜欢哪种？
7.       </p>
8.       <div class="search">
9.        <form method="get" id="artistSearchForm" class="clearit">
10.        <label for="artistSearch">您喜欢哪些菜式？</label>
11.        <input type="text" class="text" id="artistSearch" />
12.        <button type="submit" value="submit" class="submit">
13.          <span>确定</span></button>
14.       </form>
15.        <p id="searchSuggest">
16.         您还可以尝试<a href="#">快餐</a>、<a href="#">本帮菜</a>、
17.        <a href="#">土家菜</a>或<a href="#">家常菜</a>。
```

```
18.        </p>
19.      </div>
20. </div>
21. </div>
```

请注意代码第4行里，引入了ID为example的CSS，这部分的关键代码如下所示，它设置了"智能提示"部分的文字样式。

```
1.  #anonIntro p.example {
2.    padding: 0 0 1.5em 0;
3.    color: #fff; /*定义颜色*/
4.    font-size: 14px; /*定义字体大小*/
5.    line-height: 1 em; /*定义字高*/
6.    font-weight: bold; /*定义字体*/
7.  }
```

3.2.3 搭建"免费试吃餐厅"部分的DIV

图3-7 免费试吃餐厅部分的DIV

在首页中，为了吸引人气，可以放置"免费试吃餐厅"模块，通过这个模块，一些餐厅能更好地在网站上打广告。这部分的样式如图3-7所示。

这部分的关键代码如下所示，其中在第8行，放置了左边部分的图片，而在第10~14行，放置了图片下方的说明文字，在第16~29行里，放置了左边部分的一个免费试吃的店铺，这里有3个店铺，剩余的两个店铺的代码与第一个很相似，这里就不再重复说明了。

```
1.  <div id="dashboardModules">
2.    <div class="content">
3.      <h2><a href="#">免费试吃餐馆</a></h2>
4.      <strong class="subtitle">本地餐厅</strong>
5.      <ul class="eventsMediumWithFeatured">
6.      <li class="vevent gig first future hasposter">
7.        <!---放置大图片->
8.        <a href="#" style="background-image: url(img/0001.jpg);">
9.          <!—大图片下面的对应文字-->
10.          <strong>老洋房花园饭店</strong>
11.          <span class="location adr">
12.          卢湾区绍兴路27号（近陕西南路）
13.          <span class="locality">上海</span></span></p>
14.        </a></li>
15.        <!—如下放三个免费试吃的店铺-->
16.        <li class="vevent gig future">
17.          <div class="container">
18.            <!—省略店铺的其他地址-->
```

```
19.           <span class="location adr">
20.              静安区陕西北路128号
21.              <span class="locality">上海</span>
22.           </span>
23.           <p class="info"><span class="shoutCount">
24.              <a href="#" class="icon">
25.  <img class="icon comment_icon" width="13" height="11" src="img/clear.
gif" />
26.              <span>1 条点评</span></a></span> | 8 个试吃名额
27.           </p>
28.        </div>
29.      </li>
30.      省略其他两个试吃的店铺的信息
31.      </ul>
32.    </div>
33.    <span class="moduleOptions">
34.      <a href="#">查看更多试吃活动 </a>
35.    </span>
36.  </div>
37. </div>
```

3.2.4　搭建"飙升排行榜"部分的DIV

在首页中，存在着多个"标题加图片加文字"样式的DIV，这里我们以"飙升排行榜"为例，说明一下这类DIV的开发方式，这部分的效果如图3-8所示。

这部分的关键代码如下所示，其中在第3和第4行里，给出这部分DIV里的头文字，而在第5~17行，用ul和li的方式给出了诸多图片加文字部分的样式。

图3-8　飙升排行榜部分的DIV

```
1.  <div class="dashboardModule">
2.    <div class="content">
3.      <h2><a href="http://cn.last.fm/charts">
飙升排行榜</a></h2>
4.      <strong class="subtitle">火热菜品</
strong>
5.      <ul class="mediumChartWithImages
clearit">
6.      <li class=" first odd">
7.        <a href="#">
8.          <!—图片部分-->
9.          <img class="chartImage" height="64" width="64"
10.           src="img/44989115.jpg" />
11.          <!—文字部分，这里只给出关键部分代码-->
12.          <p> <strong>外婆红烧肉</strong>
13.            <small>7,191 位食客</small>
14.          </p>
15.      </li>
16.      省略其他部分的排行榜菜单
```

```
17.        </ul>
18.        </div>
19.        <span class="moduleOptions">
20.          <a href="#">查看更多热门菜品</a>
21.        </span>
22.      </div>
23.    </div>
```

请注意在代码第9行里，引入了ID为chartImage的CSS，这部分关键代码如下所示，它定义了图片外边距和边框等属性。

```
1.  .mediumChartWithImages li img.chartImage {
2.      float: left; /*悬浮方式*/
3.      margin: 0 0 0 -66px; /*定义外边距*/
4.      border: 1px solid #0187c5; /*定义边框*/
5.  }
6.  .mediumChartWithImages li a:hover img.chartImage {
7.      border-color: #0187c5;
8.  }
```

3.2.5 搭建页脚部分的DIV

这个网站的页脚部分比较传统，放置了导航信息和版权声明，效果如图3-9所示。

图3-9 页脚部分的DIV

这部分的关键代码如下所示，代码比较简单，所以就不再说明了。

```
1.    <div id="justCantGetEnough" class="clearit">
1.     <p> <strong>美食网站点导航：</strong>
2.       <a href="#">博客</a> |
3.       <a href="#">搜索餐厅</a> |
4.       <a href="#">寻找美食</a> |
5.       <a href="#">VIP（付费用户贵宾区）</a>
6.     </p>
7.    </div>
8.    <div id="legalities">
9.     <p id="copy"> &copy; 2010 美食网版权所有 |
10.      <a href="#" target="_blank">使用条款</a>和
11.      <a href="#" target="_blank">隐私权政策</a> |
12.      <span class="date">2009 年 8 月更新</span><br />
13.     </p>
14.    </div>
```

3.2.6 首页CSS效果分析

在前面描述DIV的时候，已经讲述了部分CSS的代码，这里我们用表格的形式描述首页中其他CSS的效果，如表3-2所示。

表3-2 首页DIV和CSS对应关系一览表

DIV代码	CSS描述和关键代码	效果图

`<a href="#" class="bluebutton">`	将a 标记定义成按钮效果
	a.bluebutton {
	　height: 26px;
	　display: -moz-inline-box;
	　display: inline-block;
	url（"../../img/bluebutton-right.2.png"）no-repeat right top;
	……
	}	

`<p class="info">`	在图片上打上半透明阴影
	p.info {
	　position: absolute;
	　display: block;
	　background: #000;
	　color: #fff;
	　filter:alpha(opacity=90);
	……
	}	

`<a href="#" class="profile-link">`	登录看上去处于被点中状态
	.profile-link {
	display:-moz-inline-stack;
	　　　display: inline-block;
	　　　……
	　　　text-decoration: none;
	　　　font-weight: normal;
	}	

3.3 在首页中实现动态效果

在这个美食资讯网站中，使用DIV+CSS实现的动态效果都集中在几个导航栏里，下面我们来介绍其中的一个导航栏，其效果如图3-10所示。

图3-10 导航动态效果

我们在菜式导航中以中式料理为例，此部分的页面代码如下所示。

```
1.  <div class="filterTags">
2.    <ul class="clearit">
3.      <li><a href="#"><span>中式料理</span></a></li>
4.      <li><a href="#"><span>韩国料理</span></a></li>
5.      ……
6.    </ul>
7.  </div>
```

因为其他菜式导航的代码是一样的，所以这里就只给出效果图中的两个菜式，这部分的代码比较简单，这里就不再详细说明了。

这个样式主要就是CSS定义，其关键代码如下所示。

```
1.  /* 在filterTags这个CSS下的li中的a标记定义样式*/
2.  .filterTags li a {
3.    display: block;  /*这部分定义成块 */
4.    background: #FFF url(../../img/tag_left1.png) no-repeat left top; /*引用背景图片*/
5.    font-size: 11px;
6.    line-height: 24px;
7.    height: 24px;
8.    margin: 0 10px 0 0;
9.    padding: 0 0 0 3px;
10.   color: #333;
11.   cursor: pointer; /*鼠标手型 */
12.   width: 75px;
13. }
14. /*在filterTags这个CSS下的li中的a标记中的span定义样式*/
15. .filterTags li a span {
16.   display: block;
17.   line-height: 24px;
18.   height: 24px;
19.   background: #FFF url(../../img/tag_right.png) no-repeat right top;
20.   text-align: center; /*字体居中*/
21. }
22. /*鼠标停留时，字体出现下划线*/
23. .filterTags li a:hover {
24.   text-decoration: underline; /*定义字体下划线 */
25. }
```

在上述代码中，从第2~13行是为这个菜式导航整体定义样式，其中第6行、第7行和第12行定义这个区域的宽度和高度，第2行把这个区域定义成一个整体，第8行、第9行定义了这个导航和相邻导航之间的距离。

而第15~21行定义了这个区域中的字体样式和背景图片样式，这部分代码比较简单，就不再做说明了。

3.4 店铺介绍页面

店铺介绍页面中，主要展示了店铺的介绍和相关的图片，有半部分则是店铺相关类表，包括菜单、地图、优惠券等，下面详细介绍该页面。

3.4.1 店铺介绍页面菜单标签的DIV

这里用标签做了一个店铺菜单导航的功能，如图3-11所示。根据选择不同的标签，显示相应内容。那我们要如何设计该区域呢？如何实现切换功能呢？请先看下面的标签代码：

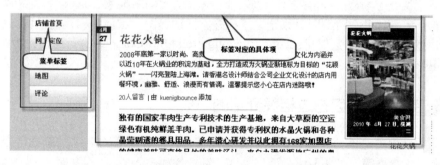

图3-11 店铺介绍页面菜单标签DIV效果展示

```
1.  <div id="secondaryNavigation">
2.   <ul>
3.    <li class=" current first uberlink"><a href="dian.html">店铺首页</a></li>
4.    <li><a href="#">网上定位</a></li>
5.    <!—其他标签略-->
6.   </ul>
7.  </div>
8.  <!—以上标签区域-->
9.  <div class="leftCol">
10. <div class="leftColWrapper">
11.  <div id="calsheet">
12.   <span class="calSheet calSheetSmall clearit">
13.    <abbr class="dtstart" title="20100507T2000Z">
```

```
14.                          <span>
15.            <span class="month">4月</span> <span class="day">27</span>
16.                          </span> </abbr>.
17.       </span></div>
18.    <div id="poster">
19.       <div id="smallPoster">
20.        <span  id="posterLarge" class="lineupPoster clearit
lineupPosterlarge posterToggle" style=" width: 126px;">
21.          <span><strong>花花火锅</strong></span>
22.          <img title="花花火锅" height="126" width="126" alt="" src="img/001.
jpg" /> <span class="foot">美食网<br />
23.          <strong>2010 年 4月 27 日，星期二</strong> </span> </span>
24.          <img src="img/tape.png" class="theTape transparent_png" width="36"
height="17" /> </div>
25.          <p> <a href="#" id="uploadPoster">花花火锅</a> </p>
26.       </div>
27.       <div id="details">
28.          <h1 class="summary"><a href="#">花花火锅</a></h1>
29.          <p class="buttons">2008年底第一家以时尚、高贵……</p>
30.       </div>
31.    </div>
32.    省略其他次要代码
33. </div>
```

上面我们给出了标签和内容显示区域的代码，从代码中能看到secondaryNavigation、calsheet、poster、details四个DIV分别定义了标签、日期、图片和店铺描述的区域。

值得注意的是我们一定要把secondaryNavigation和leftCol之间的间距设置为0，这样做能使标签li显示右边框线。

3.4.2 店铺介绍页面右边相关介绍的DIV

店铺介绍页面右边部分介绍店铺的相关描述信息，方便访客对店铺信息进行查询，包括菜单、地图、优惠券等，如图3-12所示。

图3-12 相关信息展示

图3-12中的效果主要使用嵌套的ul实现，其代码如下所示。

```
1.  <div class="rightCol">
2.      <h2 style="border-top: 0;margin-top: 0;" class="heading"><span
class="h2Wrapper">主题信息</span></h2>
3.      <table class="chart">
4.       <tbody>
5.        <tr class="first streamable" data-track-id="33628360">
6.         <td class="playbuttonCell"> </td>
7.         <td class="subjectCell"><a href="#">请单击此处查阅本店的菜单 </a> </td>
<td class="durationCell"> </td>
8.        </tr>   <!---//代码略………--->
9.       </tbody>
10.      </table>
11.      <div id="LastAd_TopRight" class="LastAd">
12.       <div align="center"> <!---//空格区域略--> </div>
13.      </div>
14.      <!-- Adserving end -->
15.      <h2 class="heading"><span class="h2Wrapper">
16.       <a href="#">设备服务</a></span></h2>
17.      <p class="writeReview">
18.                    有残疾人无障碍设施<br> ///代码略…
19.      </p>
20. </div>
```

上半部分主题区域用了table布局，表格布局不需要写太多的代码，有时，针对一项的布局，我们也可以用表格布局，很多人设计时滥用DIV，遇到标签都用DIV实现。我们要尽量避免这种问题，因为大量DIV使用会使设计过度复杂。

第4章 宠物题材的主题网站

动物是人类的好朋友，随着社会的发展，越来越多的宠物进入了人们的家庭，成为了各自主人家庭里的幸福一员。

在这个章节里，将讲述一个宠物网站的实现方式，这个网站使用图片加文字的方式，讲述"更好地和宠物交朋友"这个主题，网站主要包含首页、"宠物社区"和"热点宠物"三个页面。

 ## 4.1 网站页面效果分析

在本章中，将着重分析宠物网站的首页和"宠物社区"页面的设计样式，而"热点宠物"页面风格比较简单，所以就不做详细说明了。

4.1.1 首页效果分析

宠物网站的布局还是比较奇特的，如图4-1所示，我们采用两行的样式，其中，第一行主要分为两列，左边列主要包含网站Logo、"新闻"、"图片欣赏"等内容，右边列主要包含"联系方式"、"宠物故事"、"宠物信息"等内容；在第二行里放置了导航菜单、版权信息和友情链接。

图4-1　首页效果图

4.1.2　宠物社区页面的效果分析

宠物社区页面如图4-2所示，主要用于展示各种宠物的粮食。

这个页面采用了三行样式，其中，第一行放置的是Logo和导航，第三行放置的是导航、版权信息、友情链接，这些和首页的效果是相同的，这里就不再做说明了。而在第二行里，放置的是宠物粮食列表，因为本页的导航存在与首页不相同的地方，所以图4-2给出第一行和第二行的效果。

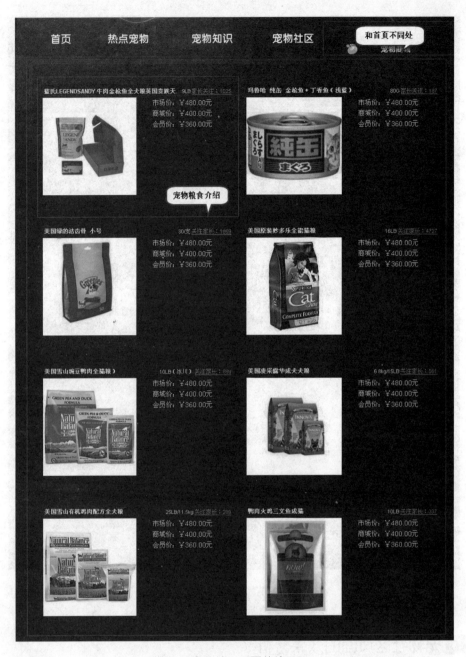

图4-2 宠物社区页面的效果图

4.1.3 网站文件综述

这个页面的文件部分是比较传统的，用images、css和js三个目录分别保存网站所用到的图片、CSS文件和JS代码，文件及其功能如表4-1所示。

表4-1 宠物网站文件和目录一览表

模块名	文件名	功能描述
页面文件	index.html	首页
	news.html	热点宠物页面
	video-list.html	宠物社区页面
css目录	之下所有扩展名为css的文件	本网站的样式表文件
js目录	之下所有扩展名为js的文件	本网站的JavaScript脚本文件
images目录	之下所有的图片	本网站需要用到的图片

4.2 规划首页的布局

宠物网站的首页比较重要,我们希望它搭建得又漂亮又大气。本节我们把首页分为几个部分来依次讲述。

4.2.1 搭建首页页头的DIV

首页页头是比较重要的部分,它不仅包括网站Logo部分,还包括了网站的导航部分,首页第一行左边列的上边部分就是网站页头,这部分的效果如图4-3所示。

首页页头部分的关键代码如下所示:

图4-3 首页页头设计分析图

```
1.  <div id="contenido">
2.   <h2><a href="index.html" class="logo"><strong>logo</strong></a></h2>
3.   <span><a href="#">欢迎来到宠物网</a></span>
4.   <ol>
5.    <li id="nosotros"><a href="index.html">首页</a></li>
6.    <li id="servicios"><a href="news.html">热点宠物</a></li>
7.    <li id="trabajos"><a href="video-list.html">宠物知识</a></li>
8.    <li id="contacto"><a href="video-list.html">宠物社区</a></li>
9.   </ol>
10. </div>
```

其中,第4行使用的标签是ol,这是一个无序列表,在DIV+CSS中使用得比较少的。

这里要注意的就是第5~8行,每个li标签都使用了不同的ID,这是因为页头所使用的导航都是图片,如第5行引用的nosotros,其CSS关键代码如下所示。

```
1.  #nosotros a {
2.      background-image: url(../images/nosotros.png);
3.  }
```

4.2.2 搭建"宠物新闻"部分的DIV

首页第一行的中间部分分为2个部分，左边部分是"宠物新闻"部分，这部分的效果如图4-4所示。

这部分的关键代码如下所示。

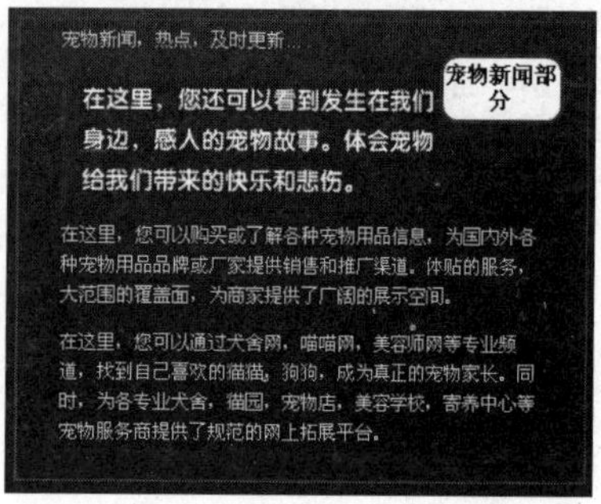

图4-4 宠物新闻部分的DIV效果图

```
1.  <div class="izq">
2.      <p>宠物新闻，热点，及时更新...</p>
3.      <h3></h3>
4.      <p>在这里，您可以购买或了解各种宠物用品信息，…。</p>
5.      <p>在这里，您可以通过犬舍网，…。</p>
6.  </div>
```

这部分代码非常简单，唯一要注意的就是第3行的h3，因为在CSS文件中，已经定义了一个效果，只要在class为izq的DIV下面写入h3都会引用这个CSS，其代码如下所示。

```
1.  .izq h3 {
2.      background-image: none;
3.      width:307px; <!—宽度 -->
4.      height:97px; <!—高度 -->
5.      text-indent:-5000px;
6.      background:url(../images/texto-home.jpg) no-repeat;
7.  }
```

上面代码主要的效果就是定义这个h3的宽度高度，使它符合所引用图片的高度与宽度。

4.2.3 搭建"分类导航"部分的DIV

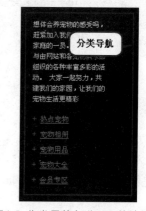

首页第一行中间部分的右边是"分类导航"部分，效果如图4-5所示。

这部分的内容是相当简单的，所以就不做说明了，关键代码如下所示。

```
1.  <div class="der">
2.      <p>想体会养宠物的感受吗，赶紧加入我们吧，
        ……</p>
3.      <ul id="idList">
```

图4-5 分类导航部分DIV的效果图

```
4.      <li><a href="#">热点宠物</a></li>
5.      <li><a href="#">宠物相册</a></li>
6.      <li><a href="#">宠物用品</a></li>
7.      <li><a href="#">宠物大全</a></li>
8.      <li><a href="#">会员专区</a></li>
9.      </ul>
10. </div>
```

4.2.4 搭建"图片欣赏"部分的DIV

首页第一行左边最后一部分就是"图片欣赏"部分，这部分的样式如图4-6所示。

图4-6 图片欣赏部分的效果

下面给出这个DIV的关键代码。

```
1.  <div id="muestra">
2.      <h4></h4>
3.      <a style="position:absolute; top: 35px; left: 490px; font-size:.9em;"
    href="#">
4.      更多宠物图片</a>
5.  <div class="trabajo">
6.   <div class="slide">
7.                  <img src="images/408330.jpg" border="0" />
8.   </div>
9.  <div class="info">
10.     <p class="cliente"><span>搞笑</span>猫咪欺负狗狗</p>
11.     <p><span>成长日记</span>我家有宝初长成</p>
12.     <p><span>宠物供求</span>纯种大头金毛出售<br />
13.      各种名犬现在7折优惠 <br />
14.      不掉毛的小比熊 <br />
15.      </p>
16.     <p class="ver"><a target="_blank" href="#">更多供求信息</a></p>
17.     </div>
18. </div>
```

在上述代码中，第4行的h4的定义方法和4.2.2节中的h3是一样的，这里就不再做说明了，在第5行的代码中引用了名为trabajo的CSS，这部分的CSS定义了一个背景图，这个背景图正好就是"图片欣赏"的外边框，其CSS关键代码如下所示。

```
1.  .trabajo{
2.      width:628px;  <!一宽度 -->
3.      height:371px;  <!一高度 -->
4.      background:url(../images/fondo-proyecto.jpg) no-repeat;  <!一背景图
    不拉伸-->
5.      margin:0 0 0 40px;
6.      padding:21px 0 0 18px;
7.  }
```

在上述的代码中，以第2、3、4行的代码最为重要，其中第2、3行代码中trabajo的高度与宽度的定义方法是与第4行引用的背景图片有关系的，其高度和宽度与图片的高度和宽度一致，这样才能形成边框效果。

4.2.5 搭建"联系方式"部分的DIV

图4-7 联系方式部分的DIV效果图

联系方式部分位于首页第一行右边部分的上方，在这部分中其实包含有两个部分，但都是由图片组成，所以把它们放在同一个部分中了，这部分的效果如图4-7所示。

这部分完全由图片组成，其中每个DIV都用CSS定义了一张背景图片，部分关键代码如下所示。

```
1. <div class="vcard">
2.     <div id="url"> <a class="url fn" href="index.
   html"></a></div>
3.     <div id="direccion">
4.     <div class="org">宗旨</div>
5.     <div class="adr">
6.      <div class="street-address">宗旨</div>
7.      <div id="provincia"> </div>
8.     </div>
9.     </div>
10.        <div class="tel" id="tel">电话</div>
11.        <div class="tel" id="fax">传真</div>
12.        <div id="emailc">
13.            <a class="emailc" href="mailto:
    123@163.com">123@163.com</a></div>
14.    </div>
15.    <div id="otto">
16.     <h4></h4>
17.    </div>
18. </div>
```

上面的代码比较简单，主要就是CSS定义，这里我们就以第3行代码为例，介绍一下CSS，direct关键代码如下所示。

```
1.  .vcard #direccion {
2.      width:217px; <!—宽度 -->
3.      height:91px; <!—高度 -->
4.      background-image: none;
5.      background:url(../images/vcard-02.jpg) no-repeat; <!—背景图片不拉伸
        -->
6.      text-indent:-5000px;
7.  }
```

这部分代码与上一小节的代码很相似，所以这里就不做说明了。

4.2.6 搭建"宠物故事"部分的DIV

宠物故事部分由图片加文字组成的，其效果如图4-8所示。

这部分代码比较简单，这里就不再详细说明了，下面给出这部分DIV的关键代码。

```
1.  <div id="caso">
2.      <h4></h4>
3.      <p>您还可以看到发生在我们身边，……</p>
4.  </div>
```

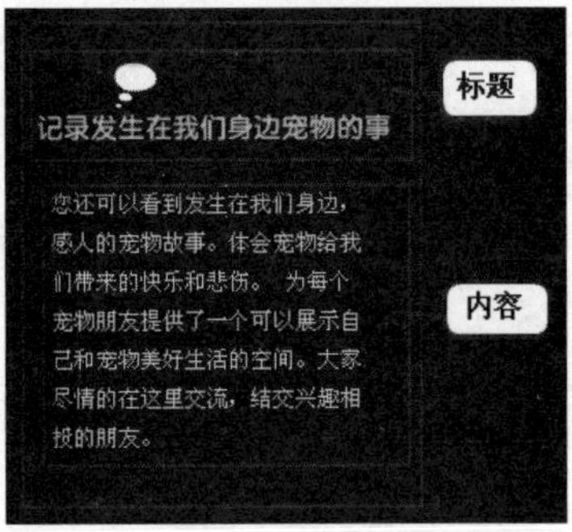

图4-8 宠物故事部分的DIV

4.2.7 搭建"宠物信息"部分的DIV

宠物信息部分的DIV与宠物故事的布局模式是相同的，所以这里就只给出效果图，如图4-9所示。

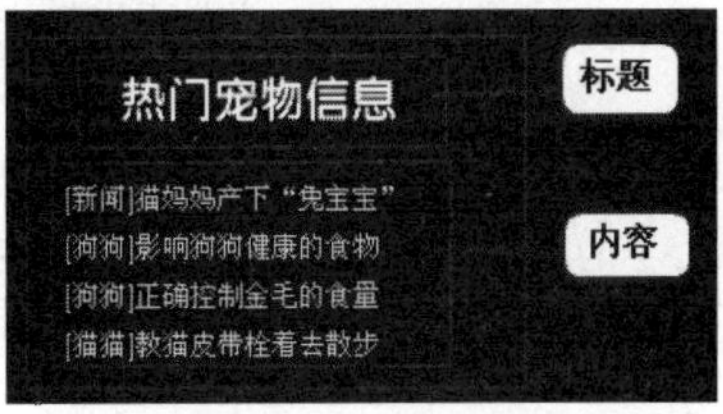

4.2.8 搭建页脚部分的DIV

图4-9 宠物信息部分的DIV

首页页脚部分包含了部分导航、版权说明以及友情链接等内容，效果如图4-10所示。

图4-10 页脚部分的DIV

这部分的关键代码如下所示，代码比较简单，所以就不再做说明了。

```
1.  <div id="pie">
2.  <p><strong>© 2010 保留一切权利</strong></p>
3.  <p> <a href="#">宠物网站</a> |
4.  …… </p>
5.  <p>合作伙伴 - <a href="#">友情1</a> <a href="#">友情2</a> <a href="#">友情3</a> <a href="#">友情5</a></p>
6.  </div>
```

4.2.9 首页CSS效果分析

在前面描述DIV的时候，我们已经讲述了部分CSS的代码，下面我们用表格的形式描述首页中其他CSS的效果，如表4-2所示。

表4-2 首页DIV和CSS对应关系一览表

DIV代码	CSS描述和关键代码	效果图

`<div class="izq">`
`<h3></h3>`
	定义这个DIV下的H3自动引用图片
	`.izq h3 {`
	    `width:307px;`
	    `height:97px;`
	    `background:url(../images/`
	`texto-home.jpg) no-repeat;`
	    `......`
	`}`
		在这里，您还可以看到发生在我们身边，感人的宠物故事。体会宠物给我们带来的快乐和悲伤。　这是一张图片

`<div id="emailc">`	把此DIV设置成块，并设置鼠标为手型
	`#emailc a {`
	    `display:block; background-`
	`image: none;`
	    `background:url(../images/`
	`vcard-05.jpg) no-repeat;`
	    `cursor:hand;`
	`....`
	`}`
		e-mail:123@163.com　设置鼠标为手型

`<div class="info">`
`<p class="cliente">`
	定义文字上不允许出现浮动对象
	`.info p.cliente span {`
	    `clear:both;`
	    `....`
	    `color:#429d8e`
	`}`
		宠物供求　纯种大头金毛出售 各种名犬现在7折优惠 不掉毛的小比熊　更多供求信息　这些文字上不许出现浮动对象

4.3 首页特色

在首页中有一大亮点，第一行的右边列由图片组成，使它看上去像是从页面顶部掉下来的标签，这样整个页面看上去立刻就鲜活起来，其效果如图4-11所示。

图4-11 分类列表图

实现上图效果的关键代码如下所示。

```
1.  <div class="vcard">
2.    <div id="url"> <a class="url fn" href="index.html"></a></div>
3.    <div id="direccion">
4.     <div class="org">宗旨</div>
5.     <div class="adr">
6.      <div class="street-address">宗旨</div>
7.      <div id="provincia"> </div>
8.     </div>
9.    </div>
10.   <div class="tel" id="tel">电话</div>
11.   <div class="tel" id="fax">传真</div>
12.   <div id="emailc">
13.    <a class="emailc" href="mailto:123@163.com">123@163.com</a></div>
14. </div>
```

在上述代码中，需要重点关注的是第2行，它引用了一个的ID为url的CSS，在这个CSS中，引用了一张能看出悬挂效果的图片，其CSS代码如下所示。

```
1.  .vcard #url {
2.      width:217px;
3.      height:165px;
4.      background:url(../images/vcard-01.jpg) no-repeat;
5.      text-indent:-5000px;
6.  }
```

这部分代码其实是比较简单的，但是正是由这些简单的代码，组成了一个非常有特色的首页。

4.4 宠物社区页面

在宠物社区页面中，使用图片加文字的形式介绍宠物食品。由于每个食品介绍DIV的样式非常相似，所以我们就通过一个DIV来分析实现方法，这个DIV的效果如图4-12所示。

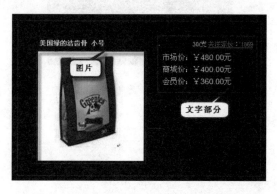

图4-12 宠物食品的效果图

这个页面的关键代码如下所示，其中，在第2~8行的DIV里，编写了右边的文字部分代码，而在第11行里，放置了图片部分的代码。

```
1.  <div class="muestra-trabajo">
2.    <div class="nombre-cliente">
3.      <ul>
4.        <li><a href="#">关注家长: 1869 </a></li>
5.        <li>30/支</li>
6.      </ul>
7.      <h4>美国绿的洁齿骨 小号</h4>
8.    </div>
9.    <div class="flash">
10.     <div id="demo">
11.       <img src="images/003.jpg" style="float:left" />
12.         <div style="float:right; margin-right:20px">
13.           <p>市场价：¥480.00元 </p>
14.           <p>商城价：¥400.00元 </p>
15.           <p>会员价：¥360.00元</p>
16.         </div>
17.     </div>
18.   </div>
19. </div>
```

温馨怡人的电影网站

电影网站更新速度快，收录最新上映的电影信息，并且提供搜索工具，方便观众自由搜索。另外，网站还为观众提供热门电影排名，观众可以轻松观看目前最受欢迎的电影。在收看每一部影片之前，本网站都对该片进行了简要的介绍，使您在观赏之前便有了大致的了解，提高观赏兴趣，同时还能使观众有选择的观看。电影网就像是一个网络电影院，丰富着您的视听生活和娱乐休闲生活。

在这个章节里，我们将分析一个电影网站的实现方式，这个网站里，我们将给出首页、"新片介绍"和"博客"三个页面，由于篇幅的关系，本章只详细讲述前两个页面。

5.1　网站页面效果分析

这个电影网站的风格是温馨怡人，所以其中网站背景的搭建尤其关键，而且需要通过比较多的电影海报与简介信息来吸引访问者的眼球。

在本章中，将着重分析首页和"新片介绍"的设计样式，而"博客"页面的代码的风格非常简单，本章就不再展开说明，这部分的代码请大家自行从与本书配套的下载资源中获取。

5.1.1　首页效果分析

电影网站的首页效果如图5-1所示，它是一个三行的布局样式，在第一行里，放置了网站的Logo图片，在第二行里，又分别放置了网站导航、新片导视、最新影评这几个元素，而在最后一行网站页脚部分里，放置网站的导航信息和版权信息。

在第二行框架里，包括了交友网站的主体部分，这部分又分为三行，分别是第一行的电影Logo和影人介绍，第二行的网站导航，第三行的主体内容。

图5-1 首页的效果图

5.1.2 新片介绍页面的效果分析

新片介绍页面大致上也采用了三行的样式，如图5-2所示，第一第三行的样式与首页相同，在第二行里，包含了两个大列，第一列是新片介绍，而第二列则是网站推荐影片。

下面将分析这个页面的效果，与首页完全相同的部分我们就不再讲述。

图5-2　新片介绍页面的效果图

5.1.3　网站文件综述

在这个网站里，除了上文里提到的首页和新片介绍页面外，还包含博客页面，而这些页面中所用到图片、CSS文件和JS代码，将分别保存在images、css和js目录里。文件及其功能如表5-1所示。

表5-1 电影网站文件和目录一览表

模块名	文件名	功能描述
页面文件	index.htm	首页
	show.html	新片介绍页面
	blog.html	博客页面
css目录	之下所有扩展名为css的文件	本网站的样式表文件
js目录	之下所有扩展名为js的文件	本网站的JavaScript脚本文件
images目录	之下所有的图片	本网站需要用到的图片

5.2 规划首页的布局

在上一节中，我们已经介绍了切图的方法，本节我们直接进入到设计步骤，设计的时候还是按照老规矩：先用DIV构建总体框架，随后再细分，最后用CSS和JS实现动态效果。

5.2.1 搭建首页页头的DIV

上节我们已经分析了，首页大致上可以分为三行，其中第一行是页头，只包含Logo图片，页头DIV的设计效果如图5-3所示。

图5-3 首页页头的DIV设计分析图

实现页头部分的关键代码如下所示。

```
<div id="logo"><a href="index.html">电影网</a></div>
```

在上面代码中虽然没有直接的图片链接，但是图片定义在CSS里，这会在下文中详细说明的。

5.2.2 搭建首页主体部分的DIV

按照前文的思路，我们还是用DIV的方式构建首页主体部分的DIV、主体部分的DIV比较复杂，我们分开叙述，第一部分的效果如图5-4所示。

图5-4 首页主体部分的上面部分DIV效果图

从上图可以看出，第一部分是由上面的影人介绍和Logo加上下面导航栏部分组成的，下面我们分别介绍各个DIV的实现方式。

第一部分的DIV模块的关键代码如下所示。

```
1.  <!--影人介绍和Logo部分 -->
2.  <div class="dinpattern">
3.   <a href="#"><img src="images/logo-dinpattern.gif" alt="" border="0" /></a><br />
4.    看电影，找电影网 <a href="#">电影网</a>
5.  </div>
6.  <div id="headline">
7.    <h1></h1>
8.    好电影尽在电影网,作为人们对于好莱坞怀旧记忆的一部分，保罗·纽曼……
9.  </div>
10. <!-- 导航栏部分 -->
11. <div class="nav-holder">
12.  <ul id="nav">
13.   <li id="nav01" class="nav01on"><a href="#">首页</a></li>
14.    <li id="nav02"><a href="#">关于我们</a></li>
15.    <li id="nav03"><a href="show.html">新片介绍</a></li>
16.    <li id="nav04"><a href="#">所有影片</a></li>
17.    <li id="nav05"><a href="blog.html">博客</a></li>
18.    <li id="nav06"><a href="#">在线订票</a></li>
19.    <li id="nav07"><a href="#">联系我们</a></li>
20.   </ul>
21. </div>
```

在上述代码中，通过第2~5行的代码，引入Logo部分的图片，随后，在第7行中引入了一张图片，第8行显示了电影人介绍部分的内容。

首页主体左边部分，其效果如图5-5所示。

这是首页主体左边部分其中的一小块，为了节省篇幅，这里就不做大的截图了，只是把重要的DIV的代码展示给大家，代码如下所示。

图5-5 首页主体左边部分的DIV效果图

```
    <div class="column-left"> …… . 中间部分代码在下面 </div>
```

这个DIV定义了首页左边部分的宽度，这里就不详细说明了，下面是图5-5效果的详细代码。

```
1.  <div class="featured-1"><a href="#"><img src="images/thumbs/annual-
    reports.jpg" border="0" /></a>
2.  <p><strong>魔法保姆麦克菲2</strong><br />
3.  一部诙谐幽默的《魔法保姆麦克菲》…。</p>
4.  <div class="details">类型：奇幻 / 喜剧 上映日期：2010年3月26日 英国<br />
5.   <a href="#">查看</a>   |   <a href="#">点评影片</a>
6.  </div>
7.  <div class="shop_show">
8.   <p>电影图片</p>
9.   <img src="images/201016103024.39591941_75X75.jpg" border="0" />
10.   ……
11.  </div>
12. </div>
```

在上述代码中，只用一个DIV就把这个电影的简介给全部说明了，其他几个DIV与这个非常相似，所以这里就不再重复说明了，相关代码可以从与本书配套的下载资源中获取。

在首页左边部分还有两个小部分要介绍一下，如图5-6、图5-7所示。

图5-6 首页主体部分头DIV效果图

图5-7 首页主体部分脚DIV效果图

在上面两个图中，这两个效果实现都是比较简单的，所以下面就一起介绍给大家吧，其实现代码如下所示。

```
1.  <!-- 头部分DIV -->
2.  <div class="featured"><a href="show.html">更多新片&raquo;</a></div>
3.  <!-- 尾部分DIV -->
4.  <div id="banner"><a href="#">还在为找不到电影而发愁？还在为没能买到电影票而苦
    恼？还在为没能赶上新片首映而烦恼？上电影网帮你解决所有问题！！</a></div>
```

这两个DIV其实都是用了同一个特性，就是都使用了背景图，图5-6的"新片导视"和图5-7左边部分的图片都是用背景图来实现的。

首页主体部分右边DIV则是由一个大的DIV包含头部分DIV和正文部分DIV两部分组成，如图5-8所示。

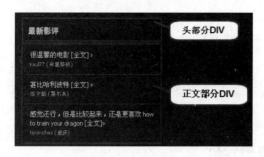

图5-8 影评部分DIV效果图

在上图中，由于篇幅问题只给出了部分图片，这部分的详细代码如下所示。

```
1.  <div class="column-right">
2.   <div class="latest-entries"> </div>
3.   <ul id="latest-entries-list">
4.    <li><a href="#">很温馨的电影 [全文]
5.     &raquo;<br />
6.     <span class="inline-date">raul77 (布里斯班) </span></a></li>
7.    <li><a href="#">甚比哈利波特 [全文]
8.     &raquo;<br />
9.     <span class="inline-date">埃宁斯 (墨尔本) </span></a></li>
10.   <li><a href="#">感觉还行，但是比较起来，还是更喜欢 how to train your dragon [
全文]&raquo;<br />
11.    <span class="inline-date">teninches (重庆)</span></a></li>
12.   ……
13.  </ul>
14. </div>
```

在上述代码中，头部分DIV其实与主体左边部分DIV的头样式相同，都使用了背景图片作为显示方式，所以在代码中看不到引用的图片在哪里。

而在正文部分DIV中则使用如第3行的"ul"标签和如第4行的"li"标签，使它的效果看上去特别整齐。

5.2.3 搭建页脚部分的DIV

电影网站的页脚部分DIV比较简单，主要是显示一些导航菜单和版权信息，效果如图5-9所示。

图5-9 页脚部分的DIV设计

这部分的实现代码如下所示，由于代码比较简单，所以不再详细解释。

```
1.  <div id="footer">
2.       <a href="index.html">首页</a>  |  <a href="#">关于我
```

```
们</a>  |  <a href="show.html">新片速递</a>  |  <a href="#">博
客</a>  |  <a href="#">所有影片</a>  |  <a href="#">法律条款</a>
 |  <a href="#">联系我们</a><br />
   3.      &copy; 2009 <a href="index.html">电影网</a>版权所有 保留一切权利
   4.  </div>
```

上面代码中DIV设置了一下宽度，使之与上面的部分能够对齐。

5.2.4 首页CSS效果分析

在前面描述DIV的时候，我们已经讲述了部分CSS的代码，本小节我们将用表格的形式描述首页中其他CSS的效果，如表5-2所示。

表5-2 首页DIV和CSS对应关系一览表

DIV代码	CSS描述和关键代码	效果图

`<div id="logo"><a href="index.html">电影网</a></div>`	一张图片实现的动态效果，如右栏的两个图所示，这两种效果其实一张图片制造出来的
	`#logo a {`
	`    ......`
	`    background:url(../images/logo.gif) no-repeat 0 0;`
	`}`
	`#logo a:hover {`
	`    background:url(../images/logo.gif) no-repeat 0 -35px;`
	`}`
		鼠标移开时的效果
		
		鼠标移上去时的效果

`<div id="headline">`
`<h1></h1>`
	只要在ID为headline的DIV里使用`<h1>`，就会出现如此效果
	`#headline h1 {`
	`    display:block;`
	`    height:56px;`
	`    width:347px;`
	`    font-size:10px;`
	`    overflow:hidden;`
	`    text-indent:-400px;`
	`    background:url(../images/home-headline.gif) no-repeat;`
	`    margin:0 0 12px;`
	`}`
		看电影上电影网最新影片资讯实时更新　使用H1时，自动出现的效果

（续表）

DIV代码	CSS描述和关键代码	效果图

`<div class="featured">`	是用这张图作为背景图，并使之右对齐，且不拉伸
	`.featured {`
	　　　`text-align:right;`
	　　　`font-size:11px;`
	　　　`background:url(../images/txt-featured.gif) no-repeat;`
	　　　`padding-bottom:20px;`
	`}`	

`<div class="featured-1">`	设置此DIV的宽度并设置其中的字体颜色，字体大小，行间距等
	`.featured-1{`
	　　　`width:280px;`
	　　　`color:#dedede;`
	　　　`font-size:11px;`
	　　　`line-height:18px;`
	　　　`padding-bottom:30px;`
	`}`	

5.3　在首页中实现动态效果

在这个电影网站中，使用了一个构思比较奇特的CSS来定义网页的动态效果。主要体现在两个方面，第一，当鼠标移到网站Logo上时，网站Logo能动态的变换颜色，如图5-10所示。

图5-10　动态更新网站字体的示意图

第二，当鼠标移到"导航栏"里时，导航栏里的文字会有凸出来的效果，如图5-11所示，比如鼠标移到"新片介绍"上时，"新片介绍"会有凸出来的效果。

图5-11 导航栏的不同效果

5.3.1 变换Logo颜色的方法

为了实现更改logo颜色的效果，我们需要在CSS里定义如下的代码：

```
1.  <!-- 鼠标移开效果 ->
2.  #logo a {
3.        display:block;
4.        height:35px;
5.        width:153px;
6.        overflow:hidden;
7.        text-indent:-400px;
8.        font-size:10px;
9.        background:url(../images/logo.gif) no-repeat 0 0;
10. }
11. <! - 鼠标移上去效果 -- >
12. #logo a:hover {
13.        background:url(../images/logo.gif) no-repeat 0 -35px;
14. }
```

其中，在第3行定义了这个logo是不管怎样都是显示的，第4~6行，定义了logo的宽度与高度，并且当超过这个数值时，其内容会被自动修剪并内容不可见。

这些代码的重点就是第9行和第13行，注意代码引用的图片是同一个图片，但是却实现了换图的效果，这就归功于第13行代码的最后一段 "-35px"，这句话的意思表明了将此图片移位35个像素，从而实现了Logo图片的更换。

定义好CSS代码后，在首页的里，通过如下的代码就能引入更改Logo效果的CSS方法：
<div id="logo"><a href="index.html">电影网</a> 在ID为logo的DIV下使用超链就能实现此效果。

5.3.2 实现导航凸出的效果

我们可以通过下面的代码，实现鼠标移上去后导航栏凸出的效果。
首先定义导航栏的文字，下面我们就给出一个范例，代码如下所示。

```
1.  <div class="nav-holder">
2.    <ul id="nav">
3.     <li id="nav01" class="nav01on"><a href="#">首页</a></li>
4.     <li id="nav02"><a href="#">关于我们</a></li>
5.     <li id="nav03"><a href="show.html">新片介绍</a></li>
6.     ......
7.    </ul>
8.  </div>
```

这里要注意的就是li的ID要与CSS中的定义相对应，不能重复定义，其CSS实现代码如下所示。

```
1.  #nav {
2.      width:840px;
3.      height:52px;
4.      margin:0;
5.      padding:0;
6.      position:relative;
7.      background:url(../images/nav.gif);
8.  }
9.  #nav03 {
10.     text-indent:-300em;
11.     overflow:hidden;
12.     left:0px;
13.     width:120px;
14. }
15. #nav03 a:hover {
16.     background:transparent url(../images/nav.gif) 0px -104px no-repeat;
17. }
```

上面代码使用多重CSS相互结合，从而实现导航栏文字凸出效果，其重点在第16行，因为li定义了ID为nav03，所以当鼠标移上去时，只要有nav03的li的文字会显示凸出效果。

5.4　新片介绍页面

新片介绍页面主要用于显示新片速递的信息，包括电影列表、最新影评和电影导航等部分的模块，每个模块使用DIV的方式实现。

5.4.1　电影列表的DIV

这里我们需要实现如下的特色：第一，DIV作为单独一个影片信息的父类容器，里包有图片锚点、标点和影片介绍的段落以及上映日期、查看和影评的详细信息DIV，如图5-12所示。

接下来我们将使用CSS对其进行样式规则定义，代码如下所示。

图5-12　电影列表的DIV效果展示

```
 1.  <div class="port-sample">
 2.  <a href="#"><img src="images/thumbs/annual-reports.jpg" border="0" /></
a>
 3.  <p><strong>魔法保姆麦克菲2</strong><br />
 4.   影片介绍:一部诙谐幽默的《魔法保姆麦克菲》……
 5.  <div class="details">
 6.   上映日期:2009-10-20<br />
 7.  <a href="#">查看</a>  | 
 8.  <a href="#">影片点评 &raquo;</a>
 9.  </div>
10. </div>
```

这里由于多部电影的样式都是类似的，所以我们只分析第一部电影信息的代码。

从上述代码中不难发现，作者以简介的代码方式设计该区域，这样设计有两个原因，第一将表现和设计相分离，这是设计师通常使用设计的方法。第二代码结构简单易懂，让人一目了然。下面我们看一下CSS部分实现代码。

```
 1.  .port-sample {
 2.      padding-bottom:30px;
 3.  }
 4.  .details {
 5.      margin-top:8px; /*定义外边距*/
 6.      padding:4px 0; /*定义内边距*/
 7.      border-top:1px solid #4f4f4f; /*定义边框宽度和颜色*/
 8.  }
 9.  .port-sample a {
10.      color:#fff; /*定义颜色*/
11.  }
12.  .port-sample a:hover { /*定义鼠标悬浮效果*/
13.      text-decoration:none;
14.  }
```

首先对父类容器port-sample设计，代码的第2行里，我们定义了内边距，即定义这个DIV距离顶端30个像素。而在第4行的details样式里，我们定义了影评文字部分的样式，在第7行里定义边框的颜色和宽度。最后，在第12行里定义了"鼠标悬浮"的效果样式。

5.4.2 最新影评的DIV

整个新片介绍页面的右半部分只显示影评列表，该区域采用了常用的高亮效果，排版简单、清爽，用最简单的更改背景色的方法，给用户一个不错的交互体验，如图5-13所示。

实现此部分的DIV代码如下所示。

图5-13 列表的高亮显示效果

```
1.  <div id="tabs">
2.      <ul id="latest-entries-list">
3.          <li id="tabHeader1" class="currenttab"><a href="JavaScript:void(0)"
onClick="toggleTab(1,3)"><span>诸神之战 &raquo;<br />
4.          <span class="inline-date">上映日期: 2010-3-26</span></span></a></li>
5.          <li id="tabHeader2" ><a href="JavaScript:void(0)"
onClick="toggleTab(2,3)"><span>铁血战士 &raquo;<br />
6.          <span class="inline-date">上映日期: 2010-7-7</span></span></a></li>
7.          <li id="tabHeader3" ><a href="JavaScript:void(0)"
onclick="toggleTab(3,3)"><span>热带惊雷 &raquo;<br />
8.          <span class="inline-date">上映日期: 2010-3-21</span></span></a></li>
9.      省略其他相似的代码
10.     ……
11.     </ul>
12. </div>
```

上面的代码由 ul 和 li 组成。请注意，在代码的第1行里，是在ul外部加上div，而真正的列表设计只对ul和li进行定义的。

```
1.  #latest-entries-list {padding: 0; margin: 0;}
2.  #latest-entries-list li {padding:0; margin:0; list-style:none; border-
top:1px solid #4f4f4f; }
3.  #latest-entries-list .selected {background-color:#300912;}
4.  #latest-entries-list a {display:block; padding:10px; font-size:11px;
color:#e6e6e6; line-height:16px; width:230px; text-decoration:none; }
5.  #latest-entries-list a:hover { color:#fff; background-color:#191919; }
6.  #latest-entries-list a .inline-date { color:#b0b0b0; font-size:10px; }
```

上述代码中，第1、2行对ul和li 的外边距和间隔设置为空白，并对li的上边框设置为1像素灰色实线。而第3、4行对ui下的伪类#lastest-entries-list .selected定义当鼠标移动到某项时背景颜色变为深色。

上述代码简单，又能增加很棒的用户体验，这种小技巧在实际开发中经常使用到。

5.4.3 电影导航的DIV

导航目录在网页设计中也是经常使用的一种显示排版方式，如图5-14所示。

导航通常放在页面最下方，当用户浏览页面下方的时候，提供快捷的导航方式，一般3~4列。设计的关键在于控制好外边距即可，代码如下所示。

图5-14 导航目录

```
1.  <div class="other">
2.  <p>   <a href="#" style="color:#FFFFFF">更多&gt;&gt;</a></p>
3.  <ul>
4.  <li><a href="#">&raquo;欧美影片</a></li>
5.  <li><a href="#">&raquo;日韩影片</a></li>
6.  <li><a href="#">&raquo;国内影片</a></li>
7.  <li><a href="#">&raquo;其他国家影片</a></li>
8.  </ul>
9.  <ul>
10. <li><a href="#">&raquo;最新上映</a></li>
11. <li><a href="#">&raquo;经典电影</a></li>
12. <li><a href="#">&raquo;最新预告</a></li>
13. </ul>
14. </div>
```

在第1行的代码中，我们使用ID为other的CSS进行位置定位，这里ul和li也是用于显示每一级导航栏。

```
1.  .other {font-size:11px;    line-height:18px;color:#fff;}
2.  .other ul {float:left;margin:8px 12px 0 0;width:200px;padding:0;border-
top:1px solid #4F4F4F;}
3.  .other li {list-style:none;         margin:0;padding:0;}
4.  .other li a { display:block;    width:190px; padding:4px 8px;
color:#fff;}
5.  .other li a:hover {  text-decoration:none;    background:#000;}
```

这里要注意，第2行里，other ul使用了浮动从左边开始。而在第4行里，通过padding定义外边距为8像素，顶边框为灰色，而在第5行里，定义了"选中不使用样式"的list-style:none代码，高亮的效果如图15-15所示。

图5-15 选中效果的高清图

导游推广为一体的海洋公园网站

主题公园是一个娱乐性非常强的旅游景点，它不仅具有强烈的特色，而且与普遍的游园方式相结合，能适应多种消费人群。

这类网站有如下特点，第一，由于具有推广功能，所以要尽可能多地说明本公园的特点，第二，由于主题公园主要依靠园内的娱乐设施盈利，所以更要在网站里提供充分的导游信息。本章，我们就以海洋公园为例，分析一下这类网站的实现方式。

6.1　网站页面效果分析

本章，将着重分析海洋公园网站的首页和"公园导游"页面的设计样式，而"娱乐项目介绍"的页面设计虽然也很精致，但风格也与前两个页面很相似，所以就不再重复分析了。

6.1.1　首页效果分析

海洋公园的首页布局虽然篇幅不大，但结构紧凑，包含的要素比较多，我们设计时采用了四行的样式。

其中，第一行里放置网站Logo、园内搜索模块和导航菜单模块。第二行里放置"主题图片"和"最新公告"二大部分。第三行里放置海洋公园的介绍模块和导航模块，第四行是首页页脚部分，页脚不仅包含了导航菜单，还见缝插针地放置了一些广告文字。

由于本公园是海洋性的旅游景点，所以背景色不宜过于浓艳，最好搭配海洋景观比较自然，首页的效果如图6-1所示。

图6-1 首页效果图

6.1.2 导游页面的效果分析

在导游页面中放置海洋公园的娱乐项目，以起到导游作用。这个页面采用的是三行样式，其中，第一行和第三行的样式和首页是完全一致的，都放置了页头和页脚，而在第二行里放置了针对海洋公园的娱乐项目，这个页面的主体效果如图6-2所示，其中和首页相同的部分没有给出。

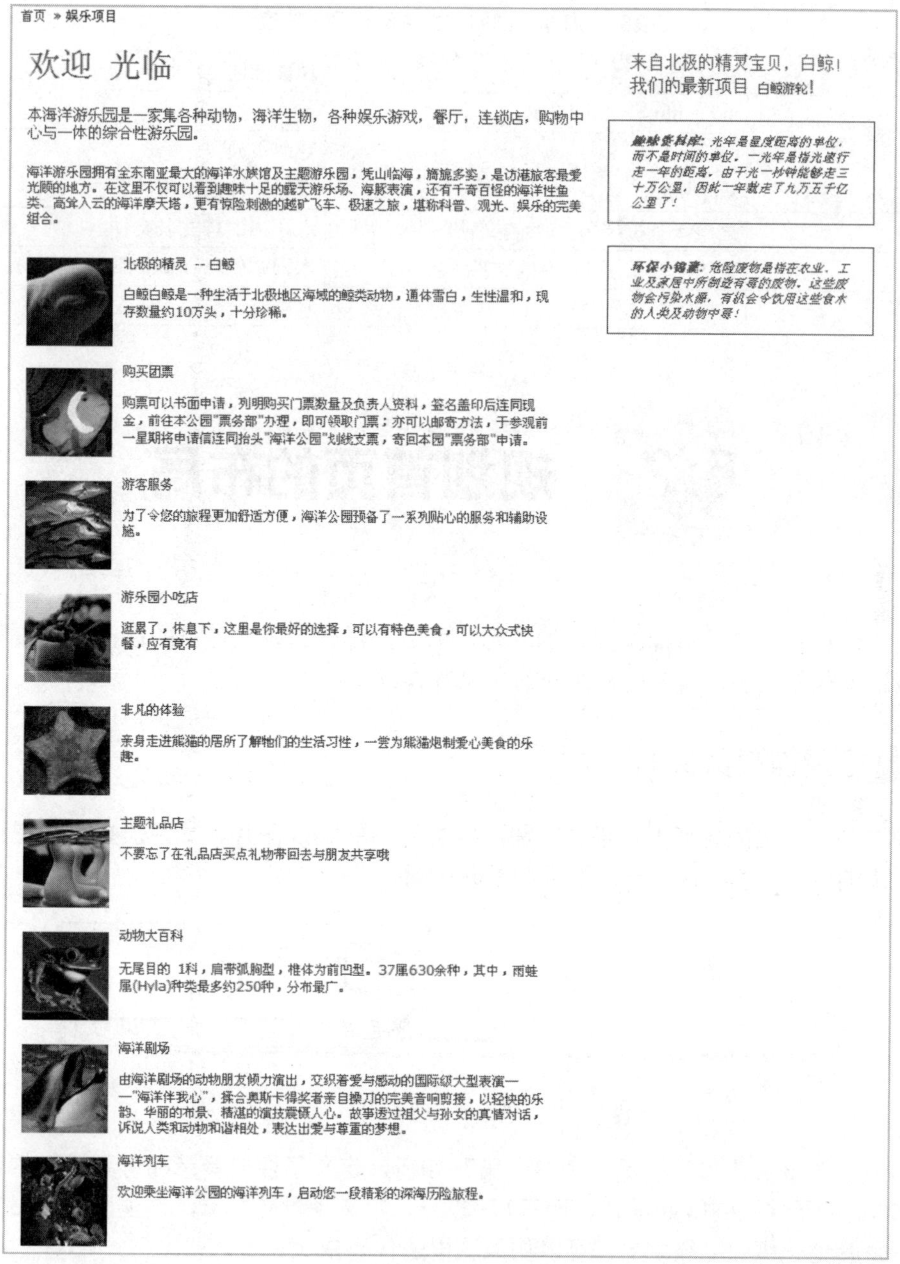

首页 » 娱乐项目

欢迎 光临

本海洋游乐园是一家集各种动物，海洋生物，各种娱乐游戏，餐厅，连锁店，购物中心与一体的综合性游乐园。

海洋游乐园拥有全东南亚最大的海洋水族馆及主题游乐园，凭山临海，翘箴多姿，是访港旅客最爱光顾的地方。在这里不仅可以看到趣味十足的露天游乐场、海豚表演，还有千奇百怪的海洋性鱼类、高耸入云的海洋摩天塔，更有惊险刺激的越矿飞车、极速之旅，堪称科普、观光、娱乐的完美组合。

来自北极的精灵宝贝，白鲸！
我们的最新项目 白鲸游轮！

趣味冷知识: 光年是量度距离的单位，而不是时间的单位。一光年是指光被行走一年的距离。由于光一秒钟能够走三十万公里，因此一年就走了九万五千亿公里了！

环保小锦囊: 危险废物是指在农业，工业及家居中所制造有毒的废物。这些废物会污染水源，有机会令饮用这些食水的人类及动物中毒！

北极的精灵 -- 白鲸
白鲸白鲸是一种生活于北极地区海域的鲸类动物，通体雪白，生性温和，现存数量约10万头，十分珍稀。

购买团票
购票可以书面申请，列明购买门票数量及负责人资料，签名盖印后连同现金，前往本公园"票务部"办理，即可领取门票；亦可以邮寄方法，于参观前一星期将申请信连同抬头"海洋公园"划线支票，寄回本园"票务部"申请。

游客服务
为了令您的旅程更加舒适方便，海洋公园预备了一系列贴心的服务和辅助设施。

游乐园小吃店
逛累了，休息一下，这里是你最好的选择，可以有特色美食，可以大众式快餐，应有尽有

非凡的体验
亲身走进熊猫的居所了解他们的生活习性，一尝为熊猫炮制爱心美食的乐趣。

主题礼品店
不要忘了在礼品店买点礼物带回去与朋友共享哦

动物大百科
无尾目的 1科，扁带弧胸型，椎体为前凹型。37属630余种，其中，雨蛙属(Hyla)种类最多约250种，分布最广。

海洋剧场
由海洋剧场的动物朋友倾力演出，交织着爱与感动的国际级大型表演——"海洋伴我心"，揉合奥斯卡得奖者亲目操刀的完美音响剪接，以轻快的乐韵、华丽的布景、精湛的演技震撼人心。故事透过祖父与孙女的真情对话，诉说人类和动物和谐相处，表达出爱与尊重的梦想。

海洋列车
欢迎乘坐海洋公园的海洋列车，启动您一段精彩的深海历险旅程。

图6-2 导游页面主体的效果图

6.1.3 网站文件综述

在这个网站里，我们采用了比较传统的文件目录层次，其中，用images、css和 js三个目录分别放置网站所用到的图片、CSS文件和JS代码、文件及其功能如表6-1所示。

表6-1 海洋公园网站文件和目录一览表

模块名	文件名	功能描述
页面文件	index.html	首页
	list.html	导游页面
	shop.html	介绍具体娱乐项的页面
css目录	之下所有扩展名为css的文件	本网站的样式表文件
js目录	之下所有扩展名为js的文件	本网站的JavaScript脚本文件
images目录	之下所有的图片	本网站需要用到的图片

6.2 规划首页的布局

因为需要搭建一个简单而又实用的网站，所以海洋公园网站首页的设计就比较重要了，下面，我们就来依次讲述其中重要部分的实现方式。

6.2.1 搭建首页页头的DIV

在海洋公园网站的首页页头部分，需要放置网站的Logo图片、"注册登录和在线订票链接"和网站的导航菜单，这部分的效果如图6-3所示。

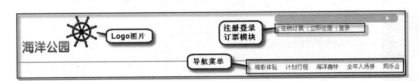

图6-3 首页页头设计分析图

这部分的关键代码如下所示，其中，第7~10行，定义了注册登录和订票模块的代码，第11~13行，定义了网站的Logo图片，而第17~27行，定义了导航菜单，这里我们给出的是部分实现代码，其他一级和二级菜单，可以仿照这里的代码依次实现。

```
1.  <div class="header-footer-background-region">
2.    <div class="search-box">
3.       省略次要代码……
4.    </div>
5.    <br clear="all" />
6.    <!—注册登录订票模块-->
7.    <div id="buy-tickets">
8.     <a href="#">在线订票</a> | <a href="#">立即注册</a> |
9.     <a href="#">登录</a> </div>
10.   </div>
```

```
11.  <a href="index.html">
12.   <img src="images/VanAqua_logo.jpg" border="0" />
13.  </a>
14.  省略次要代码
15.  <!--定义菜单-->
16.  <div class="content">
17.   <ul class="nice-menu nice-menu-down" id="nice-menu-1">
18.    <!--定义一级菜单-->
19.    <li id="menu-521" class="menuparent"><a href="list.html">精彩体验</a>
20.     <ul>
21.      <!---定义二级菜单->
22.      <li id="menu-616"><a href="#">景点介绍</a></li>
23.       忽略其他二级菜单的代码
24.     </ul>
25.    </li>
26.     忽略剩下的一级和二级菜单的代码
27.   </ul>
28.  </div>
29. </div>
```

6.2.2 搭建"标题图片"部分的DIV

在首页的醒目位置，我们需要用一张大的图片来展示海洋公园的特色，这个位置也可以放置广告图片，这部分的DIV效果如图6-4所示。

图6-4 醒目图片部分的DIV效果图

这部分的代码非常简单，如下所示，其中通过第2行的img标签引入一张图片。

```
1.  <div id="home-page-6-1-2-region">
2.   <img src="images/650320.jpg" border="0" />
3.  </div>
```

上面代码的DIV中引入了ID为home-page-6-1-2-region的CSS，这个CSS的代码如下，用于设置所包含图片的宽度、高度、左外边距、边框等属性。

```
1.  #home-page-6-1-2-region{
2.      width:650px;                    //指定宽度
3.      height:320px;                   //指定高度
4.      margin-left:-120px;             //设置左外边距
5.      border:none;                    //不设置边框
6.      background:#ffffff;             //设置背景色为白色
7.      float:left;                     //设置靠左悬浮方式
8.  }
```

6.2.3 搭建"最新特别公告"部分的DIV

在首页上方的右边部分，用丰富的色彩向访问者展示本公园的最新公告，效果如图6-5所示，它包括了公告头文字、图片和公告内容。其中，点击"海洋动物天地"、"飞禽动物天地"和"游乐设置介绍"区域，能实现展开和收缩的效果。

这部分的关键代码如下所示，在第6行，定义了头文字部分的效果，第10~26行，用table的形式展示公告的内容。

图6-5 最新公告部分DIV的效果图

```
1.  <div id="home-page-6-3-region">
2.   <div id="AccordionContainer" class="AccordionContainer">
3.    <div id="Accordion1Title" >
4.     <div id="AccordionArrow1" class="ArrowExpanded"></div>
5.     <!—公告头文字-->
6.     <span>最新特别公告</span> </div>
7.    <div id="Accordion1Content" class="AccordionDefaultContent">
8.     <div id="block-block-3" class="block block-block">
9.      <div class="content">
10.      <table valign="top" border="0" 省略定义属性的代码 >
11.       <tbody>
12.        <tr>
13.         <!—定义公告上的图片-->
14.         <td colspan="2">
15.          <img src="images/6-3-a_0.jpg" hspace="0" vspace="2" />
16.         </td>
17.        </tr>
18.        <tr>
19.         <td>
20.          <!—这部分放置公告前的小图片-->
21.          <img src="images/earthweek-35px.jpg" 省略其他属性 />
22.         </td>
23.         <td><b>省略公告内容 </td>
```

```
24.              </tr>
25.            </tbody>
26.          </table>
27.        </div>
28.      <!—第2个栏目-->
29.      <div id="Accordion2Title" onselectstart="return false;"
onclick="runAccordion(2);">
30.          省略第2个栏目的代码
31.      </div>
32.      省略其他栏目部分的代码
33. </div>
```

6.2.4　搭建"海洋公园欢迎您"部分的DIV

在首页的下半部分，用三个DIV放置了"海洋公园欢迎您"、"美食购物"和"非一般体验"三部分的模块。这三个DIV样式非常相似，所以我们就以其中的"海洋公园欢迎您"为例，说明这类DIV的搭建方式，效果如图6-6所示。

图6-6　海洋公园欢迎您部分的效果图

下面给出这个DIV的关键代码，其中，第3行定义了标题文字，在第7~9行里，展示了综述性文字，第12行展示了"在线订购"部分的图片，而在第14~21行里，用ul 和 li 的方式定义了其中的菜单。

```
1.  <div id="home-page-6-4-region">
2.      <!—标题文字-->
3.      <h1><a href="#">海洋公园欢迎您</a></h1>
4.      <div id="block-block-7" class="block block-block">
5.       <div class="content">
6.        <!—介绍性文字-->
7.        <h2>
8.            欢迎来到海洋公园，这里有很多新奇好玩的游乐设施，还有很多的动物
9.        </h2>
10.       <div>
11.          <!----在线订购的图片>
12.            <a href="#" target="_blank"><img src="images/6-4-buy-tickets.png"
align="right" height="78" width="111" />
13.          </a>
14.        <ul>
15.        <!—菜单项-->
16.          <li><a href="#">订票规则</a></li>
17.          <li><a href="#">个人订票</a></li>
```

```
18.      <li><a href="#">团体订票</a></li>
19.      <li><a href="#">全年入场券</a></li>
20.      <li><a href="#">全年入场券续费</a></li>
21.    </ul>
22.   </div>
23.   <a href="#">详细&gt;&gt;</a></div>
24.  </div>
25. </div>
```

6.2.5 搭建页脚部分的DIV

首页部分包含的页脚内容比较多，不仅包含了传统页脚里拥有的导航菜单和版权声明，还放置着三个诸如"展望未来"一样的模块，这种模块可以放置广告，也可以放置其他介绍海洋公园的文字，这部分的效果如图6-7所示。

图6-7 页脚部分的DIV效果图

页脚部分的关键代码如下所示，其中，第4~12行给出了页脚上半部分包含叙述性文字的DIV代码，而在第19~25行里给出的是下半部分导航菜单和版权声明部分的代码。

```
1. <div class="footer-top-bar"></div>
2. <div class="header-footer-background-region">
3.   <!--介绍性文字的模块-->
4.   <div id="bottom-left-region"> <a href="#">
5.    <h1>公司团体一日游</h1>
6.    </a>
7.    <div class="article">
8.     <div id="block-block-10" class="block block-block">
9.      <div class="content">公司活动的理想活动……</div>
10.    </div>
11.   </div>
12.  </div>
13.  省略另外两个模块部分的代码
14.
15. </div>
16. <div id="footer-region">
17.   <div id="block-block-13" class="block block-block">
18.    <!--导航菜单-->
19.    <div class="content">
20.     <a href="#">海洋公园指南</a> | <a href="#">联系我们</a> |
21.      省略其他导航菜单
22.    <br />
23.    <!--版权声明-->
24.    <span id="copyright">© 2010 保留一切权利</span></div>
```

```
25.    </div>
26.    </div>
27.  </div>
28.  <div class="footer-bottom-bar"></div>
29. </div>
```

整个页脚部分引用了ID为footer-top-bar的CSS，这个CSS的关键代码如下所示，其中定义了这个DIV的宽度、高度、背景图片和悬浮方式等属性。

```
1.  .footer-top-bar {
2.      width:834px; //定义宽度
3.      height:19px; //定义高度
4.      background: #ffffff url(../images/_foot-top.jpg); //定义背景图片
5.      background-repeat:repeat-y; //设置纵向平铺
6.      background-position:0px 0px; //定义背景图片的起始位置
7.      float:left; //定义靠左的悬浮方式
8.  }
```

6.2.6　首页CSS效果分析

在前面描述DIV的时候，已经讲述了部分CSS的代码，本小节将用表格的形式描述首页中其他CSS的效果，如表6-2所示。

表6-2　首页DIV和CSS对应关系一览表

DIV代码	CSS描述和关键代码	效果图

<div id="buy-tickets"> <a href="#">在线订票</a> | <a href=" #" >立即注册</a> | <a href=" #" >登录</a> </div>	定义DIV的字体大小以及DIV的颜色
	#buy-tickets {
	　　　　display:block;
	　　　　position:relative;
	　　　　left:28px;
	　　　　top:5px;
	　　　　font-size:9px;
	　　　　color:#3e8cad;
	}
		在线订票 | 立即注册 | 登录

<div id="home-page-6-4-region">　<h1><a href="#">海洋公园欢迎您</a></h1>	定义字体大小，定义外边距，定义DIV的高度和左内边距
	#home-page-6-4-region H1,
	{
	　　　　display:block;
	　　　　margin:0px;
	　　　　height:24px;
	　　　　padding-left:10px;
	　　　　font-size:11px;
	}	

（续表）

DIV代码	CSS描述和关键代码	效果图

`<div class="article">`	定义文字的字体大小和左右内边距
	`.article #bottom-right-region .article{`
	　　　`font-size:9px;`
	　　　`padding-left:10px;`
	　　　`padding-right:10px;`
	`}`
		公司团体一日游
		公司活动的理想活动，海洋公园一日游套票包括全日入场券及集古村酒楼中式午膳（每桌12人，最少须订3点…（..详细）
		字体大小和左右内边距

| 6.3 | 导游页面 |

在海洋公园网站的导游页面中，使用图片加文字的形式，详细介绍公园里的娱乐项目。下面我们就依次分析一下其中重要的DIV。

6.3.1 导游页面右边部分的DIV

图6-8 三大块描述内容的DIV

在导游页面右边部分中，我们将放置海洋公园里最新推出的活动项目、"趣味资料库"和"环保小锦囊"三部分的内容，由于三块内容相对独立所以用三个DIV来实现，效果如图6-8所示。

这部分的代码如下所示，在第3~6行里用DIV的样式定义了"最新娱乐项"内容，在第8~12行里定义了"趣味资料库"DIV，而在第13~16行里定义了"环保小锦囊"的DIV。

```
1.  <div id="rightContentBlock">
2.   <!—第1块文字—>
3.   <div class="sidebarTitle">
4.    <p class="orangeHighlight"><span>来自北极的精灵宝贝，白鲸！</span></p>
5.     <p><span>我们的最新项目 <a href="#">白鲸游轮</a>！</span></p>
6.   </div>
7.   <!—趣味资料库的文字—>
8.   <div class="sidebarText" style="font-size:12px">
9.    <p><span><i><b>趣味资料库:</b>
10.    光年是量度距离的单位，而不是时间的单位。省略其他资料文字</i>
11.   </span></p>
12.  </div>
13.  <div class="sidebarText" style="font-size:12px">
```

```
14.       <p><span><i><b>环保小锦囊:</b>
15.       危险废物是指在……省略其他文字</i></span></p>
16.    </div>
17. </div>
```

请注意，在上述代码的第1行里，定义了ID为rightContentBlock的CSS，这部分的代码如下所示，代码的第1~4行，定义了p标签的样式，而第5~9行，定义了这个DIV的样式。

```
1. #rightContentBlock p {
2.       margin-top:5px;        //定义顶部外边距
3.       margin-bottom:5px;     //定义底部外边距
4. }
5. #rightContentBlock {
6.       width:250px;           //定义宽度
7.       padding-left:15px;     //定义左内边距
8.       float:left;            //定义是向左悬浮的样式。
9. }
```

6.3.2　导游页面娱乐项部分的DIV

在导游页面中，将用比较大的篇幅介绍海洋公园的娱乐项，这部分的大致效果如图6-9所示。下面我们来看一下这部分的关键代码。

```
1. <div class="listItemWrapper">
2. <!--娱乐项的图片-->
3. <div class="listItemImage">
4.   <a href="#"><img width="80" src="images/beluga_0.jpg" height="80" /></a>
5. </div>
6. <div class="listItemText" style="font-size:12px">
7.   <!--娱乐项的标题叙述-->
8.   <a href="#">北极的精灵 -- 白鲸</a> <br />
9.      这里放置娱乐项的文字
10.      白鲸白鲸是一种生活于北极地区海域的鲸类动物，…。
11. </div>
12. </div>
13. 至此一个娱乐项目描述部分结束，下面省略其他娱乐项的代码
```

请注意，在上面代码的第1行里，我们引入了ID为listItemWrapper的CSS，由此定义img和DIV的样式，这部分的代码如下所示。

```
1. .listItemImage img {        //针对img的样式
2.       width:80px;           //定义宽度
3.       height:80px;          //定义高度
4.       border:0px;           //定义边框
5. }
6. .listItemWrapper {
7.       clear: left;          //清除样式
8.       display: block;       //设置为一整块
9. }
```

北极的精灵 -- 白鲸

白鲸白鲸是一种生活于北极地区海域的鲸类动物，通体雪白，生性温和，现存数量约10万头，十分珍稀。

购买团票

购票可以书面申请，列明购买门票数量及负责人资料，签名盖印后连同现金，前往本公园"票务部"办理，即可领取门票；亦可以邮寄方法，于参观前一星期将申请信连同抬头"海洋公园"划线支票，寄回本园"票务部"申请。

游客服务

为了令您的旅程更加舒适方便，海洋公园预备了一系列贴心的服务和辅助设施。

游乐园小吃店

逛累了，休息下，这里是你最好的选择，可以有特色美食，可以大众式快餐，应有竟有

非凡的体验

亲身走进熊猫的居所了解牠们的生活习性，一尝为熊猫炮制爱心美食的乐趣。

主题礼品店

不要忘了在礼品店买点礼物带回去与朋友共享哦

动物大百科

无尾目的 1科，眉带弧胸型，椎体为前凹型。37属630余种，其中，雨蛙属(Hyla)种类最多约250种，分布最广。

海洋剧场

由海洋剧场的动物朋友倾力演出，交织着爱与感动的国际级大型表演一一"海洋伴我心"，揉合奥斯卡得奖者亲自操刀的完美音响剪接，以轻快的乐韵、华丽的布景、精湛的演技震慑人心。故事透过祖父与孙女的真情对话，诉说人类和动物和谐相处，表达出爱与尊重的梦想。

海洋列车

欢迎乘坐海洋公园的海洋列车，启动您一段精彩的深海历险旅程。

图6-9 娱乐项部分的效果图

主题明显的环保网站

第 7 章

环境保护成为当前世界的一个极为鲜明的主题，从"低碳化宣言"到"地球一小时"，越来越多的人加入到了"保护地球保护未来"的行列。

通过互联网宣传推广环保理念，这是个非常好的选择，因为互联网上有着数亿的网民。本章，我们将给出一个主题鲜明的环境保护网站。为了更好地吸引访问者加入"环境保护"的行列，这个网站首先需要用显眼的图片来描述环保的形势，其次需要用浅显的文字告诉访问者一些环保知识和环保新闻。下面，我们就来分析一下这个网站的设计方式。

7.1 网站页面效果分析

在本章中，将着重分析环保网站的首页和"环保图片展示"页面的设计样式，而"环保知识"页面由于风格比较简单，所以就不再详述了。

7.1.1 首页效果分析

这个首页虽然包含的元素比较多，界面也比较丰富，但还是采用了三行的样式。其中，第一行里放置的是页头模块，包括网站Logo和导航部分。第二行是网站的主体部分，这是用一块大的DIV嵌套诸多功能模块。第三行是页脚部分，其中放置些导航菜单和"联系我们"等内容。

为了突出主题，本网站的背景是一张深邃的地球图片，提醒着人们，我们只有一个地球，首页的效果如图7-1所示。

DIV+CSS 网站布局案例精粹（第2版）

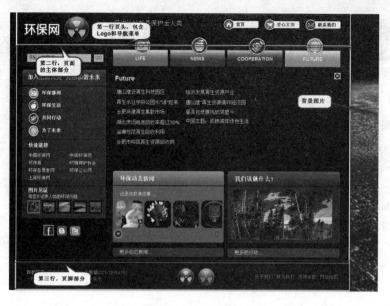

图7-1 首页效果图

7.1.2 环保图片展示页面的效果分析

图7-2 环保图片页面的效果图

在环保图片展示页面中，每个图片的超链可以是一个主题页面，而在页面的左边部分，放置的是针对环保主题的导航菜单。

这个页面也采用了3行的样式，页头和页脚部分与首页完全一样，在第二行的主体页面部分，放置的是刚才提到的导航菜单和图片，页面效果如图7-2所示，同样，这个页面也采用了地球图片作为背景。

7.1.3 网站文件综述

这个页面的文件部分是比较传统的，用images、css和js等目录分别保存网站所用到的图片、CSS文件和JS代码，文件及其功能如表7-1所示。

表7-1 环保网站文件和目录一览表

模块名	文件名	功能描述
页面文件	index.html	首页
	wen.html	包含环保新闻知识的页面
	blogs.html	包含环保图片的页面
css目录	之下所有扩展名为css的文件	本网站的样式表文件
js目录	之下所有扩展名为js的文件	本网站的JavaScript脚本文件
img、images和graphics三个目录	之下所有的图片	本网站需要用到的图片

7.2 规划首页的布局

首页需要鲜明地突出主题，所以不仅要通过色调搭配来吸引访问者的眼球，还要放置足够多的环保信息，下面，我们就依次讲述页面中的使用到重要样式。

7.2.1 搭建首页页头的DIV

在这个环保网站首页的页头中，我们放置了Logo图片和网站的导航菜单，这部分的效果如图7-3所示。

图7-3 首页页头设计分析图

页头部分包含三个关键内容：Logo图片、网站宣言和导航菜单，它们的实现代码如下所示。

```
1.  <div id="inner">
2.  <ul id="header">
3.  <!—显示Logo图标-->
4.  <li><a href="#" class="homelink" title="Home">
5.    <span class="hidden">首页</span></a></li>
6.    <!—显示宣言-->
7.  <li class="headerCol">
8.    <h1>保护地球就是保护全人类</h1>
9.    </li>
```

```
10.     <!—放置三个导航菜单-->
11.     <li class="small last">
12.      <a id="ctl00_uxContactUs" class="contactus" href="blogs.html">
13.       <span>联系我们</span></a></li>
14.     <li class="small">
15.       <a id="ctl00_uxBuyTickets" class="buyTickets" href="wen.html">
16.       <span>爱心义卖</span></a></li>
17.     <li class="small">
18.       <a id="ctl00_uxHome" class="home" href="index.html">
19.       <span>首页</span></a></li>
20.    </ul>
21. </div>
```

上面代码中，第4行显示了本网站的Logo图片，第7~9行，显示了"保护地球就是保护全人类"这个网站宣言，而第11~20行，用ul和li的方式，显示了导航菜单，由此构成了整个页头部分。

请注意，在第4行中没有通过显式的方式引入Logo，而是通过ID为homelink的CSS引入，这部分的关键代码如下所示，下面代码的第2行里，通过background:url的方式，引入Logo图片，并在第4和第5行里，指定了这个DIV的宽度和高度。

```
1. a.homelink, a:link.homelink, a:visited.homelink, a:hover.homelink,
a:active.homelink {
2.        background:url(../img/logo_header.jpg) left top no-repeat; //指定
Logo图片
3.        display:block; //把这个DIV定义成块
4.        height:91px; //指定宽度
5.        width:222px;//指定高度
6. }
```

7.2.2 搭建导航和快速链接部分的DIV

在首页的主体部分里，需要通过菜单，让客户方便地跳转到新闻等页面，而且，需要有专门的模块放置和环境保护主题有关的友情链接，这部分的DIV效果如图7-4所示，我们把两块内容放在一个DIV里实现。

这部分的关键代码如下所示。

图7-4 导航和快速链接部分的效果图

```
1.  <div id="lhs">
2.   <h1 class="darkblu">加入生态人类 共创和谐未来</h1>
3.    <ul class="sideNav">
4.     <li class="vistitors">
5.      <a href="wen.html"accesskey="1"title="FOR VISITORS">环保新闻</a></li>
6.     <li class="teachers">
7.      <a href="blogs.html"accesskey="2"title="FOR TEACHERS">环保生活
8.      </a></li>
9.     <li class="events">
10.     <a href="wen.html"accesskey="3"title="FOR EVENTS">共同行动</a></li>
11.    <li class="kids">
12.     <a href="blogs.html"accesskey="4"title="FOR KIDS">为了未来</a></li>
13.   </ul>
14.   <div class="quikLinkBox">
15.    <h2 class="">快速链接</h2>
16.    <ul class="navMenu">
17.     <li class=""><a href="#">中国环保网</a></li>
18.     省略其他链接
19.    </ul>
20.    <div class="clear"></div>
21.   </div>
```

上面代码中，从第2~13行部分，通过ul和li定义了诸多导航菜单，而在第14~19行，定义了快速链接部分的超链。最后，在第20行里，通过引入class为clear的CSS，清除本DIV样式对后面其他DIV代码的影响，clear的CSS代码如下所示。

```
1.  .clear {
2.       clear:both //清除样式
3.  }
```

7.2.3 搭建"图片新闻"部分的DIV

图文并茂是本网站的特色，"图片新闻"部分使用两个DIV实现了"环保动态新闻"和"我们该做什么"两部分的内容，如图7-5所示。

图7-5 图片新闻部分的DIV效果图

这部分的代码如下所示，其中，在第2行里，定义了头文字，在第5~14行里，定义了一个图片新闻，而右边"我们该做什么"部分样式比较简单，且和左边的"环保动态新闻"很相似，所以代码就不再分析了。

```
1.  <div class="hp_box orange">
2.    <h1><a title="Take a look inside" href="#">环保动态新闻</a></h1>
3.    <p>记录你的身边事...</p>
4.    <div id="SlideItMoo">
5.      <div id="Mask">
6.        <div id="thumbs"><span>
7.          <a id="mb1" class="mBox" href="img/Rooms/001.jpg">
8.            <img src="img/hp_Rooms/Earthscape.jpg" /></a></span>
9.          <div class="multiBoxDesc mb1 mbHidden"></div>
10.         <strong>环境保护，保护环境</strong>
11.       </div>
12.     <div id="ct100_MainContent_58050Jobs">
13.       <div class="hp_smallbox red"><a href="#">更多动态新闻...</a></div>
14.     </div>
15.     省略更多的新闻
16. </div>
```

7.2.4 搭建"图片见证"部分的DIV

图7-6 图片见证部分的效果图

在"图片见证"部分里，将展示人类的环保历程，这部分的效果如图7-6所示。

这部分的关键代码如下所示，其中，第5~8行，用ul和li的方式，展示多张图片，在第12~16行里，使用图片显示下方的英文字母。

```
1.  <div id="ct100_LeftContent_58047Background_selector">
2.    <div id="bgSelect">
3.      <h2>图片见证</h2>
4.      <p>用图片记录人类的环保历程</p>
5.      <ul>
6.        <li class="selected"><a href="#"><img src="img/bg9.jpg" /></a></li>
7.        省略其他图片的代码
8.      </ul>
9.    </div>
10. </div>
11. <!--用图片显示下面的英文字母-->
12. <div id="ct100_LeftContent_58051Facebook">
13.   <p>
14.   <a href="#"><img src="img/f.png" /></a>
15.   省略其他图片
16. </div>
17. </div>
```

在上面代码的第2行里，引入了ID为bgSelect的CSS，它将作用在ul和li上，这部分的关键代码如下所示。

```
1.  #bgSelect ul li, #mainContent #bgSelect ul li {
2.      float:left; //指定浮动方式
3.      padding:0px 1px; //指定上部分和右边部分的外边距
4.      background: #082934; //指定背景色
5.  省略次要代码
6.  }
```

在HTML代码中，ul和li指定的图片将使用上述的样式，它们的浮动方式是靠左，靠上的外边距是0，靠右的外边框为1，背景色是#082934。

7.2.5 搭建页脚部分的DIV

页脚部分包含了联系方式、主题图片和导航菜单，大致效果如图7-7所示。

图7-7 页脚部分的DIV

这部分的关键代码如下所示，代码比较简单，所以就不再做说明了。

```
1.  <div id="footer" class="logo">
2.   <ul >
3.    <!--菜单效果-->
4.    <li class=""><a href="#">关于我们</a></li>
5.    <li><a href="#" accesskey="5">联系我们</a></li>
6.     <li><a href="#">法律条款</a></li>
7.     <li class=""><a href="#" accesskey="0">网站地图</a></li>
8.    </ul>
9.    <address>
10.     <strong>保护环境</strong>,
11.       保护地球,保护全人类<strong>电话:</strong>021-12354152<br />
12.       一起加入我们吧，让我们共创美好未来
13.    </address>
14.    <div class="clear"></div>
15.   </div>
16.  </div>
17. </div>
```

上面代码的第1行中，引入了class为logo的CSS，这部分的代码如下所示，下面代码的第2行中，通过background:url指定背景图片，并通过center指定图片放置在页脚中央。

```
1.  #footer.logo {
2.      background:url(../img/5-star.jpg) 470px center no-repeat;
3.  }
```

7.2.6 首页CSS效果分析

在前面描述DIV的时候，我们已经讲述了部分CSS的代码，本小节我们将用表格的形式

描述首页中其他CSS的效果，如表7-2所示。

表7-2 首页DIV和CSS对应关系一览表

DIV代码	CSS描述和关键代码	效果图

`<li class="headerCol">        <h1>`保护地球就是保护全人类`</h1></li>`	定义左内边距
	`#header li.headerCol {`
	`        padding-left:59px;`
	`}`
		保护地球就是保护全人类
		定义左内边距是59像素

`<li class="vistitors">`	定义背景图
	`#colourNav.visitors, #colourNav`
	`.vistitors {`
	`        background: url(../img/`
	`button_visitors.jpg) repeat-x`
	`}`
		定义背景色
		LIFE

`<div   class="flashholder"><img`
`src="img/flashholder.jpg" /> </`
`div>`
	定义靠左悬浮的方式和外边距
	`#default_content .flashholder {`
	`        float:left;`
	`        margin:13px;`
	`}`
		边距为13个像素

`<div class="hp_box orange">`	指定背景色
	`table.visitresources`
	`.orange {`
	`        color:#F7931F;`
	`        font-weight:normal;`
	`        font-size:100%;`
	`}`
		环保动态新闻
		记录你的身边事.
		指定背景色

 ## 7.3 在首页中实现动态效果

在首页中，用CSS实现的动态效果主要体现在"鼠标效果"上，如图7-8所示，当鼠标移到文字上面，文字背景会出现红色，移出后，则恢复白色背景。

图7-8 实现鼠标悬浮效果的样式

先来看一下这部分的HTML代码。请注意，第8行引入了ID为home的CSS样式，由此实现了鼠标的悬浮效果。

```
1.  <li><a href="#" class="homelink" title="Home">
2.  <span class="hidden">首页</span></a></li>
3.   <li class="headerCol">
4.    <h1>保护地球就是保护全人类</h1>
5.   </li>
6.   <li class="small last">
7.    <li class="small">
8.    <a id="ctl00_uxHome" class="home" href="index.html">
9.    <span>首页</span></a>
10.  </li>
11.  省略其他部分的代码
12.  …..
13.  </ul>
```

这个CSS部分的关键代码如下所示。

```
1.  a.home, a:link.home, a:visited.home, a:hover.home, a:active.home {
2.      background: url(../img/new-home.jpg) left top no-repeat;
3.      color:#D32026;
4.  }
```

从中我们能看到，当鼠标移上去时，就会执行第2行定义的动作，更改背景图片，并设置DIV的颜色为#D32026，由此实现动态的效果。

 # 7.4 环保图片页面

环保图片页面主要包含两大要素，导航菜单和图片模块。与首页一样，在页头部分，放置有"环保行动"、"环保新闻"、"环保动态"和"为了未来"等链接，由于页头在首页中没有叙述，所以本节将做详细分析。

7.4.1 环保导航部分的DIV

环保导航是一个图片形式的导航菜单，效果如图7-9所示。

图7-9 导航菜单的DIV

这部分的关键代码如下所示。

```
1.  <ul id="colourNav">
2.  <li class="vistitors"><a href="wen.html"accesskey="1">环保行动</a></li>
3.  <li class="teachers"><a href="wen.html"accesskey="2">环保新闻</a></li>
4.  <li class="events"><a href="blogs.html"accesskey="3">环保动态</a></li>
5.  <li class="kids"><a href="blogs.html"accesskey="4">为了未来</a></li>
6.  </ul>
```

其中，从第2~5行，定义了四个菜单，请注意在第1行引入了ID为colourNav的CSS，由此定义了四个菜单的整体样式，代码如下所示。

```
1.  #colourNav {
2.      width:655px; //定义宽度
3.      height:50px; //定义高度
4.      list-style-type: none;
5.      margin:7px 0 0 0;
6.      padding:0;
7.      float: left; //定义靠左悬浮
8.      position:absolute;
9.      right: 23px;
10.     top:97px;
11. }
```

而在HTML代码的第3行里，引入了ID为teachers的CSS，这部分的作用是为每个导航菜单引入一张背景图，代码如下所示。

```
1.  #colourNav .teachers {
2.      background: url(../img/button_teachers.jpg) repeat-x
3.  }
```

7.4.2 导航菜单部分的DIV

导航菜单将用菜单的形式向访问者提供超链，样式效果如图7-10所示。

下面是这部分的关键代码。

图7-10 导航部分的DIV展示

```
1.  <ul id="leftMenu">
2.  <li class="active"><span>环保百科</span>
3.  <li><a href="#">综合</a></li>
4.  <li><a href="#" >环保博览</a></li>
5.  <li><a href="#" >水</a></li>
6.  <li><a href="#" >大气</a></li>
7.  <li><a href="#"title="Careers in Science" target="blank">噪声震动</a></li>
8.  <li><a href="#" >固废</a></li>
9.  <li><a href="#"title="Our Favourite Websites">辐射</a></li>
10. <li><a href="#"title="Blog" target="blank">自然生态</a></li>
11. </ul>
```

在代码的第1行中，引入了ID为leftMenu的CSS，这个CSS作用域很广，用在了ul和li上，关键代码如下，其中也定义了li中文字的样式。

```
1.  #leftMenu {
2.      clear:both;
3.      float:left; //指定悬浮方式
4.      font-size:125%;
5.      margin:70px 13px 20px 0; //指定外边距
6.      width:175px;
7.      color: #f5b01f;
8.   省略次要代码
9.  }
10. #leftMenu ul { //针对ul的
11.     list-style-type: none;
12.     overflow:hidden;
13.     clear:left;
14. }
15. #leftMenu li { //针对li的
16.     margin:5px 0 0; //指定外边距
17.     overflow:hidden;
18.     float:left;
19.     clear:left;
20.     width:100%;
21. }
```

7.4.3　图片部分的DIV

在图片部分中，将用一些大尺寸的图片来宣讲环保理念，每张图片都是一个主题，每张图片都是一个链接，图片链接到详细讲述相应主题的页面上。

图片部分的效果如图7-11所示。

这部分的关键代码如下所示，样式相对简单。在第4行里，定义了图片上方的文字，在第5行中，定义了图片，这里是一张恐龙图片，而在第6行里，则定义了图片上的文字。由于其他三张图片的定义风格与左上角的完全一致，所以这里就不再重复说明了。

图7-11　图片部分DIV的演示效果

```
1.  <!—左上角的图片-->
2.  <div class="hp_box image lightblu">
3.    <!—图片上的标题文字-->
4.    <h1><a href="#">稀有动物的灭绝</a></h1>
5.      <a href="#"><img alt="" src="img/kids-page-dino.jpg" /></a><a
href="#">
6.      <h2>人类要对自己的行为进行检讨</h2>
7.    </a>
8.    <p style="width: 110px"> </p>
9.  </div>
10. 省略其他三张图片的定义代码
```

寓教于乐的博物馆网站

第 8 章

博物馆是进行科普教育的理想场所，博物馆的网站风格很类似公司的网站，它在页面上通过图片和文字提供博物馆的文字介绍、最新活动和博物馆拥有的藏品，由于博物馆无需考虑盈利问题，所以就不需要考虑在网页醒目的位置放置广告位，代替放置馆藏展品或最新活动信息。

在本章中，我们将开发一个寓教于乐的博物馆网站，其中主要包含首页、"博物馆最近活动"和"藏品介绍"三大页面，从中大家能了解到这种非盈利网站的设计风格。

8.1 网站页面效果分析

博物馆网站由于包含的资讯内容比较多，所以需要用足够的导航菜单来引导访客访问，此外，由于要起到"科普"的作用，所以设计的页面要有"图文并茂"的特点。

本章将着重分析"首页"和"博物馆最近活动展示页"的设计样式，而"藏品介绍"页面，虽然内容也比较丰富，也非常美观，但设计风格和开发方式与前两个页面非常相似，因此就不做介绍了。

8.1.1 首页效果分析

首页篇幅比较长，分为六行的样式。在第一行里放置包括"图标"和"站点导航块"的页头部分；由于博物馆内容比较丰富，所以第二行放置综合导航信息模块；第三行放置"馆内资讯"、"最新更新"、"文物保护"和"科研收藏"导航模块；第四行是首页的主体部分，介绍"馆内要闻"和"最新科技动态"；第五行依然放置文字部分的科普知识，而最后一行是页尾部分，包含导航菜单和版权声明信息。这个页面的篇幅比较长，我们分两个图来说明，前四行的效果如图8-1所示，最后两行的效果如图8-2所示。

图8-1 前四行的效果图

图8-2 最后两行的效果图

8.1.2　最近活动页面的效果分析

最近活动页面中，使用大图加文字的方式介绍博物馆最近的活动，大致的效果如图8-3所示。

图8-3　最近活动展示页的效果图

8.1.3　网站文件综述

这个页面的文件部分是比较传统的，用img和css二个目录分别保存网站所用到的图片和CSS文件，文件及其功能如表8-1所示。

表8-1 电影网站文件和目录一览表

模块名	文件名	功能描述
页面文件	index.html	首页
	news.html	最近活动展示页面
	portfolio.html	藏品展示页面
css目录	之下所有扩展名为css的文件	本网站的样式表文件
img	之下所有的图片	本网站需要用到的图片

8.2 规划首页的布局

首页的内容比较复杂，我们把它分为几个部分，分别分析一下首页中诸多重要DIV的实现方式。

8.2.1 搭建首页页头的DIV

页头部分包含了"Logo和标题"及导航菜单两大部分，样式的效果如图8-4所示。

图8-4 首页页头的DIV设计分析图

实现页头部分的关键代码如下所示，第3~11行定义了右边部分的导航菜单，第13行定义了左边部分的Logo图片。

```
1.  <div id="header">
2.   <!--定义菜单-->
3.   <ul id="main_menu">
4.    <li class="fist_element"><a href="index.html" class="selected">首页</a></li>
5.     <li><a href="news.html">博物馆</a></li>
6.     <li><a href="portfolio.html">展品介绍</a></li>
7.     <li><a href="#" >新闻</a></li>
8.     <li><a href="#">最新展出</a></li>
9.     <li><a href="#">图书文献</a></li>
10.    <li><a href="#">订票热线</a></li>
11.  </ul>
12.   <!--定义Logo图片-->
13.   <h1 id="logo"><a href="index.html"></a></h1>
14.  </div>
```

第3行里，我们引入了ID为main_menu的CSS，代码如下所示，正是因为在第2行设置了靠右的悬浮方式，所以在页头部分的HTML里，先定义右边的导航菜单，而后再定义左边的Logo和标题。

```
1.  #main_menu {
2.      float:right;          /*靠右悬浮 */
3.      padding-top: 0px;     /*设置顶部内边距*/
4.      margin-right: 26px;   /*设置右边部分的外边距*/
5.      display: inline;
6.  }
```

8.2.2　搭建"导航菜单"部分的DIV

在页头的下边，有专门的DIV区域用来放置博物馆网站的导航菜单，这部分的效果如图8-5所示。

图8-5　导航菜单DIV效果图

下面来看一下这个DIV的关键代码，其中，第9~16行的代码中，实现了第一列的菜单，其他部分的菜单代码由于很相似，所以就不再重复给出了。

```
1.  <div id="pitch">
2.  <h1>博物馆</h1>
3.  <dl>
4.  <dt>PITCH</dt>
5.  <dd class="pitch-services">
6.   <h2>欢迎光临</h2>
7.  </dd>
8.  <dt>资讯</dt>
9.  <dd>
10.  <ul>
11.   <li><a href="#">参观资讯</a></li>
12.   <li><a href="#">馆内要闻</a></li>
13.   <li><a href="#">展示介绍</a></li>
14.   <li><a href="#">近期活动</a></li>
15.  </ul>
16.  </dd>
17.  省略其他导航菜单
18.  ……
19. </div>
```

8.2.3 搭建"馆内资讯"等4部分的DIV

在首页中导航菜单的下方，用1个DIV放置了4个"图片+文字"部分的模块，效果如图8-6所示。下面分析一下这类DIV大致的实现方式。

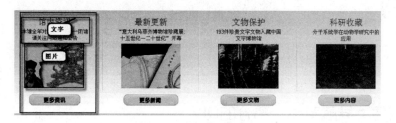

图8-6 馆内资讯等部分的DIV

这部分的关键代码如下所示，它以ul和li的方式陈列四个模块。其中，从第3~10行使用一个li标签，定义"馆内资讯"部分模块。

```
1.  <div id="portfolio">
2.   <ul>
3.    <li>
4.    <!--文字部分-->
5.    <h3>馆内资讯</h3>
6.    <p>本馆全年对外开放，周一闭馆请关注网站通知公告</p>
7.    <!--图片部分-->
8.    <img src="img/portfolio-website.gif" />
9.     <a href="#" class="btn-web_portfolio">更多资讯</a>
10.   </li>
11.    省略其他三个模块
12.  </ul>
13. </div>
```

在上面代码的第1行中，我们引入了ID为portfolio的CSS，这部分的代码如下所示，由此定义了针对整个DIV、li、h3和img等标签的样式，这部分的说明请看下面代码的注释。

```
1.  #portfolio { /*针对整个DIV*/
2.        background:url(../img/bg-portfolio.gif) left top repeat-x; /*设置背景图片*/
3.        overflow:hidden;
4.        padding-bottom:20px; /*设置底部内边距*/
5.  }
6.  #portfolio li { /*针li元素*/
7.        float:left; /*设置悬浮方式*/
8.        width:245px; /*设置宽度*/
9.        text-align:center; /*设置字体对齐方式*/
10.       /*设置背景*/
11.       background:url(../img/bg-portfolio-separator.gif) right 50% no-repeat;
12. }
13. #portfolio h3 {
14.       font-size:1.6em; /*设置字体大小*/
```

```
15.        margin-top:20px;              /*设置顶部外边距*/
16.  }
17. #portfolio img {                     /*针对图片*/
18.        margin:5px auto 15px;          /*设置外边距*/
19.        display:block;                 /*设置成块*/
20.  }
```

8.2.4 搭建"馆内要闻和科教动态"部分的DIV

馆内要闻和科教动态部分主要用于讲述科普知识,所以仍然采用图片加文字的DIV样式,效果如图8-7所示。

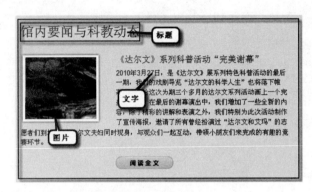

图8-7 馆内要闻和科教动态部分的DIV

这部分的关键代码如下所示,其中第3行定义了标题部分,第7行定义了左边的图片,而第9~11行定义了右边的文字。

```
1.  <div>
2.  <!—文字部分-->
3.  <h3>馆内要闻与科教动态</h3>
4.    <ul>
5.    <li>
6.    <!—图片-->
7.    <img src="img/extensive_logo_development.jpg" />
8.    <h4>《达尔文》系列科普活动"完美谢幕"</h4>
9.    <p>2010年3月27日,是《达尔文》展系列特色科普活动的最后一期。
10.      省略其他文字
11.    </p>
12.    <a class="view_services" href="#">阅读全文</a>
13.    </li>
14.    </ul>
15. </div>
```

8.2.5 搭建页脚部分的DIV

这个网站的页脚部分包含的内容比较多,有"友情链接"、"导航部分"、"意见箱"和"图片"四大块,效果如图8-8所示。

图8-8 页底脚分的DIV

这部分关键的实现代码如下所示，其中，第2~5行定义了友情链接部分的样式，第8~11
行使用ul和li定义了导航菜单，而第19行给出了最下方页脚图片的定义。

```
1.  <div id="footer">
2.   <div class="quick_portfolio">
3.    <h3>友情链接</h3>
4.    <a href="#">博物馆网</a>
5.   </div>
6.   <div class="quick_menu">
7.    <h3>关于我们</h3>
8.    <ul>
9.     <li><a href="#">关于我们</a></li>
10.    省略其他导航菜单
11.   </ul>
12.  </div>
13.  <div class="quick_action">
14.   <h3> </h3>
15.   <a href="#"> </a>
16.   <p class="copyright">Copyright 2010 保留一切权利</p>
17.  </div>
18. </div>
19. <span class="figure-footer"></span>
20. </div>
```

在第19行里，定义了ID为figure-footer的CSS，代码如下所示，其中主要是通过第1行的代
码定义页脚最下方显示的图片。

```
1.  span.figure-footer{
2.      background:url(../img/footer-earth.jpg) left top no-repeat; /*定义背
景图*/
3.      position:relative;
4.      overflow:hidden;
5.      width: 980px; /*定义宽度*/
6.      margin: 0 auto; /*定义外边距*/
7.      display: block;
8.      height: 81px;
9.  }
```

8.2.6 首页CSS效果分析

在前面描述DIV的时候，已经讲述了部分CSS的代码，本小节我们将用表格的形式描述首页中其他CSS的效果，如表8-2所示。

表8-2 首页DIV和CSS对应关系一览表

DIV代码	CSS描述和关键代码	效果图

\<div class="header-figure"\>\</div\> "	主要是定义背景图片
	div.header-figure{
	      background: url(../img/figure-header.png) left top no-repeat;
	省略其他无关代码
	      }	

\<dd class="pitch-services"\>
\<li\>\<a href="#"\>参观资讯\</a\>\</li\>
	定义字体的颜色和大小
	#pitch dl dd a{
	      color: #778c49;
	      font-size: 1.4em;
	      font-weight: normal;
	      }	

\<h1 id="logo"\>\<a href="index.html"\>\</a\>\</h1\>	引入Logo图片，并定义鼠标悬浮上的效果
	h1#logo {
	省略次要代码
	      background:url(../img/logo-studio7designs.gif) left top no-repeat;
	}
	h1#logo a{
	      display: block;
	      width:283px;
	      height:32px;
	      }	

8.3 在首页中实现动态效果

在首页中，用CSS实现的动态效果仍然体现在"菜单悬浮效果"方面，如图8-9所示，用鼠标移动到菜单上后，能看到菜单有细微的变化。

图8-9 CSS动态样式效果图

先来看一下实现动态效果的HTML代码，代码如下所示。其中在第1行里引入了ID为our_style的CSS样式。

```
1.  <div id="our_style"><img src="img/wesc_coast.jpg" />
2.      <h4>新型火箭速度达55公里/秒</h4>
3.      省略无关的新闻部分的代码
4.      <a href="#">阅读全文</a>
5.  </div>
```

上述CSS部分的样式代码如下所示，其中，第2行定义鼠标悬浮之前显示的背景图，而在第6行，通过a:hover，定义了鼠标放上去之后的背景图，这样通过两张图片的更换，实现了鼠标放上去之后菜单的悬浮效果。

```
1.  #our_style a {/*针对a标签*/
2.      background:url(../../img/btn-view_portfolio-large.gif) left top no-repeat;
3.      省略其他无关的代码
4.  }
5.  #our_style a:hover { /**/
6.      background:url(../../img/btn-view_portfolio-large.gif) left bottom no-repeat;
7.  }
```

8.4 最近活动页面

这个页面中，页头页脚部分与首页非常相似，所以就不再重复分析了，主体部分主要由两列组成，第一列放置"最近活动"信息，第二列放置导航信息。

8.4.1 "最近活动信息"部分的DIV

在"最近活动信息"中，用图片加文字的形式展示了博物馆里最近的活动，样式如图8-10所示，由于诸多活动信息的样式都很相似，所以我们就以其中的一个为例进行说明。

图8-10 最近活动的DIV样式

关键代码如下所示,其中,第6~8行定义了活动的标题,而在第10~12行这对p标签里,定义了活动的详细说明部分。

```
1.  <div id="blog" class="hfeed">
2.    <div class="hentry">
3.      <div class="left"><a href="#"><img src="img/111.png" alt="" /></a>
4.      </div>
5.      <div>
6.        <h2 class="entry-title">
7.          <a href="#">"走进博物馆,探索大自然"有奖知识竞赛说明</a></h2>
8.        <p class="category">发布日期:2010.3.13  </p>
9.        <div>
10.         <p>
11.           省略文字部分
12.         </p>
13.       </div>
14.     </div>
15. </div>
```

8.4.2 右边部分导航菜单的DIV

我们以"新闻摘要"为例,说明右边部分导航菜单的设计样式,这个效果如图8-11所示,它采用了标题结合叙述文字的样式。

实现此部分的DIV代码如下所示,其中第2行定义了新闻标题,而第4行定义了新闻的内容。

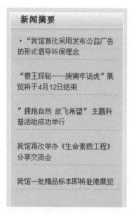

图8-11 导航部分的DIV效果图

```
1.   <div class="other_posts popular">
2.       <h3 ><span>新闻摘要</span></h3>
3.       <ul>
4.        <li><a title='' href="#">·省略新闻内容</a></li>
5.          省略新闻
6.       </ul>
7.   </div>
```

在上面第1行代码中，引入了ID为other_posts的CSS，这个CSS的作用范围比较广，下面来看一下它的实现代码，代码比较简单，我们就不做分析了。

```
1.   .other_posts {                                   /*针对整个DIV*/
2.       border:solid #fff;                           /*设置边框颜色*/
3.       border-width:0 1px;                          /*设置边框宽度*/
4.   }
5.   .other_posts h3 { /*针对h3*/
6.       background: url(../../img/bg-other_posts-title.gif) left top
repeat-x;
7.       border-top: 1px solid #e5e5e5;               /*设置顶部边框宽度和颜色*/
8.       border-bottom: 1px solid #fff;               /*设置底部边框宽度和颜色*/
9.       font-weight: bold;                           /*设置字体样式*/
10.      font-size: 1.3em;                            /*设置字体大小*/
11.      line-height: 1em;                            /*设置行高*/
12.      width: 227px; /**/
13.      height: 29px;
14.    省略其他次要代码
15. }
16. .other_posts h3 span{                             /*针对h3和span*/
17.      position: absolute;
18.      width: 100%; height: 100%;                   /*设置宽度高度*/
19.      top: 0; left: 0;
20. }
```

体现个性的个人网站

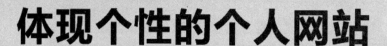

个人网站用来展示个人信息，表现个人的个性，所以其中的内容要比个人博客丰富，而且样式也需要比博客精美。

本章我们介绍一个"美术摄影"题材的个人网站，网站上将放置站长的作品和站长的一些心得体会。本网站包括首页、"作者导航"和"作品展示"三大页面，从对这三大页面的分析中，大家能了解到这类网站的风格和实现方式。

 网站页面效果分析

由于这个网站的主题是"摄影美术"，所以在首页中，需要放置站长创作的作品，而且需要提供一套有效的导航和搜索体系，让访客能找到他们感兴趣的作品。

在本章中，将着重分析首页和"作品导航"的设计样式，而第三个"作品展示"页面，由于样式比较简单，所以就不再分析了。

9.1.1 首页效果分析

个人网站的首页是四行的样式，在第一行里，放置包括网站Logo图片和"导航部分"的页头部分。第二行里放置"网站搜索"功能模块，第三行是首页的主体部分，放置"拿手作品"。第四行里是页脚部分，这个页脚部分中，包含的东西比较多，有"友情链接"、"导航菜单"和版权声明。首页的效果如图9-1所示。

图9-1 首页的效果图

9.1.2 作品导航页的效果分析

在作品导航页面主体部分，使用两列的布局实现导航和图片显示效果，其中左边部分放置分类导航菜单，而在右边放置这个分类下的图片，大致的效果如图9-2所示。

图9-2 作品导航页的效果图

9.1.3 网站文件综述

这个页面的文件部分是比较传统的，用img、css和js三个目录分别保存网站所用到的图片、CSS文件和JS代码，文件及其功能如表9-1所示。

表9-1 个人网站文件和目录一览表

模块名	文件名	功能描述
页面文件	index.html	首页
	illustration.html	导航页面
	photography.html	描述详细作品的页面
css目录	之下所有扩展名为css的文件	本网站的样式表文件
js目录	之下所有扩展名为js的文件	本网站的JavaScript脚本文件
img目录	之下所有的图片	本网站需要用到的图片

9.2 规划首页的布局

首页从布局上来看，有主题突出和导航方便两大特性，下面我们依次分析首页中比较重要DIV的实现方式。

9.2.1 搭建首页页头的DIV

首页的页头部分，包含了Logo图片、导航菜单和"登录注册模块"三大部分，显示效果如图9-3所示。

图9-3 首页页头的DIV设计分析图

实现页头部分的关键代码如下所示，从第3~7行，定义了首页Logo图片，从第8~11行，定义了导航部分的菜单，从第12~15行，定义了注册和登录功能模块，而从第19~23行，定义了注册和登录菜单下方的次要的导航菜单。

```
1.  <div id="db_head">
2.    <!--logo图片-->
3.    <div id="db_logo">
4.      <a href="index.html" >
```

```
5.        <img alt="Veer" height="50" src="img/dungbeetle_logo.gif" width="67"
          />
6.      </a>
7.    </div>
8.    <ul id="db_nav" class='home'>
9.      <li id="db_phot"><a id="photographyImage" href="index.html">我的首页</
        a></li>
10.   省略其他导航菜单代码
11.   </ul>
12.   <ul id="db_status_top" class="db_status">
13.     <li><a id="ctl00_ctl00_navigation_loginLink" href="#">登录</a></li>
14.     <li><a href="#" >注册</a></li>
15.   </ul>
16.   <ul id="db_status_bottom" class="db_status">
17.     <li> <a href="#">网站管理</a> </li>
18.   </ul>
19.   <ul id="db_subnav">
20.     <li id="db_acct"><a id="accountImage" href="#">我的好友</a></li>
21.     <li id="db_cart"><a id="cartImage" href="#">人生历程</a></li>
22.     <li id="db_lbox"><a id="lightboxImage" href="#">社会实践</a></li>
23.   </ul>
24. </div>
```

9.2.2 搭建"搜索"部分的DIV

在页头的下方，放置的是"搜索"功能模块，其中还能通过复选框，让访问者搜索图片、文章等信息，效果如图9-4所示。

图9-4 搜索区域的DIV效果图

下面我们来看一下这个DIV的关键代码，其中，从第2~10行的代码中，定义了搜索文本框和搜索按钮，在第14~24行中，定义了搜索按钮右边的四个复选框。

```
1.  <div id="qsnavcontent">
2.    <div id="qsleft">
3.    <div id="searchInputBox">
4.      <div>
5.      <input name="" type="text" value="请输入" size="27" class="text"
6.        style="width:180px; margin-right:6px; float:left;" />
7.      <input type="submit" value="搜索" class="button_common button_orange
8.        mainSearchButton" language="JavaScript" />
9.      </div>
10.   </div>
11.   </div>
12.   省略其他无关代码
13.   <!—定义复选框-->
```

```
14.  <div id="qsright">
15.  <ul>
16.  <!—定义复选框和旁边的文字-->
17.  <li>
18.  <input id="ctl00_ctl00_quickSearch_photography"
19.  type="checkbox" name="z01" checked="checked" onclick="resulttab='';"
     />
20.  <label for="ctl00_ctl00_quickSearch_photography">我的图片</label>
21.  </li>
22.  省略另外三个复选框和文字的代码
23.  </ul>
24.  </div>
25. </div>
```

9.2.3 搭建"作品展示"部分的DIV

这个个人网站的主题是展示作品，所以在首页的主体部分里，用比较大的篇幅来构建这部分的DIV，效果如图9-5所示。

图9-5 作品展示部分的DIV

这部分的关键代码如下所示，在第2~5行里，定义了头文字，在第12行里，定义了这块DIV里的大图，在第17~24行中，定义了右边部分的小图效果。

```
1.   <!一定义头文字-->
2.   <div id="browseralert">欢迎各位来到我的网站 
3.     <a id="BrowserAlertViewReqs" href="#">这里记录着我的人生历程</a>
4.     还有我的作品。
5.   </div>
6.   <div id="fbherocontainer">
7.    <div id="homePageElement">
8.     <div id="fbmaincolumn1">
9.      <div id="heroContainer">
10.      <a href="#" rel="640_360_popup">
11.       <!一定义大图片-->
12.       <img width="530" height="460" border="0" src="img/ hero.jpg" />
13.      </a>
14.     </div>
15.     <p id="fbherolink">作者：<a href="#">我自己</a></p>
16.    </div>
17.    <div id="fbmaincolumn2">
18.     <!一定义右边的小图以及说明-->
19.     <a href="#" rel="525_745_popup" ><img src="img/home.2010.04.diy.gif"
20.      width="165" height="110" border="0" /></a>
21.     <p>我的作品<br />
22.     山清水秀风和日丽啊，多美的画呀。</p>
23.     省略针对其他图片的定义
24.    </div>
25.   </div>
26. </div>
```

在上面代码第2行里，我们引入了ID为browseralert的CSS，由此定义页头文字DIV部分的
样式，这部分的代码如下所示，从代码中可以看出，页头文字部分是以红色背景为底色，此
外这部分的CSS还定义了头文字部分的字体和字体颜色。

```
1.  #browseralert
2.  {
3.    padding: 10px 0 10px 33px; /*定义内边距*/
4.    font: 11px verdana, helvetica, arial, geneva, sans-serif; /*定义字体*/
5.    color: #fff; /*定义字体颜色*/
6.    background-color: #F00; /*定义背景色*/
7.  }
```

在HTML代码的第8行里，引入了ID为fbmaincolumn1的CSS，这部分的代码如下所示，
其中关键在第5行，它实现了向左悬浮的特性。

```
1.  #fbmaincolumn1{
2.      position: relative;
3.      background-color:#FFF; /*设置背景色
4.      width: 530px; /*定义宽度*/
5.      float: left; /*向左悬浮*/
6.      margin: 0; /*外边距*/
7.  }
```

在HTML代码的第17行里，引入了ID为fbmaincolumn2的CSS，这部分的代码和上述fbmaincolumn1很相似，区别在于使用了float:right，实现了向右悬浮的样式。

9.2.4 搭建页脚部分的DIV

这个网站的页脚部分包含的内容比较多，不仅有传统的导航信息和版权声明，还包含了一大块友情链接的内容，效果如图9-6所示。

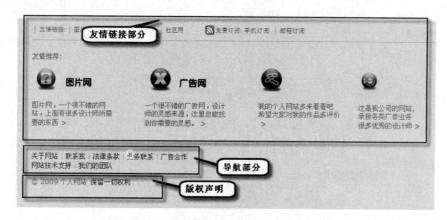

图9-6 页底部分的DIV

页脚部分实现代码如下所示。由于包含的模块比较多，我们把它分三块来说明，从第2~13行里，使用ul和li的方式，定义第一行的友情链接；从第14~22行里，定义诸如"图片网"之类的"图片加文字加说明"部分的超链，这里我们仅给出一个例子，由于其他三个超链代码风格很相似，所以就不再重复给出了。

```
1.  <div id="fudgefooter">
2.  <ul class="pale feed">
3.  <li>友情链接:</li>
4.  <li><a href="#">图片网</a></li>
5.  <li><a href="#">广告网</a></li>
6.  <li><a href="#">公司网站</a></li>
7.  <li><a href="#">社区网</a></li>
8.  <li class="label">
9.    <img width="16" height="16" src="img/footer/icon_feed.gif" />免费订阅:
10.  </li>
11.  <li class="clean"><a href="#">手机订阅</a></li>
12.  <li><a href="#">邮箱订阅</a></li>
13.  </ul>
14.  <div id="footer_common">
15.  <p id="othersites" style="font-size:12px;">友情推荐:</p>
16.  <!—如下定义图片加文字加说明部分的超链-->
```

```
17.  <div class="corbisimages"> <a href="#" ><img height="40" src="img/
     footer/logo_corbisimages_light.gif" width="134" /></a>
18.  <p style=" font-size:12px;">
19.   图片网，一个很不错的网站，上面有很多设计师所需要的东西
20.   <a href="#" >></a>
21.  </p>
22.  </div>
23.  省略其他三个超链
24. </div>
```

在上面代码的第1行中，引入了ID为**fudgefooter**的样式，这个**CSS**也能作用于ul上，代码如下所示，由于在第2行里使用**border-bottom**定义了底部样式，所以在页脚部分第一行友情链接和下方之间，有一个长条的边框。

```
1.  #fudgefooter ul.feed {
2.      border-bottom:1px solid #CCCCCC; /*定义底部边框的样式*/
3.      margin:0 0 10px; /*定义外边距*/
4.      padding-bottom:10px; /*定义底部的内边距*/
5.  }
```

在友情链接下面，是"导航"和"版权声明"两块，关键代码如下所示，由于样式比较简单，下面就不再详细说明了。

```
1.  <div id="copyright">
2.  <p class="links">
3.   <a href="#" >关于网站</a>
4.   <img src="img/footer/footer-vdiv.gif" height="9" width="3" border="0"
     />
5.   <a href="#" >联系我</a>
6.   <img src="img/footer/footer-vdiv.gif" height="9" width="3" border="0"
     />
7.    省略其他部分的导航菜单
8.  </p>
9.  <!—版权声明-->
10. <p class="copy"> &copy; 2009 个人网站 <a href="#">保留一切权利</a></p>
11. </div>
12. </div>
```

9.2.5　首页CSS效果分析

在前面描述DIV的时候，我们已经讲述了部分CSS的代码，本小节我们将用表格的形式描述首页中其他CSS的效果，如表9-2所示。

表9-2 首页DIV和CSS对应关系一览表

DIV代码	CSS描述和关键代码	效果图

`<div id="db_logo">`	主要是定义logo部分的背景
	`#db_logo {`
	`background-image: url(../img/`
	`dungbeetle_logo_shadow.gif);`
	`background-repeat: no-repeat;`
	省略无关代码
	`}`	

`<ul class="pale feed">`
`<li>友情链接:</li>`
	定义字体颜色
	`.pale {`
	`color:#999999;`
	`}`	

`<div id="searchInputBox">`	定义宽度和悬浮方式
	`#searchInputBox`
	`{`
	`        width:274px;`
	`        float:left;`
	`}`	

9.3 作品导航页面

作品导航页面的样式分成两列，左边一列放置导航菜单，右边一列放置作品，下面我们依次说明。

9.3.1 左边导航部分的DIV

左边导航部分的样式效果如图9-7所示，从上到下分别是"购买联系"模块、"网站导航"模块和"个人作品展"模块。

这部分的菜单效果是用ul和li方式实现的，其他的代码也比较简单，所以就不再详细说明了，代码如下所示。

```
1.  <div id="supacontainer">
2.    <div id="fbherocontainer">
3.      <div id="fbcolumn1">
4.        <a href="#">
```

图9-7 导航部分的效果图

```
5.        <img src="img/ mp.gif" width="165" height="125" border="0" />
6.    </a><br />
7.         <br />
8.  <!—网站导航部分的图片-->
9.  <img src="img/collections.gif" width="165" height="30" />
10.  <ul>
11.    <li><a href="#" style="font-size:12px">神之战争</a></li>
12.    省略更多的菜单
13.    </ul>
14.  <a href="#"><img src="img/ callout.gif" width="165" height="125"
    border="0"/>
15.  </a><br />
16.   <br />
17.  <img src="img/featuredgalleries.gif" width="165" height="30" />
18.  <ul>
19.    <li><a href="#" style="font-size:12px;">城市一天</a></li>
20.    省略更多的"个人作品展菜单"
21.    </ul>
22. </div>
```

9.3.2 作品部分的DIV

在导航部分的右边，是作品部分的DIV，它使用了"图片加文字说明"的样式，效果如图9-8所示。

图9-8 图片部分的效果图

实现此部分的DIV代码如下所示，其中在第5行中，定义了作品图片，从第6~8行里，定义了针对作品的描述。

```
1.  <img id="fbdividerhead" src="img/featured.gif" alt="Featured" width="530"
    height="30" />
2.  最新作品
3.  <div class="fbfeatured"><a href="#">
4.      <!—图片部分-->
5.  <img class="fbfeaturedmain" src="img/002.jpg" width="340" height="220"
    /></a>
6.  <p style="font-size:12px">
7.      风景图片，令人心旷神怡
```

```
8.      <a href="#">这是非卖品哦</a></p>
9.      <br clear="all" />
10. </div>
```

在上述代码的第3行里，我们引入了ID为**fbfeatured**的CSS，这部分代码作用在p标签上，代码如下所示，它定义了字体的对齐方式、字体顶部的外边距、右边的内边距和顶部的内边距。

```
1.  .fbfeatured p {
2.      text-align: left; /*定义字体的对齐方式*/
3.      margin-top: 0; /*定义顶部的外边距*/
4.      padding-right: 5px; /*定义右边的内边距*/
5.      padding-top: 0; /*定义顶部的内边距*/
6.  }
```

内容丰富的交友网站

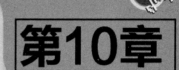

通过互联网，远在天涯的人能"近在咫尺"地交流，通过交友网站，人们能更广泛地认识和结交志同道合的朋友。

本章我们将分析一个交友网站的实现方式，这个网站主要有首页、"交友活动页"和"会员信息"三个页面，由于篇幅的关系，本章将只详细讲述前两个页面。

10.1 网站页面效果分析

这个交友网站的风格是青春靓丽，所以它不仅需要通过缤纷的色彩体现网站的特色，而且需要通过比较多的照片来吸引访问者的眼球。

在本章中，将着重分析首页和"活动页面"的设计样式，而"会员详细信息"页面的代码和风格与前两个页面非常相似，就不再详细说明，这个页面的代码请大家自行从与本书配套的下载资源中获取。

10.1.1 首页效果分析

交友网站的首页效果如图10-1所示，它是一个三行的布局样式，在第一行里，放置了网站的Logo图片和站点导航信息。在第二行里，分别用两列来表示"交友"和"活动征婚"元素。而在最后一行的网站页脚部分放置导航信息。

在首页第二行框架中，包括了交友网站的主体部分，这部分其实是个两列的效果，第一列包括搜索模块和会员展示模块，第二列包括"最新活动"、"金牌会员"和"征婚"三部分内容。

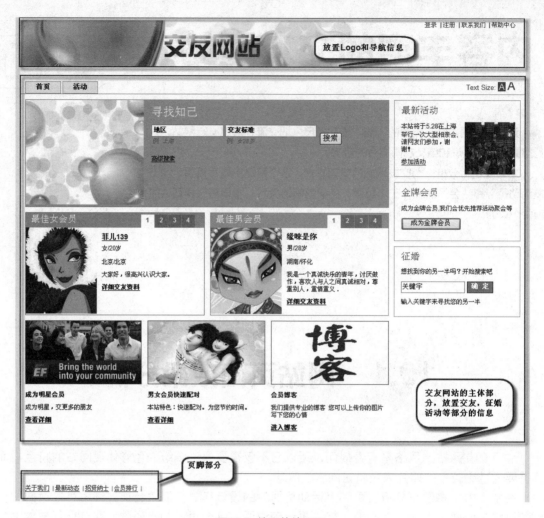

图10-1 首页的效果图

10.1.2 活动页面的效果分析

　　活动页面大致上也采用了三行的样式，第一行和第三行的样式与首页相同；在第二行里，包含了两个大列，第一列容纳了"联系我们"、"投票模块"和"参加活动的好处"这三大块内容，而第二列靓丽的图片突出了"最新活动"这个主体，活动页面效果如图10-2所示。

　　"最新活动"是交友网站的一大特色，所以在这个页面中，使用JS+CSS的方式构建动态显示活动信息的效果。

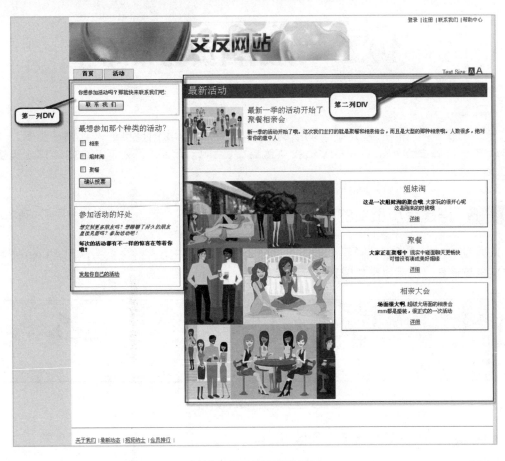

图10-2 活动页面的效果图

10.1.3 网站文件综述

在这个网站里，除了上文里提到的首页和活动展示页面外，还需要包含会员信息页面，这些页面中所用到图片、CSS文件和JS代码，将分别放置在images、css和js目录里。文件及其功能如表10-1所示。

表10-1 交友网站文件和目录一览表

模块名	文件名	功能描述
页面文件	index.htm	首页
	Activity.htm	活动页面
	member.htm	会员页面
css目录	之下所有扩展名为css的文件	本网站的样式表文件
js目录	之下所有扩展名为js的文件	本网站的JavaScript脚本文件
images目录	之下所有的图片	本网站需要用到的图片

10.2 规划首页的布局

在上一节中，我们已经介绍了切图的方法，所以这里我们直接进入到设计步骤，设计的时候还是按照老规矩：先用DIV构建总体框架，随后再细分，最后用CSS和JS实现动态的效果。

10.2.1 搭建首页页头的DIV

刚才我们已经分析了，首页大致上可以分为三行，其中第一行是页头，包含Logo图片和导航菜单等信息，页头效果如图10-3所示。

图10-3 首页页头的DIV设计分析图

实现页头部分的关键代码如下所示。

```
1.  <!—绘制些辅助效果的DIV-->
2.  <DIV id="container">
3.  ……
4.  <DIV class="flowContainer closeable" id=lightboxContainer></DIV></DIV>
5.  <!—定义页头的DIV-->
6.  <DIV id=header>
7.  <DIV id=headertop>
8.  <DIV id=topnav>
9.  <DIV id=loginStatus><!—定义导航工具条的DIV-->
10. <UL>
11. <LI><A href="#">登录</A> | </LI>
12. ……
13. </UL>
14. </DIV><!—定义导航工具条结束-->
15. </DIV>
16. <p><A id=sponsorlink href="#" target=new></A></p>
17. <p><img src="image/banner01.jpg" /></p><!—定义网站Logo-->
18. </DIV>
19. <DIV id=mainnav>
20. <UL>
21. <LI id=navigation_tab_search><A class="tab " href="#">首页 </A></LI>
22. ……
```

```
23. </UL>
24. </DIV>
25. </DIV>
```

在上述代码的第2~4行中，放置一些辅助的DIV，真正的页头从第6行开始定义。从第9~14行，我们定义了导航工具条，包括"导航"、"注册"和"联系我们"等内容，在第17行里，我们定义了网站的Logo图标，而在第19~23行，定义了一些链接，可以链接到"首页"和"活动"页面。

10.2.2　搭建首页主体部分的DIV

按照前文的思路，我们还是用DIV的方式构建首页主体部分的DIV，这部分的效果如图10-4所示。

首次主体部分主要包括"搜索"、"最佳男女会员"、"明星会员"、"本站特色"、"最新活动"、"会员介绍"和"高级搜索"等部分的内容。

图10-4　交友网站里主体部分DIV效果图

下面我们分步骤介绍其中各个DIV的实现方式。

第一部分实现"搜索"部分的DIV，这部分关键代码如下所示。

```
1.  <DIV id=searchbox><!—引入左边的图-->
2.      <DIV id=rightsearch>
3.      <H2>寻找知己</H2>
4.      省略searcherror的DIV
```

```
5.          .·....
6.          <DIV id=locationentry>
7.           <LABEL class=overlabel for=location>地区</LABEL>
8.           省略搜索部分的其他代码
9.          ....
10.         <input id=submitsearch type="button" value='搜索' name=submitsearch>
11.         <BR>
12.         <DIV id=geocodelocations style="DISPLAY: none"></DIV>
13.         <DIV style="PADDING-TOP: 10px"></DIV>
14.        <P><A href="#">高级搜索</A></P>
15. </DIV>
```

在上述代码中，通过第1行的代码，引入搜索部分的图片，随后，在第6~15行，定义了诸如文本框和按钮等控件。

第二部分是实现"最佳会员"部分的DIV，关键代码如下所示，其中第17行定义了"最佳会员"部分里左边的图片。其他代码则是定义一些文本框等控件，所以就不做详细说明了。

```
1.       <!—最佳男女会员部分的DIV-->
2.       <img src="image/s01.jpg" />
3.       <DIV style="CLEAR: both"></DIV>
4.       </DIV>
5.       <DIV id=volunteerbox>
6.        <DIV id=volunteerheader>
7.         <H3>最佳女会员</H3>
8.          省略本DIV里其他部分的代码
9.         ......
10.        </DIV>
11.       </DIV>
12.      </DIV>
```

第三部分是实现"明星会员"部分的DIV，关键代码如下所示，其中第30行定义了这部分头上的广告图片。

```
1.       <!—明星会员部分的DIV-->
2.       <DIV id=subbox1> <a href="#">
3.        <img class=subboximg alt="明星会员" src="image/023.jpg"></a>
4.        <H4 class=bold>成为明星会员</H4>
5.          省略本DIV里其他部分的代码
6.         ......
7.       </DIV>
```

第四部分是实现"本站特色"部分的DIV，关键代码如下所示。

```
1.       <!—本站特色部分的DIV-->
2.       <DIV id=subbox2><A href="#"><IMG class=subboximg width="230"
     height="120" alt="快速配对" src="image/009.jpg"></A>
3.        <H4 class=bold>男女会员快速配对</H4>
4.        <P>本站特色：快速配对。为您节约时间。</P>
5.         省略本DIV里其他部分的代码
6.        ......
7.       </DIV>
```

第五部分是实现"博客"部分的DIV，关键代码如下所示，这部分的DIV中没有什么需要特别注意的地方，所以不做详细说明。

```
1.    <DIV id=subbox3> <a
2. href="#"><img class=subboximg alt="会员博客" width="230" height="120"
   src="image/010.jpg"></a>
3.      <H4 class=bold>会员博客</H4>
4.      <P>我们提供专业的博客 您可以上传你的图片写下您的心情 </P>
5.      <P><STRONG><A href="#">进入博客 </A></STRONG></P>
6.    </DIV>
7.    </DIV>
```

第六部分是实现网站右边"最新活动"、"金牌会员"和"征婚"三部分的DIV，这部分DIV也没什么特别的地方，所以我们就给出关键代码，不做说明，代码如下所示。

```
1.    <DIV id=columnside>
2.    <DIV id=aboutbox>
3.     <DIV>
4.      <H3>最新活动</H3>
5.      省略本DIV部分的其他代码
6.      ……
7.     </DIV>
8.    </DIV>
9.    <DIV class=homepagebox>
10.     <H3>金牌会员</H3>
11.      省略本DIV部分的其他代码
12.      ……
13.    </DIV>
14.    <DIV id=subsearchbox>
15.     <H3>征婚</H3>
16.      省略本DIV部分的其他代码
17.      ……
18.    </DIV>
19. </DIV>
```

10.2.3　搭建页脚部分的DIV

交友网站的页脚部分DIV比较简单，主要用于显示一些导航性的文字，效果如图10-5所示。

实现这部分效果的代码如下所示。

图10-5　页脚部分的DIV设计

```
1. <DIV id=footer>
2.   <UL>
3.    <LI><A title="关于我们" href="#">关于我们</A> |
4.    <LI><A title="最新动态" href="#">最新动态</A> |
5.    <LI><A title="招贤纳士" href="#">招贤纳士</A> |
6.    <LI><A href="#">会员排行</A> |
7.   </UL>
8.  </DIV>
```

10.2.4 首页CSS效果分析

　　在前面描述DIV的时候，我们已经讲述了部分CSS的代码，本小节我们将用表格的形式描述首页中其他CSS的效果，如表10-2所示。

表10-2 首页DIV和CSS对应关系一览表

DIV代码	CSS描述和关键代码	效果图

\<DIV id=searchbox\>	定义搜索部分DIV的背景色与DIV四个边框的颜色
	#searchbox {
	　BORDER-RIGHT: #70bc7e 1px solid;
	　BORDER-TOP: #70bc7e 1px solid;
	　BORDER-LEFT: #70bc7e 1px solid;
	　BORDER-BOTTOM: #70bc7e 1px solid;
	　BACKGROUND-COLOR: #9bd061
	……
	}	

\<DIV id=locationentry\>	定义文本框里的默认内容是加粗的
	HTML DIV#locationentry LABEL {
	　FONT-WEIGHT: bold;
	……
	}	

（续表）

DIV代码	CSS描述和关键代码	效果图

<LI class="tabup tab" id=vt1>	定义标签卡中的数字的内边距相同，并设置字体颜色与背景色
	#volunteerheader .tabup {
	    PADDING-RIGHT: 3px;
	    PADDING-LEFT: 3px;
	    PADDING-BOTTOM: 3px;
	    COLOR: #37abbe;
	    MARGIN-RIGHT: 1px;
	    PADDING-TOP: 3px;
	    BACKGROUND-COLOR: #fff;
	    TEXT-ALIGN: center
	}
		
		使标签卡里的数字的内边距都是相同的，并设置字体颜色

<IMG class=imgleft alt="" src="image/001.jpg" border="0">	定义图片，使图片靠左，并且与右边的文字间距为10个像素
	.imgleft {
	    FLOAT: left;
	    MARGIN-RIGHT: 10px
	}
		
		图片左对齐，并且与文字之间的间隔为10像素

<DIV id=footer>	定义字体大小、颜色，并且使之对齐
	#footer {
	    ……
	    FONT-SIZE: 0.9em;
	    COLOR: #666;
	    TEXT-ALIGN: left
	    ……
	}
		
		定义字体的大小，颜色，并使之做对齐

10.3 在首页中实现动态效果

在这个交友网站中，除了单纯使用DIV+CSS外，还用了JavaScript定义了网页的动态效果。这里主要体现在两个方面，第一，如图10-6所示，当单击"Text Size"后的"A"链接后，能动态更新网站的字体。

第二，单击"最佳会员"模块里的数字链接，能动态地更新会员的信息，如图10-7所示，比如单击了2号链接，就在这个部分显示2号会员的信息。

图10-6 动态更新网站字体的示意图　　图10-7 通过单击，能更新会员的图片和信息

10.3.1 更改字体的实现方式

为了实现更改字体的效果，我们需要在JavaScript文件里定义如下所示的代码。

```
1.  $(document).ready(function() {
2.  <!--定义显示在首页上的文字-->
3.  $('#mainnav').append('<div id="fontsize" class="small">Text Size:
    <span id="fontsmall" title="Medium">A</span><span id="fontbig"
    title="Large">A</span></div>');
4.   省略其他部分的代码
5.   ……
6.  <!--显示小字体-->
7.  fSmall.click(function() {
8.   $('body').css('font-size', 'medium');
9.   省略其他部分的代码
10.  ……
11. });
12. <!--显示大字体-->
13. fBig.click(function() {
14.  $('body').css('font-size', 'large');
15.  省略其他部分的代码
16.  ……
```

```
17. });
18. });
```

上面代码中，在第3行定义了首页上显示的文字，在第7和第13行，定义了实现大小字体的两个方法，比如第8行代码通过设置font-size为medium，实现了小字体的效果。而在第14行，设置font-size为large，实现大字体的效果。

定义好JavaScript代码后，在首页的代码中，通过如下方法就能引入更改字体效果的JS方法：$(document).ready(function())，详细代码请参见与本书配套的下载资源的源文件。

10.3.2　实现更换会员信息的效果

我们可以通过下面的步骤，实现更换会员信息的效果。

第一步，首先定义若干个会员信息，下面我们就给出一个会员信息的代码。

```
1.  <DIV id=vt1_s> <!—id为vt1_s-->
2.  <!—定义会员图片-->
3.  <a href="Member.htm"> <IMG class=imgleft alt="" src="image/001.jpg"
    border="0">
4.  </a>
5.  <!—定义会员昵称等信息-->
6.  <DIV class=subinfo>
7.    <H4><a href="Member.htm">菲儿139</a></H4>
8.    <P>女/20岁</p>
9.    <p>北京/北京</p>
10.   <p> 大家好，很高兴认识大家。 </P>
11.   <P><STRONG><A href="Member.htm">详细交友资料</A></STRONG></P>
12.   </DIV>
13. </DIV>
```

请注意在第1行代码中定义了DIV里使用的CSS的ID是vtl_1，这个CSS用于实现超链的效果。

第二步，通过如下所示的代码，在1、2等标签上，定义超链效果。比如在第2行里，我们定义的超链是<A href="#/#vt1_s">，由此会链接到对应的会员页面上。

```
1.  <UL id=vt>
2.    <LI class="tabup tab" id=vt1> <A href="#/#vt1_s">
3.    <SPAN style="DISPLAY: none">交友宣言 </SPAN>1</A> </LI>
4.    <LI class=tab id=vt2><A href="#/#vt2_s">
5.    <SPAN tyle="DISPLAY: none">交友宣言 </SPAN>2</A> </LI>
6.    省略其他部分的代码
7.    ……
8.  </UL>
```

10.4 活动页面

在活动页面中使用了图片加文字的方式展示一些成功的活动，让网友有参加的想法。本节我们将只分析该页面的特点，与首页雷同的部分就不再做说明。

10.4.1 活动页面左边部分的DIV

图10-8 CSS效果展示

活动页面左边部分的显示效果如图10-8所示，这里我们需要实现如下的特色：第一，一个大DIV里包有4个小DIV，这可以用DIV布局的方式来实现；第二，4个DIV的宽度相同，DIV之间的间隔相等。

上图依次用了四个DIV，每个DIV都有边框，并且边框颜色相同。关键实现代码如下所示，请注意第2行中引入了ID为columnbox的CSS样式。

```
1.  <DIV id=subcolumnside>
2.    <DIV class="columnbox top">
3.    <P>你想参加活动吗？那就快来联系我们吧:</P>
4.    <input type="button" value="联 系 我 们">
5.    </DIV>
6.    ……
7.  </DIV>
```

同样的DIV和同样的CSS代码写三次行了，这里为了节省篇幅，我们就只给出一个DIV代码。在实现时，通过代码的第2行引用ID为columnbox的CSS，实现包含在里面的DIV有边框，并且颜色一致的效果，columnbox的实现代码如下所示。

```
1.  .columnbox {
2.      BORDER-RIGHT: #b2b2b2 1px solid;
3.      BORDER-TOP: #b2b2b2 1px solid;
4.      BORDER-LEFT: #b2b2b2 1px solid;
5.      COLOR: #333;
6.      BORDER-BOTTOM: #b2b2b2 1px solid
7.  ……
8.  }
```

上述代码中所实现的效果与前几章的同类CSS效果是一样的，这里要注意的就是DIV边框颜色的更换，不可再使用前面的颜色，而是使用#b2b2b2这个颜色。

请大家关注第5行的"COLOR: #333;"，它把DIV里的字体颜色给固定了，如果需要使用别的颜色可以自行定义。

10.4.2　活动页面右边部分的DIV

活动页面右边部分分成两部分，上面部分是即将开始的活动，下面部分是成功的活动。下面我们分析一下相应的实现代码。

首先介绍上面部分最新活动的DIV，其效果如图10-9所示，这里没什么特别的地方，所以只给出代码，不再做详细说明。

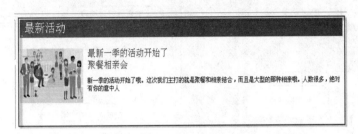

图10-9　活动右边上半部分展示效果

实现此部分的DIV代码如下所示。

```
1.  <DIV id=subfeatureheaderfull>
2.   <H2>最新活动</H2>
3.  </DIV>
4.  <DIV id=subfeatureinfo
5.  onmouseover="document.getElementById('corpimage').src='image/022.jpg';">
    <IMG class=imgleft style="PADDING-BOTTOM: 40px" src="image/018.jpg">
6.    <H3>最新一季的活动开始了<BR>
7.     聚餐相亲会</H3>
8.     <P>新一季的活动开始了哦。这次我们主打的就是聚餐和相亲结合，而且是大型的那种相亲
哦。人数很多，绝对有你的意中人</P>
9.  </DIV>
```

上面代码其实是由两个DIV组成的一个大的版块，上面部分ID为subfeatureheaderfull 的CSS代码如下所示。

```
1.  #subfeatureheaderfull H2 {
2.      BACKGROUND-COLOR: #894ba1
3.  }   text-align:justify;<!-- 两端对齐 -->
```

上述代码中，主要就是描述"最新活动"这个DIV的背景色。而下面部分ID为subcolumnmain的CSS主要代码如下所示。

```
1.  #subcolumnmain H3 {
2.      COLOR: #783492
3.  }
```

这部分代码的作用是为了让标题更加醒目，设置了字体的颜色。

而右边下面部分包含"姐妹淘"、"聚餐"和"相亲大会"部分的模块，它使用一个大DIV包含多个小DIV的方式来实现，如图10-10所示。

图10-10 活动右边下半部分展示效果

这部分的关键实现代码如下所示，在第2~5行里，定义了"姐妹淘"部分的代码，其中第5行通过onMouseOver方法，实现了鼠标移动上去就变换图片的效果，其他部分的代码与"姐妹淘"很相似，所以就不再做重复说明。

```
1.  <DIV id=maininfo>
2.     <h3>姐妹淘</h3>
3.     ……
4.     <!—这里显示鼠标移上去左边图片变换的效果-->
5.     <DIV class="subitem corpitem" onMouseOver="document.
       getElementById('corpimage').src='image/020.jpg'; document.
       getElementById('corplink').href='#';">
6.      <H3>聚餐</H3>
7.      ……
8.      <!—这里显示鼠标移上去左边图片变换的效果-->
9.      <DIV class="subitem corpitem" onMouseOver="document.
        getElementById('corpimage').src='image/021.jpg'; document.
        getElementById('corplink').href='#';">
10.     <H3>相亲大会</H3>
11.     ……
12. </DIV>
```

酒店介绍网站

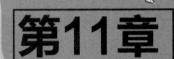

    酒店介绍网站是将有资质的酒店信息汇集于互联网平台，供用户查阅的互联网信息服务提供商，同时帮助用户通过互联网与上述酒店联系并预订相关旅游服务项目。

    酒店介绍网站以在线服务结合呼叫中心的服务模式，为你办妥酒店预订中的一切事务，并且为你提供由行业资深人士采购的、最具竞争力的价格，可与各个在线酒店预订网站进行价格比较，优惠幅度明显、操作简便、支付安全。

11.1 网站页面效果分析

    在本章中，将着重分析酒店介绍网站的首页和"酒店搜索"页面的设计样式，而"酒店介绍"页面风格和首页相似，所以就不再详细说明了。

11.1.1 首页效果分析

    酒店介绍网站的首页布局是非常经典的，我们采用了三行的样式，其中，第一行放置网站Logo、站内搜索、网站导航等内部分容。第二行放置"酒店广告"、"推荐酒店"、"酒店新闻"、"视频新闻"、"友情链接"等几个部分。在第三行放置部分导航、版权相关、网站Logo、酒店广告等部分内容。

    由于首页的篇幅较长，所以我们通过两个图来展示整体样式，图11-1展示了第1行的效果，图11-2展示了第2、第3行的效果。

图11-1 首页第一行的效果图

图11-2 首页第二、第三行的效果图

11.1.2 酒店搜索页面的效果分析

在酒店搜索页面中，放置了推广酒店、特别策划、搜索结果三个部分内容。这个页面主要用于展示搜索结果如图11-3所示。

　　这个页面采用了三行样式，其中，第一行和第三行的样式与首页完全一致，都包括页头和页脚，而在第二行中，包括推广酒店、特别策划和搜索结果组成的模块，这里我们只给出第二行的效果图，如图11-3所示。

图11-3 酒店搜索页面的效果图

11.1.3 网站文件综述

　　这个页面的文件部分是比较传统的，用img、css和js三个目录分别保存网站所用到的图片、CSS文件和JS代码，文件及其功能如表11-1所示。

表11-1 酒店网站文件和目录一览表

模块名	文件名	功能描述
页面文件	index.html	首页
	shop.html	酒店介绍页面
	ago-research.html	酒店查询页面
css目录	之下所有扩展名为css的文件	本网站的样式表文件
js目录	之下所有扩展名为js的文件	本网站的JavaScript脚本文件
img目录	之下所有的图片	本网站需要用到的图片

11.2 规划首页的布局

因为酒店介绍网站必须简单而又实用，所以网站首页的设计就比较重要了，下面我们依次讲述首页重要DIV的实现方式。

11.2.1 搭建首页页头的DIV

首页页头部分是比较重要的部分，它不仅包括了网站Logo部分，还包括了网站的导航部分和站内搜索部分，这部分的效果如图11-4所示。

图11-4 首页页头设计分析图

页头部分的关键实现代码如下所示。

```
1.  <div id="header" class="margin">
2.  <div class="accessibility"><a href="index.html">首页</a></div>
3.   <h1><a href="index.html"><span><img src="img/agologo.gif"/></span></a></h1>
4.  <div id="largenav">
5.   <a id='whatson' href='#' >关于我们</a> <span>|</span>……
6.   <fieldset>
7.   <input type="text" value="请输入" onfocus="this.value='';" />
8.   <label for="submitsearch">点击搜索</label>
9.    <input type="image" src="img/search-black.gif" value="GO" id="submitsearch" />
10.  <input type="hidden" name="cx" value="" />
11.  </fieldset>
12. </div>
13. <ul id="smallnav">
14.  <li id='home' class='selected'><a href="index.html">首页</a></li>
15.  <li id='about'><a href='shop.html' >酒店介绍</a></li>
16.  ……
17. </ul>
18. </div>
```

其中，第3行是网站Logo部分，第5行是网站上导航部分，第6~11行是站内搜索部分，第13~17行是下导航部分。

11.2.2　搭建"酒店广告"部分的DIV

酒店广告部分是由主体部分的第一行DIV实现的，这部分包含了酒店的部分图片和超链，这部分的效果如图11-5所示。

图11-5　航班查询部分的DIV效果图

这部分的关键代码如下所示。

```
1.  <div class="margin">
2.    <div id="homealerts">
3.     <div class="hometoday">
4.      <p><strong>4-30:</strong> 黄山老家，……</p>
5.     </div>
6.     <div class="homehours">
7.      <p>订房电话 021-12345678 021-12451425  |  <a href="#">查询酒店
        房间</a></p>
8.     </div>
9.    </div>
10.   <div class="heroslideshow">
11.    <div class="slides">
12.     <div class="slide"><a href="#" class="slideinfo">
13.         <img src="img/tut_slide_extended.jpg" /></a></div>
14.     ……
15.    </div>
16.    <div class="tabs">
17.     <div class="label"><span><a href="#">黟县宏达庭院座落在世界文化遗产地——宏
        村水系源头，沿宏村承志堂上行50米即到。宏达旅馆古朴、典雅<span></span></a></
        span></div>
18.     ……
19.      <div class="more"><span><a href="#">更多酒店介绍 &rarr;</a></span></
div>
20.   </div>
21. </div>
```

在上述代码中，第1~9行是简单的一则酒店广告，而第10~21行则是带有图片的酒店广告；第10~15行是图片显示部分，第16~21行是文字显示部分，这两个部分都以DIV嵌套DIV的形式来实现，而它的动态效果则是由JS来实现的，在这里就不做详细的叙述了。

11.2.3 搭建"酒店推广"部分的DIV

酒店推广部分是由首页主体部分第二部分DIV实现的，这部分主要用于展示网站推荐的一些酒店，效果如图11-6所示。

图11-6 热门旅游线路部分DIV的效果图

代码如下所示。

```
1.  <div id="exhibitions">
2.    <h2> </h2>
3.    <div class="item homeb0">
4.     <div class="thumb"><a href="#"> <img alt="" src="img/kingtut-2010-135.jpg" /></a> </div>
5.      <p><a href="#">黟县宏达庭院</a><br />
6.       座落在世界文化遗产地——宏村水系源头</p>
7.    </div>
8.    ……
9.  </div></div>
```

酒店推广部分的代码的结构是一样的，这里就只给出一个作为示范，如果有需要请自行从与本书配套的下载资源中获取，这里要注意的就是每个酒店的左边图片不一样，不能引用相同的图片。

11.2.4 搭建"酒店新闻"部分的DIV

酒店新闻部分是首页主体第三部分左边的部分，这部分展示的是酒店新闻，这部分的效果如图11-7所示。

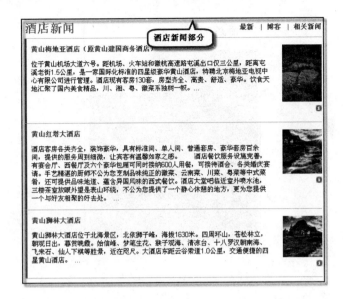

图11-7 酒店新闻部分的效果

下面给出这个DIV的关键代码。

```
1.  <div id="news">
2.    <h2>酒店新闻</h2>
3.    <p class="links"><a href="#" >最新</a><span> | </span><a href="#">博客</
    a><span> | </span><a href="#">相关新闻</a></p>
4.    <div class="item homec0">
5.    <div class="thumb"><a href="#"> <img alt="" src="img/G31910-80.jpg"
    /></a> <a href="#" class="moreinfo">Image information</a></div>
6.    <h3><a href="#">黄山梅地亚酒店（原黄山建国商务酒店）</a></h3>
7.    <p>位于黄山机场大道六号。距机场、火车站和徽杭高速路屯溪出口仅三公里，距离屯溪老
    街1.5公里，是一家国际化标准的四星级豪华黄山酒店，特聘北京梅地亚电视中心有限公司
    进行管理。酒店现有客房130套，房型齐全、高贵、舒适、豪华。饮食天地汇聚了国内美食
    精品，川、湘、粤、徽菜系独树一帜。...</p>
8.    </div>
9.    ......
10. </div>
```

其中，因为其余两条新闻的实现方法与这一条新闻是相同的，所以这里就不再重复说明了。

在上述代码中，第2行和第3行是DIV标题部分，第4~9行是DIV正文部分。

11.2.5 搭建"视频新闻"部分的DIV

在视频新闻部分中放置一个新闻视频模块，这部分的效果如图11-8所示。

图11-8 视频新闻部分的DIV效果图

关键代码如下所示。

```
1.  <div id="aod">
2.    <h2>视频新闻</h2>
3.    <div id="aodslideshow"><img src="img/288330.jpg" border="0" /></div>
4.  </div>
```

11.2.6 搭建"友情链接"部分的DIV

友情链接部分是由友情链接部分和赞助商链接部分组成，效果如图11-9所示。

图11-9 友情链接部分的DIV

下面给出这部分DIV的关键代码。

```
1.  <div class="sponsors" id="sponsors_home">
2.    <h2> </h2>
3.    <div class="row">
4.     <div class="left" id="signature">
5.      <h3>友情链接</h3>
6.      <table width="99%" border="0" cellspacing="0" cellpadding="0"
        style="text-align:center;">
7.   <tr>
8.   <td><img src="img/10040.jpg" /></td>
9.   <td><img src="img/10040.jpg" /></td>
10.  <td><img src="img/10040.jpg" /></td>
11.  </tr>
12. </table>
```

```
13.      </div>
14.      <div class="right" id="media">
15.       <h3>赞助商链接</h3>
16.       <table width="99%" border="0" cellspacing="0" cellpadding="0"
          style="text-align:center;">
17. <tr>
18.  <td><img src="img/10040.jpg" /></td>
19.  <td><img src="img/10040.jpg" /></td>
20. </tr>
21. </table>
22.      </div>
23.      </div>
24. </div>
```

从上述代码中可以看出，友情链接部分其实是由DIV+TABLE组成的，这种组合模式在前文中已经介绍过了，这里就不再介绍了。

11.2.7　搭建页脚部分的DIV

首页页脚部分包含了部分导航、版权说明、网站Logo和酒店广告等内容，效果如图11-10所示。

图11-10 页脚部分的DIV

这部分关键的实现代码如下所示，代码比较简单，这里就不再做说明了。

```
1.  <div id="footer">
2.    <div class="info">
3.      <p>黄山溪谷山庄　经济型酒店旅馆
4.  溪谷山庄位于闻名世界的黄山脚下，青山绿水，云雾缭绕之中，让您倍感舒适。酒店距黄山风景
    区换乘中心及合铜黄高速只有1公里，交通便捷。</p>
5.      <p>黄山银都快捷酒店　经济型酒店旅馆
6.  间　黄山银都快捷酒店位于黄山市市区阜上路4号，距机场5公里，步行5分钟便是火车站，9路
    公交车十分钟可直达汽车站</p>
7.    </div>
8.    <div class="links"> <a href="#">人才招聘</a> <span>|</span> <a href="#">我
    们团队</a> <span>|</span> <a href="#">&copy; 酒店网 保留一切权利</a></div>
9.  </div>
```

11.2.8　首页CSS效果分析

在前面描述DIV的时候，我们已经讲述了部分CSS的代码，本小节我们将用表格的形式描述首页中其他CSS的效果，如表11-2所示。

表11-2 首页DIV和CSS对应关系一览表

DIV代码	CSS描述和关键代码	效果图

<div id="largenav">	定义字体大小、悬浮方式和字体对齐方式，并定义a标签选中后的效果
	#largenav {
	    font-size: 16px;
	    float: right;
	    margin: .8em 0;
	    text-align: right;
	}
	#largenav a.selected {
	    color: #000;
	}
		关于我们 | 酒店介绍 |

<div class='blog-entries'>	定义颜色、宽度、字体对齐方式和悬浮方式
	.homehours {
	    color: #666;
	    width: 441px;
	    float: right;
	    text-align: right;
	}
		订房电话 021-12345678 021-12451425 |

<div id="exhibitions">	定义外边框，定义悬浮方式
	#exhibitions {
	margin: 18px 0px 18px 0px;
	overflow: auto;
	float: left;
	}
		黟县宏达庭院座落在世界文化遗产地——宏村水系源头，沿宏村承志堂上行50米即到。宏达旅馆古朴、典雅

11.3 在首页中实现动态效果

在首页中，我们用鼠标移到一些图片上，会出现一些悬浮文字用于提示，如图11-11所示。

图11-11 出现悬浮效果的样式图

这种效果具有一定的典型性，具体实现代码如下所示，其中在第2行里定义一个a标签，这里需要注意的是，把提示性文字写在title属性里；而在第3行中，则引入了这个DIV里的图片。

```
1.  <div class="slide">
2.  <a href="#" title="黄山翡翠人家度假村于2003年建成，是一片私营休闲生态农家乐度假村，位于中国•黄山•翡翠谷风景区，占地面积500亩。这是一片别墅式生态休闲农家乐，各种名贵花木，造型各异，争奇斗艳，周边环境十分优美，梨桃掩映其中。" class="slideinfo" >
3.  <img alt="" src="img/new-SAT-slide-600x300.jpg" />
4.  </a>
5.  </div>
```

上面代码中，使用标签的title 属性，可以让鼠标放在超链接上的时候，显示该超链接的文字注释。在首页中，多处用到了这种实现方式，如图11-12所示。

图11-12 title属性效果图

11.4 酒店搜索页面

酒店搜索页面是以显示搜索结果为主的一个页面，该页面除了显示搜索结果外，还包括推广列表和特别策划这两个部分内容。下面我们详细说明。

11.4.1 酒店搜索页面左边部分的DIV

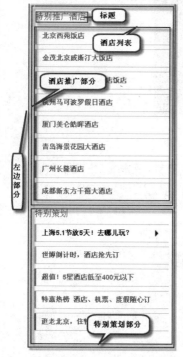

图11-13 左边部分效果图

酒店搜索页面的列表没有使用我们常用的ul和li设计，而使用了一个红色外框的DIV，它是一个包含多个列表的DIV，如图11-13所示。这说明实现方法是多种多样的，尤其是编程，解决方案永远不止一个，我们只是希望编写的代码能做到代码量少、简单、容易理解。

上图使用了两组ul和li组合实现了推广和策划这两个部分的样式，其代码如下所示。

```
1.    <div id="leftnav">
2.      <h2>特别推广酒店</h2>
3.      <ul>
4.       <li class="swatch1" ><a href="#">北京西苑饭店</a></li>
5.       ……
6.      </ul>
7.      <h2>特别策划</h2>
8.      <ul>
9.       <li class="swatch1" class="expanded">
10.        <a class="selected" href="#"> 上海5.1节放5天！去哪儿玩？</a></li>
11.       ……
12.      </ul>
13.   </div>
```

这种使用ul+li的组合是比较常见的，这里就不做详细说明，需要注意的就是第1行引用了ID为leftnav的CSS，这个CSS定义了此li标签的上下边框，其代码如下所示。

```
1.    #leftnav ul li{
2.       border-top: 1px solid #ccc; //定义此li的上边框
3.       border-bottom: 1px solid #ccc; //定义此li的下边框
4.       margin-bottom: 9px;
5.       padding: 9px 0 9px 16px;
6.    }
```

11.4.2 酒店搜索页面右边部分的DIV

活动页面右边部分是搜索结果部分，显示了搜索出来的酒店名称及其介绍，其页面效果与左边部分差不多，但是实现的方法有些区别，这部分的效果如图11-14所示。

五星级酒店搜索结果

三亚凯宾斯基度假酒店

　　三亚凯宾斯基度假酒店坐落在中国的最南端---海南三亚，是三亚湾唯一一家拥有私家沙滩的最新豪华五星级假酒店，于2007年1月15日开始试营业。酒店占地50公顷，面朝湛蓝无边的大海，棕榈和椰林环绕四周、宁静而舒适，是您远离城市喧嚣和放松身心的最佳选择...

上海新天哈瓦那大酒店

　　上海新天哈瓦那大酒店是一家豪华型酒店，座落于闻名遐迩的浦东新区陆家嘴金融贸易中心，步行即可至上海东方明珠电视塔和上海海洋水族馆，酒店依傍风景秀丽的黄浦江畔、浦西全景尽收眼底...

上海虹桥美爵酒店

　　上海虹桥美爵酒店座落于虹桥商务中心地区，毗邻虹桥国际机场和各大会展中心，亦可方便到达繁华的市中心。酒店是法国雅高酒店管理集团旗下以当地特色著称的美爵品牌，全球精选中一位风格非凡的酒店。上海虹桥美爵酒店宽敞舒适的公寓式客房配以便捷的客房设施，为商旅客人提供全方位的个性化服务...

上海锦沧文华大酒店

　　上海锦沧文华大酒店拥有豪华客房和套房，君华贵宾廊位于酒店二楼，氛围优雅，专为入住行政楼层的商务客人提供温馨服务。同一楼层的商务中心，设施一流。每一位商务人士的需求都能得到满足。提供安静的工作室、快捷的宽带上网、可供租用的手提电脑、国际直拨长途/国际订户拨号、旅行社服务等等...

北京丽晶酒店

　　北京丽晶酒店是由美国卡尔森酒店集团管理的涉外酒店，位于著名的北京王府井商业购物中心，毗邻王府井大街和故宫、天安门广场，交通十分便利。　　北京丽晶酒店现代而经典的豪华客房及套房均配备了时尚的设施，提供免费高速宽带上网接入，大屏幕等离子液晶电视以及DVD播放机等...

北京金域万豪酒店

　　北京金域万豪酒店是按照万豪集团国际标准建造的酒店，由全球最大的酒店管理集团之一---万豪国际酒店集团管理。酒店位于北京城西海淀区，毗邻金融街、中关村高科技园区、北京展览馆、北京大学、清华大学等高高学府、钓鱼台国宾馆及国家政府机关...

 没有找到你满意的酒店？
点击这里帮您找到满意的酒店

右边部分DIV

图11-14 右边部分效果图

实现此部分的**DIV**代码如下所示。

```
1.  <div id="content" class="listing">
2.     <h2>五星级酒店搜索结果</h2>
3.     <div class="item swatch0">
4.      <h3><a href="#">三亚凯宾斯基度假酒店</a></h3>
5.      <p>    三亚凯宾斯基度假酒店坐落……...</p>
6.     </div>
7.     ……
8.     <div id="utilities">
9.      <p class="link"><a href="">没有找到你满意的酒店？<br />
10.      点击这里帮您找到满意的酒店</a></p>
11.    </div>
12. </div>
```

　　上面代码中，我们只给出显示一个搜索结果的代码，其余搜索结果的搭建方法其实是一样的，这里就不给出代码了，如有需要请从与本书配套的下载资源中获取。

　　这里要注意的就是，每个搜索结果的DIV引用的CSS是不同的，只有引用了不同的CSS才会在每个搜索结果的左边显示颜色不一样的图片，下面我们只给出与DIV代码相匹配的CSS代码。

```
1.  /* 这部分定义所引用的图片 */
2.  .swatch0, .homeb0 {
3.       background-image: url(../img/swatch70.gif);
4.       background-repeat: repeat-y;  /* 图片纵向拉伸 */
5.  }
6.  /* 这部分定义搜索结果的上边框 */
7.  .listing .swatch0 {
8.       border-top: 1px solid #ccc;
9.       margin-top: 9px;
10. }
11. /* 这部分定义了整个搜索结果DIV底部的边框 */
12. .listing .item {
13.      clear: both;
14.      width: 100%;
15.      overflow: hidden;
16.      border-bottom: 1px solid #ccc;
17. }
```

在上面代码中给出了实现这个DIV效果的一部分重要的CSS，正是使用了这几个CSS的组合，搜索结果部分的显示效果与左边部分相似。

这里要注意的就是第8行和第16行，它定义了DIV的边框为可见的，并设置其颜色，这种做法在DIV中很常见。使用了这个方法，边框将不再需要使用图片来显示。

教育网站

随着社会发展，社会对人才的素质要求越来越高，所以，从学校里毕业踏上社会的人们也需要不断地充实自己，从各类"继续教育"学校里获取各种知识。

在这种形势下，教育网站应运而生，在其中包含了不同种类学校的信息以及这些学校的特色。本章我们就来分析一下这类网站的实现方式。

12.1 网站页面效果分析

本章将着重分析教育网站的首页和"教育中心"页面的设计样式，而"新闻中心"页面风格和"教育中心"比较相似，所以就不再分析了。

12.1.1 首页效果分析

教育网站的首页布局是非常经典的，如图12-1所示，我们将采用三行的样式，其中，第一行放置网站Logo、站内搜索、网站广告、网站导航等部分内容。第二行放置"行业发展"、"新闻"、"课程分析"等几个部分。在第三行里放置的是部分导航和版权相关信息。

在第二行框架里，主要分为两行，第一行是行业前景和业内新闻，第二行则是站内功能导航和培训相关技术简介。

图12-1 首页效果图

12.1.2 教育中心页面的效果分析

教育中心页面如图12-2所示，它放置了教学一览的分类及其详细内容，通过这个页面展示这个培训中心的教学力量。

这个页面采用了三行样式，其中，第一行和第三行的样式与首页是完全一致的，都包括页头和页脚，而在第二行里，用教学一览分类导航加上详细内容组成页面，图12-2是第二行的效果。

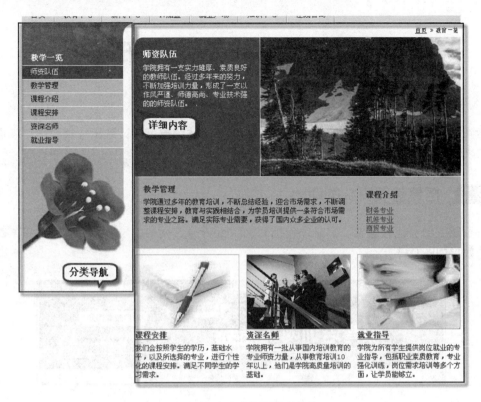

图12-2　教育中心页面的效果图

12.1.3　网站文件综述

这个页面的文件部分是比较传统的，用img、css和scripts三个目录分别放置网站所用到的图片、CSS文件和JS代码，文件及其功能如表12-1所示。

表12-1　科教类网站文件和目录一览表

模块名	文件名	功能描述
页面文件	index.html	首页
	three.html	教育中心页面
	two.html	新闻中心页面
css目录	之下所有扩展名为css的文件	本网站的样式表文件
scripts目录	之下所有扩展名为js的文件	本网站的JavaScript脚本文件
img目录	之下所有的图片	本网站需要用到的图片

12.2 规划首页的布局

教育网站需要采用简单而又实用的风格，所以网站的首页设计就比较重要了。下面我们就来依次讲述其中重要DIV的实现方式。

12.2.1 搭建首页页头的DIV

首页页头部分比较重要，它必须包括网站Logo部分、网站的导航部分和站内搜索部分。页头的效果如图12-3所示。

图12-3 首页页头设计分析图

页头部分的关键实现代码如下所示。

```
1.  <div id="head">
2.  <ul class="assist-text">
3.  <li><a href="#" accesskey="s"></a></li>
4.  <li><a href="#" accesskey="0"></a></li>
5.  </ul>
6.  <ul id="global-nav">
7.  <li class="active"><a href="index.html" accesskey="1">首页</a></li>
8.  …..
9.  <li id="search-li">
10.   <p>
11.   <label for="ajaxSearch_input" class="assist-text">Search</label>
12.   <input id="ajaxSearch_input" type="text" name="search" value="请输入"
      onfocus="this.value=(this.value=='请输入')?'':this.value ;" />
13.   <button id="ajaxSearch_submit" type="submit" value="Go!">搜索</
      button>
14.   </p>
15.  </li>
16.  </ul>
17.  <div id="header">
18.  <p id="logo"><strong><a href="index.html">logo</a></strong></p>
19.  </div>
20.  <ul id="main-nav">
21.  <li id="main_nav2"><a href="two.html" accesskey="2">首页</a></li>
```

```
22.    ……
23.  </ul>
24. </div>
```

其中，第6~16行是包含在一个**ul**中的，这几行代码实现了网站的上导航和网站的站内搜索部分，第17~19行是网站Logo部分，第20~23行是网站的下导航部分，就是这几个部分组成了首页的页头部分。

在上述代码中，第17行定义了ID为**header**的CSS，这个CSS引用了一张背景图片，这张背景图片就是Logo下的广告图，其CSS代码如下所示。

```
1.  #header {
2.      background:#EBF0D1 url(../img/home_banner.jpg) left center no-
repeat
3.  }
```

12.2.2 搭建"行业前景"部分的DIV

行业前景部分是首页第二行主体上半部分的左边主体，这部分的效果如图12-4所示。

这部分的关键代码如下所示，其中，第3行定义了文字上方的图片，从第5~11行里，给出了"IT培训"部分的样式，而"教育加盟"和"院校合作"部分的代码和"IT培训"很相似，这里就不再重复分析了。

图12-4 行业前景部分的DIV效果图

```
1.  <div id="gardens-panel">
2.    <div id="slideshow">
3.      <img src="img/edinburgh.jpg" width="375" height="170" />
4.    </div>
5.    <div id="gardens-panel-content">
6.      <h1><a href="#">关注IT教育年度盛典 产业升级成为焦点</a></h1>
7.      <p> 中国IT教育15年来经历过三个主要阶段……</p>
8.      <div class="gardenp">
9.        <h2><a href="#">IT培训</a></h2>
10.       <p> 用与企业吻合、与市场紧贴…</p>
11.     </div>
12.     <div class="gardenp">
13.       <h2><a href="#">教育加盟</a></h2>
14.       <p>我们以授权培训中心的方式在全国各大,中型城市建立….</p>
15.     </div>
16.     <div class="gardenp lastgp">
```

```
17.        <h2><a href="#">院校合作</a></h2>
18.        <p>我们已经与诸多知名院校有了良好的合作办学经验……<br />
19.        </p>
20.        </div>
21.      </div>
22. </div>
```

在上面代码中的第8、12和16行里，使用了ID为gardenp的CSS，它定义了DIV的宽度、悬浮方式和外边距，这部分的CSS代码如下所示。

```
1. .gardenp {
2.      width:107px; /*定义宽度*/
3.      float:left; /*定义悬浮方式*/
4.      margin:10px 8px 0 0 /*定义外边距*/
5. }
```

12.2.3 搭建"重要新闻"部分的DIV

在本网站中，"重要新闻"部分用来展示学校的一些重要新闻，这部分的效果如图12-5所示。

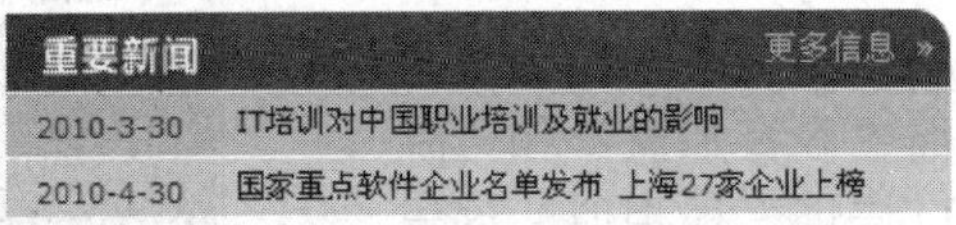

重要新闻　　　　　　　　　　　　　　　　　更多信息 »

| 2010-3-30 | IT培训对中国职业培训及就业的影响 |
| 2010-4-30 | 国家重点软件企业名单发布 上海27家企业上榜 |

图12-5 重要新闻部分DIV的效果图

这部分的代码如下所示，由于其代码比较简单，这里就不再分析了。

```
1. <div id="news-events">
2.    <h2 id="what-o">新闻<a href="#" class="morelinks">更多信息 </a></h2>
3.    <ul id="upcoming-events" class="events-list">
4.      <li><span class="date">2010-3-30</span><a href="#">IT培训对中国职业培训及就业的影响</a></li>
5.      <li><span class="date">2010-4-30</span><a href="#">国家重点软件企业名单发布 上海27家企业上榜</a></li>
6.    </ul>
7. </div>
```

12.2.4 搭建"订购电子新闻"等部分的DIV

首页的页脚上方包括"订阅电子新闻"、"网站导航"等部分的DIV，效果如图12-6所示。

图12-6 订购电子新闻部分的效果

下面给出这个DIV的关键代码，其中，第9行定义了供用户输入的文本框，而第10行定义了"订阅"按钮。

```
1.  <div id="sub-panels">
2.   <div>
3.    <div class="sub-panel">
4.     <h3>订阅电子新闻</h3>
5.     <p>我们会定期将新闻发送到你的邮箱内</p>
6.     <form method="post">
7.      <p>
8.       <label class="assist-text" for="mb-juhjd-juhjd">邮箱:</label>
9.        <input class="cleardefault" id="mb-juhjd-juhjd" name="mb-juhjd-juhjd" size="14" type="text" value="请输入邮箱" />
10.       <input class="button" name="submit" type="submit" value="订阅" />
11.      </p>
12.     </form>
13.    </div>
14.    省略其他三部分的DIV定义
15.   </div>
16. </div>
```

12.2.5 搭建页脚部分的DIV

首页页脚部分比较简单，包含了菜单导航和版权说明两块内容，效果如图12-7所示。

教育培训网 © 2010保留一切权利　　　　　　返回首页　网站地图　法律条款　联系我们　友情链接　合作渠道

图12-7 页脚部分的DIV

这部分关键的实现代码如下所示，其中，第3行定义了版权信息，而从第4~11行用ul 和 li 的方式定义了右边部分的导航菜单。

```
1.  <div id="site-info">
2.   <div>
3.    <p>教育培训网© 2010保留一切权利</p>
4.    <ul>
5.     <li><a href="#" accesskey="0">返回首页</a></li>
6.     <li><a href="#" accesskey="9">网站地图</a></li>
7.     <li><a href="#" >法律条款</a></li>
8.     <li><a href="#" >联系我们</a></li>
9.     <li><a href="#" >友情链接</a></li>
10.    <li class="last"><a href="#" >合作渠道</a></li>
11.   </ul>
12.  </div>
13. </div>
```

12.2.6 首页CSS效果分析

在前面描述DIV的时候，已经讲述了部分CSS的代码，在这里，我们将用表格的形式描述首页中其他CSS的效果，如表12-2所示。

表12-2 首页DIV和CSS对应关系一览表

DIV代码	CSS描述和关键代码	效果图

`<li id="main_nav2"><a href="two.html" accesskey="2">首页</a></li>`	鼠标悬浮上后，更改背景颜色
	`#main_nav2 a:hover {`
	    `background:#638C19`
	`}`
		首页 教育中心
		选中 没选中

`<div class="gardenp">`	定义宽度，悬浮方式和外边距
	`.gardenp {`
	    `width:107px;`
	    `float:left;`
	    `margin:10px 8px 0 0`
	`}`
		IT培训
		用与企业吻合、与市场紧贴、与第一产业相称的专业IT培训课程和完善的教学

`<h2 id="what-o">新闻<a href="#" class="morelinks">更多信息 &raquo;</a></h2>`	定义背景色
	`#what-o {`
	    `background:url(../img/whatson-h.gif) left center no-repeat;`
	`}`
		重要新闻　　　更多信息 »

`<span class="date">2010-3-30</span>`	定义悬浮方式和宽度
	`#span.date {`
	    `float:left;`
	    `width:7em;`
	`}`
		2010-3-30

12.3 教育中心页面

本节将分析一个专门的教育中心页面，它包括"师资队伍"、"教学管理"和"课程安排"等信息。下面就来看一下其中重要部分的DIV的实现方式。

12.3.1 "教学一览"部分的DIV

教育中心页面中包含的信息比较多，在页面的左侧，我们使用导航菜单的方式以方便用户的访问，这部分的效果如图12-8所示。

图12-8 "教学一览"部分的效果图

这部分使用ul和li的方式来定义菜单，关键代码如下所示。

```
1. <div id="sub-nav">
2.    <h2>教学一览</h2>
3.    <ul>
4.     <li class="active"><a href="#" title="Support us" >师资队伍</a></li>
5.     <li><a href="#" title="" >教学管理</a></li>
6.     <li><a href="#" title="" >课程介绍</a></li>
7.     <li><a href="#" title="" >课程安排</a></li>
8.     <li><a href="#" title="" >资深名师</a></li>
9.     <li class="last"><a href="#" title="" >就业指导</a></li>
10.    </ul>
11.</div>
```

12.3.2 "教学管理"部分的DIV

"教学管理"部分采用了两列的样式，效果如图12-9所示。

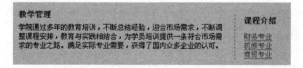

图12-9 右边部分效果图

实现此部分的DIV代码如下所示，其中，从第2~7行里，定义了右边的"课程介绍"部分，而在第8和第9行里，定义了左边的"教学管理"部分。

```
1.  <div id="sectionpanel">
2.   <div id="sub-panel">
3.    <h3>课程介绍</h3>
4.    <p style="color: #444444"> <a href="#">财务专业</a><br /></p>
5.    <p style="color: #444444"> <a href="#">机修专业</a> </p>
6.    <p style="color: #444444"> <a href="#">商贸专业</a> </p>
```

```
7.     </div>
8.     <h3>教学管理</h3>
9.     <p> 省略介绍性文字 </p>
10.  </div>
```

由于在第1行里引入了ID为sectionpanel的CSS，其中指定了靠右悬浮的样式，所以这里先定义"课程介绍"代码，后定义"课程管理"代码，这部分的CSS代码如下所示。

```
1.  #sectionpanel #sub-panel {
2.      width:180px; /*定义宽度*/
3.      float:right; /*定义靠右悬浮的方式*/
4.      margin:20px 0px 0 10px; /*定义外边距*/
5.      border-left:1px dotted #666; /*定义左边部分的边框*/
6.  }
```

12.3.3 "课程安排"等部分的DIV

在教育中心页面的下方，有"课程安排"、"资深名师"和"就业指导"三个功能模块，这些都采用了图片加文字的样式，效果如图12-10所示。

课程安排
我们会按照学生的学历，基础水平，以及所选择的专业，进行个性化的课程安排。满足不同学生的学习需求。

资深名师
学院拥有一批从事国内培训教育的专业师资力量，从事教育培训10年以上，他们是学院高质量培训的基础。

就业指导
学院为所有学生提供岗位就业的专业指导，包括职业素质教育，专业强化训练，岗位需求培训等多个方面，让学员能够立。

图12-10 右边部分效果图

我们以"课程安排"为例，讲述这部分"图片加文字"效果的样式代码，其中，在第3行里定义了图片，在第4行里定义了标题内容，而在第5行里定义了标题下方的文字。

```
1.  <div class="bottompanel clear">
2.  <!—图片部分-->
3.  <img src="img/bb.jpg" width="178" height="124" alt="" />
4.  <h3><a href="#">课程安排</a></h3>
5.  <p>省略针对课程的描述</p>
6.  </div>
```

清新淡雅的休闲旅游网站

随着人们生活水平的不断提高，越来越多的人选择在节假日或者空闲时间外出旅游，从而达到放松自己的目的。为了满足用户的需求，为用户提供旅游信息以及旅游所需的辅助网站应运而生了。

休闲旅游类网站的相关内容可以是介绍旅游线路、景点信息以及票务等，也有一些是旅行社为了达到宣传自己的目的所设立的站点。这些网站都多多少少包含有各类旅游信息以及与旅游相关的内容。本章将具体介绍此类网站的设计与制作。

13.1　网站效果图分析

休闲旅游类网站，只是众多网站类型的其中一个类别。在本章里，将着重分析休闲旅游网站的"首页"和"关于个人旅游"页面的设计样式，从而进一步了解此类网站的相关制作。

13.1.1　首页效果分析

关于网站的首页布局，可以根据图13-1所示划分成4个部分。其中，第1部分主要包含了网站LOGO、网站导航、"登录\报名"按钮等内容；第2部分主要包含了网站BANNER广告等；第3部分主要包含了美食、美景、权威信息等内容；第4部分主要包含了部分导航、社交平台等内容。

在第2部分，框架又分成了5行，分别添加了不同的内容。在第3部分，框架又分成3列。其中，第1列是"美景的诱惑"版块，可添加相关的旅游景观等内容。第2列是"美食的诱惑"版块，可添加相关的美食等内容。第3列是"权威信息发布"版块，可添加权威的旅游资讯等内容。

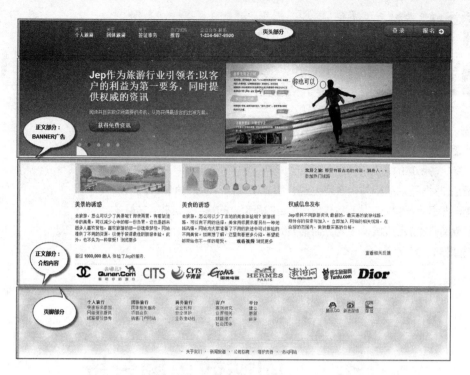

图13-1 首页效果图

13.1.2 "关于个人旅游"页面的效果分析

休闲旅游类网站的内容，为了达到准确表述，许多地方会以图片的形式来展示。如图13-2所示，"关于个人旅游"页面，主要是旅游景点、线路等相关的图片。页面的划分和首页比较相似，第一部分同首页完全一样即网站的主导航以及BANNER。第二部分是页面的主体内容，主要介绍有关个人旅游的相关信息。第三部分是组成页面底部内容的部分导航。

13.1.3 网站文件综述

站点的页面效果主要通过图片、样式、脚本代码等实现的，是经常使用的几种文件类型。其中的img，css和scripts三个目录分别用来存放制作过程中需用图片、css文件和JS代码，文件及其功能如表13-1所示：

表13-1 休闲旅游类网站文件和目录一览表

模块名	文件名	功能描述
页面文件	index.html	首页
	Index-2.html	关于个人旅游页面
css目录	之下所有扩展名为css的文件	本网站的样式表文件
scripts目录	之下所有扩展名为js的文件	本网站的javascirpt脚本文件
img目录	之下所有的图片	本网站需要用到的图片

图13-2　"关于个人旅游"页面

13.2 规划首页的布局

一个网站的首页，就像是人的一张脸，往往会第一时间展现给对方，所以做好首页的规划，合理编排布局，是网页制作过程中比较重要的一项。这一部分将具体介绍JEP网站的布局。

13.2.1 搭建首页页头部分

首页页头部分主要包括了网站LOGO、网站的导航、"登录\报名"按钮3块内容。具体的内容及其效果如图13-3所示。

图13-3 首页页头设计分析图

关键代码如下所示：

```
1.   <div class="top_menu_wrapper">
2.   <div>
3.   <ul class="top_menu inline_list mvn">
4.       <li class="logo static">
5.       <a href="https://" class="box_logo_cntr">
6.           <div class="sprite_box_logo sprite_box_logo_glow box_logo_
glow">
7.         <div align="center"> </div>
8.         </div>
9.     <div class="sprite_box_logo box_logo"></div>
10.    </a>
11.    </li>
12.           <li class="header_menu_link sub_menu_wrapper ">
13.               <a href="https://"><span>关于</span><strong>个人旅游</
strong></a>
14.               <ul class="sub_menu phn pbn">
15.             <li class="sub_menu_divider"></li>
16.           <li><a href="https://">适用线路推荐</a></li>
17.               ……
18.             <li class="sub_menu_button"> <a href="https://">
19.                 <div class="sprite_16x16_green_circle_arrow
arrow"></div>
20.             <strong class="green">个人旅游联系咨询</strong>
21.             </a>
22.             </li>
23.           </ul>
24.           </li>
25.       <li class="header_menu_link sub_menu_wrapper ">
26.       <a href="https://"><span>关于</span> <strong>团体旅游
</strong></a>
27.               <ul class="sub_menu phn pbn">
28.               <li class="sub_menu_divider"></li>
29.             <li><a href="https://">适用线路推荐</a></li>
30.                   ……
31.               </ul>
32.           </li>
33.       <li class="header_menu_link sub_menu_wrapper ">
34.               <a href="https://"><span>关于</span> <strong>
签证事务</strong></a>
35.                   ……
36.               </li>
37.         <li class="header_menu_link "><a href="https://"><span>热门
线路 </span> <strong>推荐</strong></a></li>
```

```
38.                         ……
39.                 <li class="static header_menu_link header_login_
signup">
40.                     <ul class="inline_list multi_button align align_
r">
41.                         <li class="blue_button prn">
42.                             <div align="center">
43.                 <a class="left" href="https://">登　录</a></div>
44.                             </li>
45.                         <li class="blue_button  prn">
46.             <a  class="right"  href="https://">报　名<div
class="sprite_16x16 arrow"></div></a>
47.                             </li>
48.                     </ul>
49.                 </li>
50. </ul>
51. </div>
52.     </div>
```

分析上述代码：第3行到第50行是包含在一个ul中的，其中又包含了若干个li将导航功能
实现。第4~11行是一个li，包含了网站LOGO部分。第12~38行又是一个li整体，包含了网站的
导航菜单。第39行到第49行分别是"登录"、"报名"按钮。以上几部分内容，组成了JEP
网站的首页页头部分。

另外，上述代码有使用CSS样式。第6行分别定义了class为"sprite_box_logo"、"sprite_
box_logo_glow"、"box_logo_glow"的CSS，这个CSS实现了网站LOGO效果。LOGO引用
有图片，同时设置有相关间距等属性。实现LOGO效果的主要代码如下：

```
1.  .sprite_box_logo {
2.   background: url("img/logo-A.png") no-repeat 0px 20px; width: 90px;
height: 80px;
3.   }
4.  .sprite_box_logo_glow {
5.   background-position:10px -40px; width: 110px; height: 80px;
6.   }
7.  .box_logo_glow {
8.    transition:350ms ease-in-out; left: -13px; top: -12px; position:
absolute; z-index: 10; opacity: 0; -webkit-transition: all 350ms ease-in-out;
-o-transition: all 350ms ease-in-out;
9.   }
```

13.2.2　搭建"正文部分：BANNER广告"部分的DIV

BANNER广告是网站中一个使用率比较高的部分，通过构成它的几个页面能够很好地展
现企业形象、行业信息等，最终达到宣传效果。JEP网站中的BANNER广告部分的效果如图
13-4所示。

图13-4 "BANNER广告"部分的DIV效果图

其中，主要的代码有：

```
1.    <div class="light_sub_header sub_header">
2. <div style="width:980px;margin:auto;position:relative;height:300px;ove
rflow:hidden;">
3.       <ul id="home_slideshow" class="home_slideshow mvn">
4.           <li class="panel_1">
5.               <div class="slideshow_content">
6.                   <h1 class="ptl">舒适，便捷的旅行<br/> 现在就出发</h1>
7.                   <p class="h4">给自己一场，说走就走的旅行<br/> 让生活变得丰
富，怎可缺少这样的放松。</p>
8.                   <div class="button blue_button mtl mls">
9.                       <a href="http://">报    名</a>
10.                  </div>
11.              </div>
12.              <div id="home_overview" class="home_overview_slide">
13.                      <div class="sprite_900x300">    <a
href="http://" class="play_button stop_slider   sprite_128x128
sprite_128x128_global   sprite_128x128_global_play_button"
data-modal_template="video" data-modal_type="video" data-video="4kZHVl_
pJ2k"></a>
14.                          <div class="sprite_home_animation_
default sprite_home_animation_default_cloud slice slice_5 slice_visible"
style="right:410px;"></div>
15.                      ......
16.                          <div class="sprite_900x300 sprite_900x300_home_
default slice_7 slice_invisible" style="top:auto;"></div>
17.                  </div>
18.              </div>
19.          </li>
20.          <li class="home_slide">
21.              <div class="slideshow_content">
22.                  <h1 class="ptl smaller">Jep作为旅游行业引领者:以客户的利
益为第一要务,同时提供权威的资讯</h1>
23.                  <p class="h4">阅读并且获取你所需要的资讯,从而获得最适合的
出游方案。</p>
24.                  ......
25.              </div>
26.              <div class="sprite_900x300  sprite_900x300_accelerated
sprite_900x300_homepage_forrester"></div>
```

```
27.            </li>
28.        <li class="home_slide">
29.           ……
30.        </li>
31.                    <li class="home_slide">
32.               ……
33.          </li>
34.           ……
35.        </ul>
36.        <div id="home_slideshow_controls" class="home_slideshow_
controls"></div>
37. </div>
38.    </div>
```

上述代码，主要实现在距形中分别显示5个不同页面内容。第2行定义了width、hight等范围，第3~35行在ul中分别用若干个li实现不同页面的文本内容添加。然后，第14~16行之间用若干个页面将图片等借助CSS代码实现。

其中，添加图片以及页面中的文本及按钮，分别使用CSS样式。图13-4的效果，右侧的在海边的图片也是用CSS实现的。第13行定义了class为"sprite_900×300"的CSS，主要的代码如下：

```
1.    .sprite_900x300 {
2.         width: 980px; height: 300px;
3.    }
4.    .sprite_900x300_home {
5.              background: url("img/900x300_home-LPI6ga.png") no-repeat
0px 0px;
6.    }
7.    .sprite_900x300_homepage_sync {
8.        background-position: 0px -980px;
9.    }
10.    .sprite_900x300_homepage_box_notes {
11.         background-position: 0px -340px;
12.    }
13.    .sprite_900x300_homepage_forrester {
14.        background-position: 0px -660px;
15.    }
```

13.2.3 搭建"美景的诱惑"部分的DIV

站点除了上述内容还搭建有"美景的诱惑"部分的DIV，用来介绍旅游景点或者相关地方的景色。其效果如图13-5所示。

关于这部分，主要使用代码如下所示：

```
1.    <div class="unit size1of3 prl home_box" style="position: relative;">
2.        <a href="http://">
3.        <div class="sprite_300x90 sprite_300x90_home sprite_300x90_home_
blue"></div>
4.     <div class="sprite_128x128 sprite_128x128_global sprite_128x128_
```

```
global_collab_folder home_box_icon"></div>
5.        </a>
6.        <h3 class="mtl ptm blue"><a href="http://">美景的诱惑</a></h3>
7.        <p>去旅游，怎么可以少了美景呢？即使再累，有着旅途中的美景，可以减少心中的那一
份负累。这也是越来越多人喜欢背包，喜欢旅游的那一份魂牵梦绕。网站提供了不同的资源，以便于获得
最佳的旅游体验。此外，也不失为一种享受！<a href="http://">浏览更多</a></p>
8.    </div>
```

美景的诱惑

去旅游，怎么可以少了美景呢？即使再累，有着旅途
中的美景，可以减少心中的那一份负累。这也是越来
越多人喜欢背包，喜欢旅游的那一份魂牵梦绕。网站
提供了不同的资源，以便于获得最佳的旅游体验。此
外，也不失为一种享受！浏览更多

图13-5 "美景的诱惑"部分DIV的效果图

分析其相关作用，第6行中"美景的诱惑"这一组文字添加了链接效果。同样，第7行的
"浏览更多"也添加有链接。

上述效果中，同样使用了CSS样式。第3行定义有class为sprite_300×90的CSS，代码内容
如下：

```
1.  .sprite_300x90 {
2.        width: 310px; height: 90px;
3.  }
4.  .sprite_300x90_home {
5.        background-image: url("img/300x90_home-DrryRT.png");
6.  }
7.  .sprite_300x90_home_green {
8.        background-position: -310px 0px;
9.  }
10.  .sprite_300x90_home_grey {
11.        background-position: -617px 0px;
12.  }
```

其中，第1~3行代码设置了长和宽。第4~12行的代码效果就是图13-5中"美景的诱惑"上
方出现的图片效果。

13.2.4 搭建"权威信息发布"部分的DIV

关于"权威信息发布"这一部分的DIV效果与"美景的诱惑"比较相似，其不同之处在

于上方的灰色框框内显示有不同国家的旅游信息。在"权威信息发布"文字的下方显示有相关的文本内容，如图13-6所示。

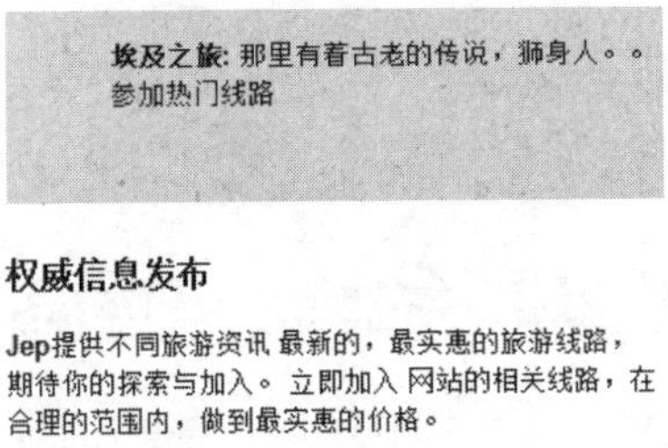

图13-6　"权威信息发布"部分DIV的效果图

主要用到以下DIV代码：

```
1.<div class="unit size1of3 pll last_home_column">
2.<div class="sprite_300x90 sprite_300x90_home sprite_300x90_home_grey
press_wrapper">
3.   <ul id="press_home_slideshow" class="press_home_slideshow mvn pts">
4.           <li class="media">
5.               <div class="img_ext  sprite_48x48_box_world_tour mtm mls
mrm"></div>
6.               <p class="bd phm plm"> <strong>埃及之旅:</strong>  那里有着古
老的传说，狮身人。。。<br><a href="http://" target="_blank">参加热门线路</a>
7.           </p>
8.       </li>
9.       <li class="media">
10.              ……
11.      </li>
12.      <li class="media">
13.              ……
14.      </li>
15.  </ul>
16.</div>
17.          <h3 class="mtl ptm blue"><a href="http://">权威信息发布</
a></h3>
18.      <p> <a href="http://">Jep提供不同旅游资讯</a> 最新的，最实惠的旅游线
路，期待你的探索与加入。 <a href="http://">立即加入</a> 网站的相关线路，在合理的范围内，
做到最实惠的价格。
19.  </p>
20.</div>
```

关键代码的含义：

其中，第3~15行是一个ul中分别用若干个li实现不同文本内容的添加与显示，这与之前"美景的诱惑"比较相似。在这样的ul外面用一个DIV，第2行和第16行的这样一个嵌套，便于实现更多的CSS样式。从而实现了在文本中的灰色阴影的效果。

第17行用<h3>…</h3>标签来实现"权威信息发布"这一标题文本的建立。第18行、19行用<p>…</p>标签实现了文本的加入，其中用<a href="http://">…</a>标签的设置，实现文本的突出效果，并在其中设置了文本链接。

13.2.5 搭建"查看相关反馈"部分的DIV

这里将介绍的"查看相关反馈"是页脚上方的一部分，显示有不同网站、品牌等的LOGO、网址等内容。具体如图13-7所示。

图13-7 "查看相关反馈"等部分的效果

关于此部分的DIV代码，主要用到如下内容：

```
1.<div class="line border_btm_dotted" style="clear:both;">
2.<p class="unit size1of2 mvn">
3.              超过 <strong>1000,000 的人</strong> 体验了Jep的服务.
4.</p>
5.      <p class="txt_r last_unit size1of2">
6.      <a href="http://" target="_blank">查看相关反馈</a>
7.    </p>
8.</div>
9.<a href="http://" target="_blank"><div class="sprite_customer_logo_
strip"></div></a>
```

关键代码定义的含义：

DIV主要包括两部分内容，第1~8行实现了图13-7中上半部分的文本内容的制作。第9行DIV的存在，主要是用来添加其中的LOGO图片的，定义有class为sprite_customer_logo_strip的CSS，具体代码如下：

```
1..sprite_customer_logo_strip {                    /*定义字段*/
2.background: url("img/customer_logo.png") no-repeat 0px 0px;
                                              /*添加背景图片*/
3. width: 980px;       /*定义宽度*/
4. height: 50px;        /*定义高度*/
5.}
```

13.2.6 搭建首页页脚部分的DIV

首页的页脚主要起到辅助作用，所以功能设计上一般不会太复杂。JEP网站中主要在此放置有菜单导航、社交平台的链接等内容。具体效果如图13-8所示。

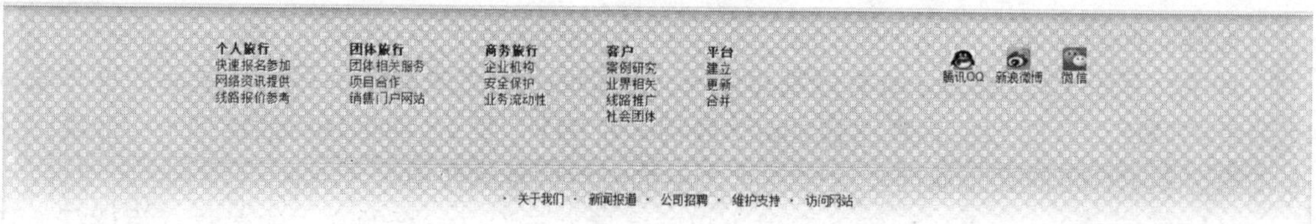

图13-8 页脚部分的DIV

主要代码如下：

```
1.    <div class="footer_wrapper footer_big" style="margin-top: -183px;">
2.              <div class="module module footer pvl" data-module="legacy-
footer">
3.                      <div class="line pbl">
4.                  <div class="unit size3of4">
5.                      <div class="line">
6.                          <div class="unit size1of5 prm">
7.                              <ul class="basic_list_sm">
8. <li><a class="light_grey" href="https://"><strong>个人旅行</strong></
a></li>
9.    <li><a class="light_grey" href="https://">快速报名参加</a></li>
10.   <li><a class="light_grey" href="https://">网络资讯提供</a></li>
11.<li><a class="light_grey" href="https://">线路报价参考</a></li>
12.                              </ul>
13.                          </div>
14.                      <div class="unit size1of5 phm">
15.                          <ul class="basic_list_sm">
16.<li><a class="light_grey" href="https://"><strong>团体旅行</strong></
a></li>
17.      ……
18.                          </ul>
19.                      </div>
20.                      <div class="unit size1of5 phm">
21.                          <ul class="basic_list_sm">
22.                              ……
23.                          </ul>
24.                      </div>
25.                      <div class="unit size1of5 plm">
26.                              ……
27.                      </div>
28.                  </div>
29.              </div>
30.              <div class="unit size1of4">
31.                  <ul class="inline_list social_links social_links_
big">
32.                      <li>
33.                          <a href="https://">
34.                          <div class="social_icon sprite_24x24
sprite_24x24_grey_rss mha mbs display_block"></div>
35.                          <div class="light_grey legal txt_c display_
block">腾讯QQ</div>
36.                          </a>
37.                      </li>
38.                      <li>
39.                          <a href="https://">
40.                      <div class="social_icon sprite_24x24 sprite_24x24_
grey_youtube mha mbs display_block"></div>
41.                      <div class="light_grey legal txt_c display_
block">新浪微博</div>
```

```
42.                                    </a>
43.                          </li>
44.                   ......
45.                      </ul>
46.              </div>
47.      </div>
48.      <hr class="breadcrumbs_divider h_divider_thin mvn" />
49.      <ul class="inline_list_ext legal ptl mha txt_c single_line">
50.          <li></li>
51.          <li><a href="https://">关于我们</a></li>
52.      ......
53.                          </ul>
54.              </div>
55.      </div>
```

关于页脚可以分成三步来实现。

步骤1：上方左侧导航的实现。第6~28行，实现的就是该导航效果。这是一组导航菜单，实现比较简单。

步骤2：上方右侧社交平台的链接实现。第30~47行，实现的就是这一部分的效果。其中的"腾讯QQ"、"新浪微博"、"微信"同样使用CSS。第34行定义有class为sprite_24×24的CSS，具体代码如下：

```
1.  .sprite_24x24 {                      /*定义字段*/
2.    background: url("img/24A.png") no-repeat 0px 0px; width: 24px;
height: 24px;
    /*定义宽度、高度，添加图片*/
3.  }
```

步骤3：下方中间导航的实现。第49~53行的ul中，实现的就是这一组导航，方法同样也是比较简单的。

13.2.7 首页CSS效果分析

网站的页面效果除了借助DIV搭建一个好的架子之外，更是离不开CSS代码在其中所起的"锦上添花"作用。JEP网站的首页，其中所使用的CSS代码，及其实现的效果，具体如表13-2所示。

表13-2 首页DIV和CSS对应关系一览表

DIV代码	CSS描述和关键代码	效果图

<li class="blue_button prn">
 <a class=" left" href="https://">登 录</a> </li>
	添加按钮框架蓝色背景：
	.blue_button{
	    border: 1px solid rgb(43, 125, 185); box-shadow: inset 0px 3px 0px -2px rgba(255,255,255,0.3), 0px 2px 0px rgba(15,106,177,1), 0.6px 3px 4px rgba(0,0,0,0.4); text-shadow: 0px -1px 0px #666; background-image: linear-gradient(to top, rgb(37, 125, 194) 0%, rgb(87, 171, 232) 94%); -webkit-box-shadow: inset 0 3px 0 -2px rgba(255, 255, 255, .3), 0 2px 0 rgba(15, 106, 177, 1), 0.6px 3px 4px rgba(0, 0, 0, .4);
	}
		登 录

（续表）

DIV代码	CSS描述和关键代码	效果图

`<li class="blue_button prn">` `<a class=" right" href="https://">` 报　名`<div class= "sprite_16x16 arrow">` `</div></a>` `</li>`	在按钮上添加向右图标：
	`.sprite_16x16 {`
	　　　`background: url("img/16A.png") no-repeat 0px 0px;`
	`width: 16px; height: 16px;`
	`}`
	设置图标效果：
	`.arrow {`
	　　　`margin-bottom: 1px; margin-left: 4px; display: inline-block;`
	`}`
		报名 →

`<div class="button blue_button mtl mls">` `<a href="http://">`获得免费资讯`</a>` `</div>`	按钮效果：
	`.button {`
	　　　`padding: 7px 27px; color: rgb(255, 255, 255); font-size: 16px; font-weight: bold; display: inline-block; cursor: pointer;`
	`}`
		获得免费资讯

`<div class="sprite_ 300x90 sprite_300x90_ home sprite_300x90_ home_blue"></div>`	导航图片及灰色背景组合：
	`.sprite_300x90 {`
	　　　`width: 310px; height: 90px;`
	`}`
	`.sprite_300x90_home {`
	　　　`background-image: url("img/300x90_home-DrryRT. png");`
	`}`	

`<h3 class="mtl ptm blue"><a href= "http://">`美食的诱惑`</a></h3>`	设置标题行：
	`.ptm {`
	　　　`padding-top: 10px !important;`
	`}`
		美食的诱惑

13.3　"关于个人旅游"介绍页面

　　在"关于个人旅游"二级页面，主要包括"适用线路推荐"、"国内跟团旅游"、"国外跟团旅游"、"国内自助游"、"国外自助游"、"个人旅游联系咨询"几部分内容。关于这些栏目的重要DIV的设计方式，是本节内容的重点。

13.3.1 "适用线路推荐"部分的DIV

"适用线路推荐"主要以图片加文字说明的样式实现的。上方是旅游景点的相关图片，下方是相关的文本内容。具体效果如图13-9所示。

一个休闲旅游类网站，其页面内容以休闲旅游类的相关信息为主。出于网站布局实现过程中会涉及很多图片，这里的"适用线路推荐"采用了文本形式。这部分主要用ul和li的方式来定义旅游线路。主要代码有：

适用线路推荐

北京天安门　　游艇之旅

桂林山水　　贾大利亚

浪漫巴黎　　海南三亚

悉尼歌剧院　　拉萨

图13-9　"适用线路推荐"部分的效果图

```
1.  <h1><a href="https://">适用线路推荐</a></h1>/*定义标题栏*/
2.  <div id="layout">
3.  <ul>
4.  <li><a href="#"><img src="img/11.jpg" width="72" height="66"/>北京天安门</a></li>
5.  <li><a href="#"><img src="img/12.jpg" width="72" height="66" />游艇之旅</a></li>
6.     <li><a href="#"><img src="img/13.jpg" width="72" height="66" />桂林山水</a></li>
7.     <li><a href="#"><img src="img/14.jpg" width="72" height="66" />澳大利亚</a></li>
8.     <li><a href="#"><img src="img/15.jpg" width="72" height="66" />浪漫巴黎</a></li>
9.   <li><a href="#"><img src="img/16.jpg" width="72" height="66" />海南三亚</a></li>
10.    <li><a href="#"><img src="img/17.jpg" width="72" height="66" />悉尼歌剧院</a></li>
11.<li><a href="#"><img src="img/18.jpg" width="72" height="66" />拉萨</a></li>
12.    </ul>
13. </div>
```

13.3.2 "个人旅游联系咨询"部分的DIV

这里可以分成三部分，"个人旅游联系咨询"是一部分，"文本框"是一部分，然后是"提交"按钮。效果如图13-10所示。

图13-10　实现的效果图

主要使用如下代码实现：

```
1.  <h2>个人旅游联系咨询</h2>
2.  <textarea rows="2">请在这里输入提交内容！</textarea>
3.  <input name="提交" type="submit" value="提交" />
```

对应具体功能，第1行为标题行，第2行是添加的"文本框"，第3行是"提交"按钮。为了不因为图片的添加，影响网站的可读性及其优化效果，这里的"个人旅游联系咨询"在考虑到设计效果添加背景的前提下，同样将该背景内容以不添加背景图片的方式来实现。其中标题行的灰色背景区域使用有如下CSS样式。

```
1.  .middleleft h2 {
2.      height: 30px;
3.      width: 350px;
4.      background-color: #EEE;
5.      float: left;
6.  }
```

13.3.3 "国内跟团旅游"等部分DIV

在页面的右方，有"国内跟团旅游"、"国外跟团旅游"、"国内自助游"和"国外自助游"4个功能模块，如图13-11所示，这些都是采用图片加文字部分的样式实现。

上述4个功能模块除了文本内容有略微不同，其布局及样式都是相同的，可使用Table来实现。以"国内跟团旅游"为例，是一个2行4列的表格。其中，标题用<h2>标签。主要编码如下：

```
1.  <h2><strong>国内<span class="h2">跟团旅游</span></strong></h2>
2.  <table frame="void"  width="860"  border="1">
3.    <tr>
4.      <td  height="150"  class="t1"></td>
5.      ……
6.      <td  height="150"  class="t4"></td>
7.    </tr>
8.    <tr>
9.      <td>北京5日游  2000元<h7 class="L1">更多线路</h7></td>
10.     ……
11.     <td>蒙古6日游  2200元 <h7 class="L1">更多线路</h7></td>
12.   </tr>
13. </table>
```

图13-11 效果图

其中，第1行实现了"国内跟团旅游"文本的标题效果。第2~13行就是整个表格区域，第3~7行表格添加图片内容，第8~12行表格添加图片下方的文本内容。图片的添加，用下面的CSS样式实现。

```
1.  .t1 {
2.      background-image: url(img/p1.jpg);
3.  }
```

电脑商城网站

数码商品购物网站为了吸引人气，需要为用户提供一个愉悦的购物体验，所以网站的页面设计不仅要布局简捷，还要使用一些动态的效果来吸引访问者的眼球。

本章我们将分析一个电脑商城网站的实现方式，这个网站主要包括首页、"台式机"和"服务器"三个页面，由于篇幅的关系，本章将只详细分析前两个页面。

14.1 网站页面效果分析

由于是购物网站，所以不仅需要用大篇幅的商品图片来吸引访问者，而且还需要在醒目的位置放置商品的描述信息和评论信息。

本章将着重分析首页和"台式机页面"的设计样式，而"服务器"页面的风格与前两个页面非常相似，本章就不再分析，这个页面的代码请大家自行从与本书配套的下载资源中获取。

14.1.1 首页效果分析

电脑商城网站的首页效果如图14-1所示，它是一个三行的布局样式，在第一行里，放置了网站的Logo图片和站点导航信息；在第二行里，分别用三行来表示"网站导航"、"网站正文"和"有关商家"元素；而在最后一行里，放置网站页脚部分的导航信息。

在第二行框架里，包含了电脑商城网站的主体部分，这部分其实也是个三行的效果，第一行包括网站导航模块和搜索模块，第二行包括"最近行情"、"最新商品"两部分内容，第三行则是网站合作商家模块。

图14-1 首页的效果图

14.1.2 台式机页面的效果分析

台式机页面大致上也采用了三行的样式，第一行、第三行的样式与首页相同。在第二行里，包含了两个大列，第一列容纳了"导购分类"、"业内动态"和"联系客服"三大块内容，而第二列则是由"推荐商品"和"新品推荐"组成的。台式机页面效果如图14-2所示。

"推荐商品"是本网站的一大特色，所以在这个页面中，将用JS和CSS实现动态显示推荐的商品这个效果。

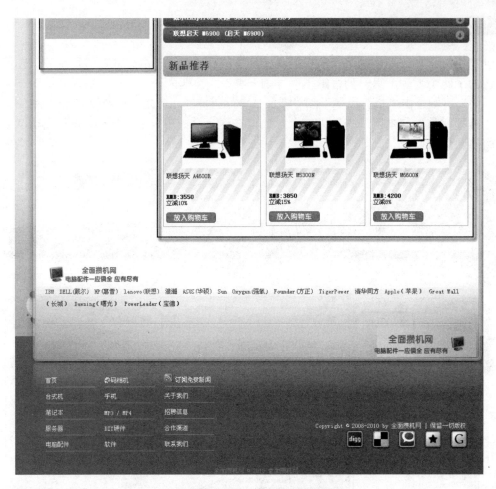

图14-2 台式机页面的效果图

14.1.3 网站文件综述

在这个网站里，除了上文里提到的首页和活动展示页面外，还需要包含"服务器"页面，而这些页面中所用到图片、CSS文件和JS代码，将分别放置在img、css和js目录里，文件及其功能如表14-1所示。

表14-1 电脑商城网站文件和目录一览表

模块名	文件名	功能描述
页面文件	index.html	首页
	Shop-Design.html	台式机页面
	Shop-Service.html	服务器页面
css目录	之下所有扩展名为css的文件	本网站的样式表文件
js目录	之下所有扩展名为js的文件	本网站的JavaScript脚本文件
img目录	之下所有的图片	本网站需要用到的图片

14.2　规划首页的布局

在上一节中，我们已经介绍了首页的组成，本节我们直接进入到设计步骤，设计的时候还是按照老规矩：先用DIV构建总体框架，随后再细分，最后用CSS和JS实现动态的效果。

14.2.1　搭建首页页头的DIV

首页页头由页头小图片、导航信息和购物车三部分组成，首页页头显示效果如图14-3所示。

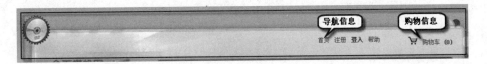

图14-3　首页页头的DIV设计分析图

实现页头部分的关键代码如下所示。

```
1.  <div id="pageBorderTop">
2.    <img src="img/star.gif" id="star" alt="" />
3.     <a href="#"><img src="img/spacer.gif" alt="" style="width:240px;
height:90px; position:absolute; margin:30px 0 0 20px; z-index:2000;" /></a>
4.    <div id="quickLinks">
5.     <ul>
6.      <li><a href="index.html">首页</a></li>
7.      <li><a href="#">注册</a></li>
8.      <li><a href="#"><strong>登入</strong></a></li>
9.      <li><a href="#">帮助</a></li>
10.    </ul>
11.   </div>
12.   <div id="cartLink"><img src="img/cart.gif" alt="0" /> <a href="#">购物车
<strong>(0)</strong></a></div>
13. </div>
```

在上述代码的第2行、第3行中，放置一个简单的DIV，真正的页头是从第4行开始定义。

从第4~11行，定义了导航工具条，包括首页、"注册"和"登录"等字样。在第12行里，定义了购物车。

14.2.2　搭建首页主体部分的DIV

按照前文的思路，我们还是使用DIV的方式构建首页及主体部分的DIV，主体部分的DIV包含了3个部分，其中第一个部分由网站Logo、网站导航和网站搜索组成，效果如图14-4所示。

图14-4 主体部分第一行DIV效果图

主体部分第一部分关键代码如下所示。

```
1.  <div>
2.  <div id="topNavi">
3.   <ul id="kwicks">
4.    <li><a class="kwick module" href="Shop-Design.html"><span>台式机<br />
5.       品牌机，兼容机</span></a></li>
6.    ……
7.   </ul>
8.  </div>
9.  <div id="breadCrumb"><a href="#" class="headerNavigation">首&gt;&gt;</a>
10.  <div id="searchContainer">
11.  <div class="sd">Seite durchsuchen</div>
12.  <input type="text" name="keywords" id="txtSearch" style="color:#999999"
onkeyup="searchSuggest();" value="输入查找内容" />
13.  <div id="search_suggest"></div>
14.   <input type="image" src="img/searchContainerButton.png" alt="搜索"
title=" 搜索 " id="go" />
15.  </div>
16.  </div>
17. </div>
```

图14-5 第二行第一列上部分DIV效果图

在上述代码中，第2~8行定义了网站的导航部分；第9~16行定义了网站页面导航和网站搜索部分，其中第10行的ID定义一个背景图片，这个背景图片和搜索栏结合，所以出现了如图14-4所示的一个与众不同的搜索栏。

主体部分的第二行主要分为两列，第一列是业内最新信息，第二列是最新商品，而这两列都分为上下两个部分，下面我们就来一一分析。

首先介绍的是第二行第一列的上部分，效果如图14-5所示。

上图中，每个商家的最新报价都是由一个DIV组成的，这部分代码没有什么特点，我们就不再详细分析了，其代码如下所示。

```
1.  <a href="#"><img src="img/indexModule.png" alt="" /></a>
2.  <div>
3.                  <h4>AM3平台主板 技嘉M720-ES3售价469元
4.      <span style="font-size:12px;"><a href="#">[查看]</a></span></h4>
5.                  <p>    技嘉为我们带来一······ </p>
6.          </div>
7.      ······
8.  </div>
```

第一列下部分和上部分是一样的，只是改了字体颜色而已，其效果如图14-6所示。

由于下部分DIV和上部分DIV的效果是相同的，这里代码就不给出了，如有需要可自行从与本书配套的下载资源中获取。

第二列搭建的是"商品快讯"和"电脑设备/组网设备"两个部分，这两个部分的布局是一样的，所以下面就只介绍一个"商品快讯"部分，其效果如图14-7所示。

图14-6 第二行第一列下部分DIV效果图

图14-7 第二行第二列上部分DIV效果图

上图中每个商品都是由一个DIV组成的，并用虚线分隔开来，其代码如下所示。

```
1.  <div style="width:296px; float:right;">
2.      <div class="alignRight" style="text-align:center;background-
color:#F2F2F2;color:#A83600">
3.                  <h4>商品快讯</h4></div>
4.                  <!-- title -->
5.      <div class="newProductsDefault">
6.                  <div class="shows"><img src="img/pc/001.bmp" /></
div>
7.                  <div class="content">
8.                      <a href="#" class="productLink">联想G455A-
M320(H)</a><br />
9.          特价<strong>3900.00元</strong><br />
```

```
10.                         <del>原价4199.00元</del><br />
11.        <a href="#"><small>查看详细</small></a>
12.                    </div>
13.     </div>
14.     ……
15.    </div>
16. </div>
```

在上述代码中，第5~12行就是一个商品展示，这里要注意的是第5行引用了ID为newProductsDefault的CSS，它定义了一个背景图片，这个背景图片是虚线。

第三部分是网站的一些合作商家，它由一个简单的DIV组成的，其效果如图14-8所示。

图14-8 第三部分DIV效果图

上图效果的关键实现代码如下所示。

```
1. <div style="padding:0 0px; margin-top:30px;">
2.  <img src="img/beliebtesteSuchbegriffe.gif" alt="beliebteste
Suchbegriffe" /><br />
3.     <span class="tCCTag1"><a href="#">IBM</a></span>
4.                 <span class="tCCTag3"><a href="#">DELL(戴尔)</a></
span>
5.             ……
6. </div>
```

由于上面的DIV比较简单，这里就不做细致的分析了，要注意的是字体颜色的不同是因为每个span里都引用了了不同的CSS。

14.2.3 搭建页脚部分的DIV

首页的页脚部分是比较有创意的，以竖列的方式来显示导航部分，效果如图14-9所示。

图14-9 页脚部分的DIV设计

实现这部分的代码如下所示。

```
1. <div id="pageFooter">
2.     <div id="footerLinks" class="float">
```

```
3.      <div class="footerContainer">
4.        <ul>
5.         <li><a href="#">首页</a></li>
6.         ......
7.        </ul>
8.      </div>
9.      <div class="footerContainer">
10.       <ul>
11.        <li><a href="#">数码相机</a></li>
12.        ......
13.       </ul>
14.     </div>
15.     <div class="footerContainer">
16.       <ul>
17.        <li><a href="#"><img src="img/socialIcons/rss.gif" alt="RSS-Feed"/>
订阅免费新闻</a></li>
18.        .......
19.       </ul>
20.     </div>
21.     <div class="footerContainerCopyright"> Copyright &copy; 2008-2010 by <a
href="#">全面攒机网</a> | 保留一切版权.
22.       <div class="footerContainerSocial">
23.       <a rel="nofollow" style="text-decoration:none;" href="#" >
24.          <img src="img/socialIcons/digg.png" /></a>
25.       …..
26.     </div>
27.     </div>
28.     </div>
29. </div>
```

在上述代码中，第3~8行，第9~14行，第15~20行的三个DIV分别定义了三列的导航栏，而第21~27行定义了网站友情链接的小图片。

14.2.4 首页CSS效果分析

在前面描述DIV的时候，我们已经讲述了部分CSS的代码，本小节我们将用表格的形式描述首页中其他CSS的效果，如表14-2所示。

表14-2 首页DIV和CSS对应关系一览表

DIV代码	CSS描述和关键代码	效果图

`<div id="searchContainer">`	搜索栏的样式以背景图片来定义
	`#searchContainer {`
	`    position:absolute;`
	`    right:0;`
	`    top:22px;`
	`    background:transparent url(../img/`
	`searchContainerBG.png) no-repeat;`
	`}`	

`<a href="#"`
`class="productLink">`
	超链设置下划线效果
	`a.productLink:hover{   text-`
	`decoration:underline;`
	`}`	

`<div class="content">`	将一张小图横向拉伸形成虚线分隔符
	`.newProductsDefault div.content {`
	`    padding-bottom:15px;`
	`    padding-top:5px;`
	`    background:url(../img/`
	`dottedBorder1.gif) bottom repeat-x;`
	`}`	

14.3 在首页中实现动态效果

在这个电脑商城网站中，除了单纯使用DIV+CSS外，还使用了JavaScript实现网页的动态效果。这里主要体现在两个方面，第一，当鼠标移到导航上时，图片会展开，其余导航的图片会自动收缩，如图14-10所示。

图14-10 导航栏的动态效果

第二，鼠标移到首页、注册等导航时，整个小模块会出现背景色，如图14-11所示。

图14-11　此DIV中鼠标停留效果

14.3.1　图片展开的实现方式

为了实现图片的展开效果，首先需要定义每一个导航的原始宽度，其代码如下所示。

```
1.  #topNavi ul#kwicks .kwick {
2.      display: block;
3.      cursor: pointer; <!—鼠标变为手型 -->
4.      overflow: hidden;
5.      height: 63px;
6.      width: 132px; <!—定义原始宽度 -- >
7.      padding:0 10px;
8.      background: #fff;
9.  }
```

接着把要显示的图片设为背景图片，这里只列出一个，其代码如下所示。

```
1.  #topNavi ul#kwicks .module {
2.      background:url(../img/navi_module.png) no-repeat;
3.  }
```

当上面代码定义好以后，再定义一个DIV，在DIV中引用这些CSS，代码如下所示。

```
1.  <div id="topNavi">
2.   <ul id="kwicks">
3.    <li><a class="kwick module" href="Shop-Design.html"><span>台式机<br />
4.        品牌机，兼容机</span></a></li>
5.        ……
6.   </ul>
7.  </div>
```

然后再定义如下JavaScript代码就可以实现图片的展开效果。

```
1.  var szNormal = 132, szSmall = 110, szFull = 190;
2.  <!-- 定义图片正常，收缩，展开三种状态下的宽度 -- >
3.  var kwicks = $$('#topNavi .kwick'); <!—获取DIV和UL的ID -- >
4.  var fx = new Fx.Elements(kwicks, {wait: false, duration: 200, transition:
Fx.Transitions.quadOut});
5.  kwicks.each(function(kwick, i){
6.     kwick.addEvent('mouseenter', function(e){<!—鼠标停留效果 -- >
7.     var obj = {};
8.     obj[i] = {
9.         'width': [kwick.getStyle('width').toInt(), szFull]
```

```
10.        };
11.    kwicks.each(function(other, j){ <!—鼠标停留时其他图片效果 -- >
12.    if (other != kwick){
13.            var w = other.getStyle('width').toInt();
14.            if (w != 50) obj[j] = {'width': [w, szSmall]};
15.        }
16.    });
17.            fx.start(obj);
18.            });
19.    });
20.    $('kwicks').addEvent('mouseleave', function(e){ <!—鼠标离开效果 -- >
21.    var obj = {};
22.    kwicks.each(function(other, j){
23.    obj[j] = {'width': [other.getStyle('width').toInt(), szNormal]};
24.    });
25.    fx.start(obj);
26. });
```

上面代码中，第1行定义了图片的三种宽度，第三行获取了此DIV和ul的ID，在第6~10行，定义了鼠标停留时图片展开的效果，在第11~19行定义了当鼠标停留时，其他图片的收缩效果，在第20~26行定义了鼠标离开时图片都恢复为原始宽度的效果。

定义好JavaScript代码后，在首页的代码中，只要引用这个js文件就能实现鼠标停留时图片的展开效果。

14.3.2　导航小模块出现背景色

我们可以通过下面的步骤，实现导航小模块显示背景色的效果。

第一步，在ID为quickLinks的DIV里定义若干个导航信息，下面我们就给出一个范例。

```
1. <div id="quickLinks">
2.    <ul>
3.    <li><a href="index.html">首页</a></li>
4.    <li><a href="#">注册</a></li>
5.    ……
6.    </ul>
7. </div>
```

第二步，在CSS中定义如下效果，只要在这个DIV中的超链，当鼠标移上去后，其背景色都会变为"#d3dce6"。

```
1. #quickLinks a:hover, #quickLinks a:active, #quickLinks a:focus {
2.        color:#303438;
3.        background-color:#d3dce6;
4. }
```

14.4 台式机页面

台式机页面中，使用图片加文字的方式展示一些最新款的电脑，让网友有购买的想法。本节我们将只给出该页面的特点，与首页相同部分就不再分析。

14.4.1 台式机页面左边部分的DIV

台式机页面左边部分需要实现如下的特色：第一，一个大DIV里包含有3个小DIV，这个可以用DIV布局的方式来实现；第二，3个DIV的宽度相同，DIV之间的间隔相等。这部分的显示效果如图14-12所示，它使用CSS来实现的。

上图依次使用了三个DIV，每个DIV都有标题，都使用了不同的样式，使整体看起来更有层次感。部分的实现代码如下所示，请注意其中第2行中引入的ID为columnbo的CSS样式。

图14-12 CSS效果展示

```
1.  <div id="leftCol">
2.    <div class="box">
3.  <img src="img/boxIconVorteile.gif" style="position:absolute; margin:-5px 0 0 -8px;" />
4.      <div style="background:url(img/boxHeaderVorteile.jpg) no-repeat; padding-bottom:5px;"><span class="boxHead">导购分类</span></div>
5.      <div class="boxContent">
6.        <ul>
7.          <li style="background:url(img/dottedBorder1.gif) bottom repeat-x; line-height:14px; padding:6px 0;">台式机</li>
8.          ……
9.        </ul>
10.       </div>
11.     </div>
12.  ……
13.  <div style="background:url(img/greenBox_01.gif) no-repeat; height:28px;
```

```
padding-top:5px; margin-top:30px;">
    14.<img src="img/boxIconMail.gif" style="position:absolute; margin:-15px 0 0
-9px;" /><span class="greenBoxHead">联系客服</span>
    15.</div>
    16.          <div style="background:url(img/greenBox_02.gif) no-repeat top
#ddefb5 ; padding:10px 10px; height:173px; font-size:12px; font-weight:normal;
line-height:16px;">
    17.……
    18.</div>
    19.          <div style="background:url(img/greenBox_03.gif) no-repeat top;
height:9px; margin-bottom:40px;"></div>
    20.      </div>
```

上面代码显示了三个DIV不同的样式，首先是第一个DIV的样式。在第7行引用了一张背景图片，它放置在最底部并横向拉伸，形成虚线分隔符；而第二个DIV中则没有引用，所以看起来完全就是两个效果；第三个DIV则在第20行引用了一张绿色的背景图片，使这个DIV看起来又是另外一个效果。

在上述代码中其实所用的分隔方法是一样的，只是在不同的地方引用了不同的背景图片，这样一来就营造了一个完全不一样的DIV风格。

14.4.2 台式机页面右边部分的DIV

台式机页面右边部分分成两部分，上面部分是网站推荐商品，下面部分是最新商品推荐，下面我们依次分析这两个部分。

上面部分网站推荐商品的DIV，效果如图14-13所示，它的动态效果是由JavaScript来实现的，而DIV+CSS并没有什么特别的地方，这里就不再做详细分析了。

图14-13 上半部分展示效果

右边下面部分是最新商品推荐部分，它使用一个大DIV包含多个小DIV的方式来实现的，效果如图14-14所示。

图14-14　下半部分展示效果

　　这部分的关键代码如下所示，在这部分中使用的所有布局都是一样的，所以这里就不再做重复分析了。

```
1.  <div style="width:610px; padding-top:30px;" class="float">
2.   <div class="NPBox mr10">
3.    <div class="NPBoxImg">
4.     <a href="#" class="border" >
5.      <img src="img/001.jpg" /></a> </div>
6.     <a href="#" class="productsLink">联想扬天 A4600R</a>
7.     <div class="priceContainer">RMB:3550<br />
8.      <span class="tax">立减10%</span><br /></div>
9.     <a href="#"><img src="img/button_buy_now.gif" /></a>
10.   </div>
11.   ……
12. </div>
```

第15章 汽车网站

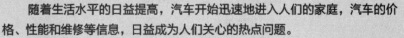

随着生活水平的日益提高，汽车开始迅速地进入人们的家庭，汽车的价格、性能和维修等信息，日益成为人们关心的热点问题。

汽车网站将给您带来最新的汽车资讯信息，最快的汽车动态报道，大量的汽车车型图片，最准确的汽车价格走势，本章我们分析汽车网站的主要页面实现方法。

 ## 15.1 网站页面效果分析

在本章中，将着重分析汽车网站的首页和"新车介绍"页面的设计样式，而"跑车系列"页面风格和"新车介绍"页面的风格相近，所以就不再详细分析了。

15.1.1 首页效果分析

汽车网站的首页布局方法是非常常见的，它使用三行的样式，其中，第一行里放置网站Logo、站内搜索、网站导航等部分内容。第二行里，放置了"广告"、"新闻"、"最新动态"、"新品推荐"等几个部分内容。在第三行里放置部分导航和版权相关信息。

在首页中，主要以大幅的广告、新闻、最新动态、新品推荐这几个部分组成的首页主体部分，如图15-1所示。

图15-1 首页的效果图

15.1.2 新车介绍页面的效果分析

在新车介绍页面中,放置新车的导航链接、新车详细介绍和新车资讯三部分内容,通过这个页面展示最新的车型。

这个页面采用了三行样式,其中,第一行和第三行的样式与首页完全一致,都包括页头和页脚,而在第二行里,用车的导航链接、车的详细介绍和车的最新资讯组成第二行的效果。下面我们就只给出第二行的效果图,如图15-2所示。

图15-2 新车介绍的效果图

15.1.3　网站文件综述

这个页面的文件部分是比较传统的，用img、css和js三个目录分别保存网站所用到的图片、CSS文件和JS代码，文件及其功能如表15-1所示。

表15-1　汽车网站文件和目录一览表

模块名	文件名	功能描述
页面文件	index.html	首页
	three.html	新车介绍
	two.html	跑车系列
css目录	之下所有扩展名为css的文件	本网站的样式表文件
js目录	之下所有扩展名为js的文件	本网站的JavaScript脚本文件
img	之下所有的图片	本网站需要用到的图片

15.2　规划首页的布局

因为需要搭建的是一个图片比较多的汽车网站，所以网站首页的设计就比较重要了，下面，我们就来依次分析首页的重要部分的实现方法。

15.2.1　搭建首页页头的DIV

首页页头部分是比较重要的部分，它包含了网站Logo部分、网站的导航部分和站内搜索部分，页头部分的效果如图15-3所示。

图15-3　首页页头设计分析图

页头的关键实现代码如下所示。

```
1.  <div id="decCabecera">
2.   <div class="cabecera">
3.    <div class="columnaDerechaPie">
4.     <ul class="basicos">
5.      <li class="textoB"><a class="menubasico" href="#">English</a></li>
6.       <li class="textoB"><a class="menubasico" lang="es" href="#">中文版</a></li>
7.      <li class="texto"><a class="menubasico" href="#">日本语</a></li>
8.     </ul>
```

```
9.        </div>
10.      </div>
11.    </div>
12.    <div id="decMenuSup">
13.    <div id="menuPrincipal">
14.      <div id="logoIberdrola">
15.        <div>
16.         <h1></h1>
17.        </div>
18.        <a id="inicioTabulacion" href="#"><img id="logotIber" src="img/logo.
jpg" width="156" /></a></div>
19.      <div id="menuWeb">
20.      <ul id="ulMenuWeb">
21.        <li id="opcion1" > <a id="aOpcion1" class = "opcion1on" href="index.
htm" >首页</a> </li>
22.        ……
23.      </ul>
24.    </div>
25.    <div id="buscador">
26.       <label for="txtbuscador" class="labelCajaBuscador"> <span
class="textobuscador">搜索 </span>
27.       <input type="text" name="cadenabusqueda" class="cajabuscador"
id="txtbuscador" />
28.      </label>
29.      <noscript>
30.      <div class="opcionesBusquedaNoscript">
31.      </div>
32.       <img src="img/pixel.gif" style="float:left" alt=" " height="100"
width="45"/>
33.      </noscript>
34.      <div id="opcionesBusqueda" >
35.      <div class='bordesopcbusqueda'>
36.       <div class='cerrar' id="botoncerraravanzadas">
37.       <div id='busqueda_cerrar'></div>
38.       </div>
39.       <br class="finbloquefloat"/>
40.       <div id="inputsbusqueda"></div>
41.      </div>
42.      <div id="cierreBusqueda" class='cerrar'></div>
43.      </div>
44.       <input id="imagenbuscar" class="imagenbuscar" type="image" src="img/
lupa_buscador.gif" value="搜索"/>
45.      </div>
46.    </div>
47. </div>
```

上面代码，第2~10行是搭建网站的选择语言部分，这部是使用ul和li标签的有序列表，第14~18行搭建的是网站的Logo部分。而第19~25行则是网站的导航部分，这部分也是由ul和li标签的有序类表组成的，第25~45行是页头的搜索部分。

15.2.2 搭建"广告"部分的DIV

广告部分是首页主体部分比较重要的一部分，在这部分中可以放置flash或者图片。这里就以放置图片为例，其效果如图15-4所示。

图15-4 广告部分的DIV效果图

这部分的实现代码如下所示。

```
1.  <div class="contentsinflash" >
2.   <img src="img/996267.jpg" border="0" />
3.  </div>
```

这部分的DIV的搭建是比较简单的，所以这里就不再做说明了，要注意的就是这个DIV引用了ID名为contentsinflash的CSS，在这个CSS中，定义了这个DIV的背景图片和DIV中图片的位置，代码如下所示。

```
1.  .contentsinflash{
2.       width:94%;
3.       font-family: "Trebuchet MS", verdana, sans-serif; /* 设置文本的序列 */
4.       margin:0px;
5.       padding:20px 30px 20px 30px; /* 设置上下左右的内边距 */
6.       background-image: url(../img/fondo_flash.gif); /* 设置背景图片 */
7.       float:left;
8.  }
```

在上述代码中，第5行设置广告在DIV中的位置，而第6行设置背景图片，因为第5行设置了图片的内边距，所以是这张图片看上去有相框的效果。

15.2.3 搭建"最新新闻"部分的DIV

"最新新闻"部分是首页主体部分第二行的第一部分，这部分的主要内容是关于汽车的一些新闻，效果如图15-5所示。

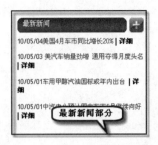

图15-5 最新新闻部分DIV的效果图

这部分的实现代码如下所示。

```
1.  <div class="noticias">
2.  <div id="botonmas">
3.   <h2 class="tit_not">
4.    <a id="ultimas_noticias" class="ultimas_noticias" href="#">
5.    <span class="tit_home">最新新闻</span><span id="btnmas"></span></a>
6.   </h2>
7.  </div>
8.  <div class="clear"></div>
9.  <div class="textonoticias">
10.  <ul class="ult_not">
11.   <li> <a class="mashome" href="#">
12.   <span class="negrita_texto">10/05/04</span>
13.   美国4月车市同比增长20%
14.   span class="verdemashome">详细</span> </a> </li>
15.   …..
16.  </ul>
17.  </div>
18. </div>
```

以上述代码中可以看出，这部分是由ul和li标签的有序列表组成的，代码中只给出第一条新闻的实现代码，在图15-5中可以看出这一条新闻的日期、内容等信息的字体颜色、字体大小都是不同的，这里的实现方法就是把它们包含在不同的span里。

15.2.4 搭建"新车上市"部分的DIV

新车上市部分是首页主体部分第二行的第二部分，这部分显示的是最新上市的新车，这部分的效果如图15-6所示。

下面给出这个DIV的关键实现代码。

图15-6 新车上市部分的效果

```
1.  <div id="moduloacordeon" class="modulo">
2.    <ul id="menuacordeon">
3.     <li class="menunivel1">
4.      <div id="acordeon1">
5.       <div class="capaFondo">
6.        <div class="capaIz"></div>
7.        <div class="capaTexto">
8.         <div class="textoCapaMoo"> <a href="#" id="enlaceacordeon1">福特3
款新车首发北京国际车展
9.  <span class="textoOculto">
10. </span> </a> </div>
11.        </div>
12.        <div class="capaDer"></div>
13.       </div>
14.      </div>
15.      <ul id="ulacordeon1" class="submenuacordeon">
16.       <li id="liacordeon1" class="subacordeon"> <a class="menuacordeon"
href="#" id="enlaceimagenacordeon1"> <span class="tituloopcionacordeonblan
co">福特3款新车首发北京国际车展</span> <img src="img/presentacion_resultados.jpg"
class="imagenopcionacordeon" /> </a> </li>
17.      </ul>
18.     </li>
19.    ……
20.   </ul>
21. </div>
```

页面上这样的代码一共有三个，上面只给出一个示例。在这部分代码中，最外面的部分是由ul和li组成的，而在ul和li的组合中又加入了DIV嵌套和另一个ul和li的组合。

其中第4～14行是标题部分，第15～17行是正文部分，而这部分的动态效果则是由JS来实现的，这里就不做分析了。

15.2.5 搭建"最新动态"部分的DIV

最新动态部分是主体部分的最后一部分，这部分包含了一些新品图片和说明，其效果如图15-7所示。

图15-7 最新动态部分的DIV效果图

这部分的关键实现代码如下所示。

```
1.  <div id="carrusel" class="jcarousel-skin-tango">
2.    <ul id="uldestacadoscarrusel" class="ulcarousel">
3.     <li class="licarousel">
4.      <div id="capacarruselsuperior1" class="capainfcarrusel">
5.        <p class="textocontenidoenlace"><span class="titulo">强劲新产品阵容
6.  </span> <span class="contenido">推动盈利性增长汽车第一季度实现净利21亿美元</
span></p>
7.      </div>
8.      <div id="capacarruselinferior1" class="capasupcarrusel">
9.        <p class="textocontenidoenlace"> <a class="bannercarrusel"
href="#" id="enlacecarruselsuperior1"> <img src="img/movilidad_verde.jpg"
id="imgcapacarruselinferior1" class="imagenacordeon" /> </a> </p>
10.      </div>
11.     </li>
12.     ……
13.    </ul>
14.    <div class="jcarousel-scroll">
15.     <div id="flechaspaginarcarrusel" class="paginador"></div>
16.    </div>
17.    <br class="finbloquefloat" />
18. </div>
```

上面代码中，第5~7行是鼠标停留时的效果，第8~10行是原本的效果，其余部分的搭建方法和这个是一样的，这里就不再重复说明了。

这部分中，图片的滚动效果和鼠标的停留移开效果都是使用JS来实现的，这里我们也不做详细介绍了。

15.2.6　搭建页脚部分的DIV

首页页脚部分包含了部分导航、版权说明、友情链接和网站Logo等内容，效果如图15-8所示。

图15-8　页脚部分的DIV

这部分的关键实现代码如下所示。

```
1.  <div id="decPie">
2.    <div class="columnaIzquierdaPie">
3.     <ul class="basicosinferiorA">
4.        <li class="pieIcono"> <a class="iconoencpieinferior" href="#"
rel="external">
5.        <img class="iconoinferior" src="img/logo_CONFIANZA.jpg" />
6.         <span class="iconoventanafoto"></span></a></li>
7.        ……
8.     </ul>
9.    </div>
```

```
10.    <div class="columnaDerechaPie">
11.     <ul class="basicos">
12.       <li class="pieIcono"> <a class="iconoencpie" href="#" coords="700"
charset="700" rel="script"><img class="icono" src="img/icono24.gif" width="100%"
/><span class="iconoventanafoto"
13.                                              ></span></a> </li>
14.     <li class="textoB"><a class="menubasico" href="#">网站地图</a></li>
15.      ……
16.    </ul>
17.   </div>
18.   <div class="clear"></div>
19.   <div class="columnaDerechaPie">
20.    <ul class="cae">
21.     <li class="textoC"><span class="copyrigth">© 2010 汽车公司 保留一切权利</
span></li>
22.    </ul>
23.   </div>
24.   </div>
25.  </div>
26. </div>
```

其中第3~8行是网站友情链接部分，第11~16行是网站的导航部分，第21行是版权声明部分。

15.2.7　首页CSS效果分析

在前面描述DIV的时候，我们已经讲述了部分CSS的代码，本小节我们将用表格的形式描述首页中其他CSS的效果，如表15-2所示。

表15-2　首页DIV和CSS对应关系一览表

DIV代码	CSS描述和关键代码	效果图
<span class="verdemashome">	定义字体颜色 .verdemashome{color:#276015;text-decoration:none;font-weight:bold;}	

<div id="capacarruselsuperior2" class="capainfcarrusel">	设置字体的左右内边距
	.capainfcarrusel {
	　　　margin:0px 0px 0px 0px;
	　　　padding:24px 0 18px 30px;
	　　　color:#FFFFFF;
	　　　float:left;
	}	

15.3 在首页中实现菜单的动态效果

在汽车网站首页页头的菜单部分，使用ul和li实现菜单，如图15-9所示，当鼠标移到公司新闻的菜单选项上，出现样式的效果。

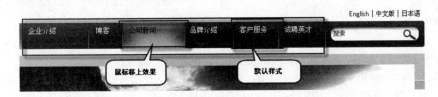

图15-9 菜单动态效果示意图

菜单部分的实现代码如下所示。

```
1.  <div id="menuWeb">
2.   <ul id="ulMenuWeb">
3.   <li id="opcion1" ><a id="aOpcion1" class = "opcion1on">首页</a></li>
4.     <li id="opcion2" ><a id="aOpcion2" class = "opcion2" >企业介绍</a></li>
5.     ……
6.     <!-- //以上菜单代码 -->
7.   </ul>
8.  </div> |
```

在上面代码中，我们对li内部的锚点标记应用伪装，代码如下所示。

```
1. div#menuWeb{margin:0px;   padding:0px; float:left;   position:relative;}
2. div#menuWeb ul#ulMenuWeb{ margin:0px;   padding:0px;}
3. div#menuWeb ul#ulMenuWeb li{display:inline;float:left; line-height:1em;}
4. div#menuWeb ul#ulMenuWeb li a{  /**//div下ul下li中a的默认样式**/
5.       font-family:trebuchet MS;
6.       font-size:0.8em;
7.       color:#ffffff;
8.       text-transform:uppercase;
9.       text-decoration:none;
10. }
11. /****//以上为菜单的默认样式****/
12. div#menuWeb ul#ulMenuWeb li a.opcion1:link,div#menuWeb ul#ulMenuWeb li a.opcion1:visited{
13.       background:#66AB05 url(../img/menu_enopcion1.gif);
14.       padding:7px 3px 0px 13px;
15.       width:5.35em;
16.       height:3.15em;
17.       float:left;
18. }
```

```
19.html:first-child div#menuWeb ul#ulMenuWeb li a.opcion1:link,a.
opcion1:visited{width:5.25em;     height:3.05em; }
20./*******//******/
21.div#menuWeb ul#ulMenuWeb li a.opcion1:focus{
22.      background-image:url(../img/menu_enopcion1_over.gif);
color:#123100;      cursor:pointer;
23.}
24.div#menuWeb ul#ulMenuWeb li a.opcion1:hover,div#menuWeb ul#ulMenuWeb li
a.opcion1:active{
25.      background-image:url(../img/menu_enopcion1_over.gif);
26.      color:#123100;
27.      cursor:pointer;
28.}
29./****//以上引用了类名为opcion1伪类样式*****/
30.div#menuWeb ul#ulMenuWeb li a.opcion1on{
31.      background-image:url(../img/menu_enopcion1_over.gif);
32.      padding:7px 3px 0px 13px;
33.      width:5.35em;
34.      height:3.15em;
35.      float:left;
36.      color:#123100;
37.}
38.html:first-child div#menuWeb ul#ulMenuWeb li a.opcion1on{
39.      width:5.25em;
40.      height:3.05em;
41.}
42./****//以上引用了类名为opcion1on伪类样式*****/
```

请注意在上面代码的第1行，我们通过类选择器来决定菜单是否被选中，hover指定锚点聚焦或者释放标签的行为。

15.4 新车介绍页面

新车介绍页面以图片和文字描述为主介绍新车，新车介绍页面的显示效果如图15-2所示。

15.4.1 新车介绍页面左边列表的DIV

新车介绍页面左边的列表设计，使用了ul和li标签，我们已经对这种方法进行过多次介绍，左边列表的效果如图15-10所示。

图15-10　相关车型列表效果图

上图列表区域包含在ID为decIzquierda的容器内，其中decTituloNivel和decMenuVer这两个DIV容器用来显示标题和列表ul，如下代码所示。

```
1.  <div id="decIzquierda">
2.    <div id="decTituloNivel">
3.     <div class="tituloNivel">
4.      <h2 class="nivel2">新车解码</h2>
5.     </div>
6.    </div>
7.    <div id="decMenuVer">
8.     <div id="menu_izq" style="clear:both;">
9.      <div class="bordesupmenunivel3"> </div>
10.     <ul class="menuVertical3" style="padding-left:0;">
11.      <li class="primero"><a class = "menuNivel2a" href="#" >蝙蝠  Murcielago
LP670-4SV</a></li>
12.      <!--//列表项代码略-->
13.     </ul>
14.     <div class="claseCierre"> </div>
15.    </div>
16.   </div>
17. </div>
```

下面我们给出一个CSS实现代码为例。

```
1.  div#decIzquierda{
2.      position: relative;
3.      float:left;
4.      width: 14.75em;
5.      margin: 0px 0px 20px 0px;
6.  }
7.  div#decTituloNivel {
8.      position: relative;
9.      float:left;
10.     width:236px;
11.     height:3.5em;
12.     margin: -2px 0px 0px 0px;
```

```
13. }
14. div#decMenuVer{
15.     position: relative;
16.     float:left;
17.     width:14.75em;
18.     margin: -2px 0px 0px 0px;        /**//定位*/
19. }
20. div.tituloNivel h2.nivel2{
21.     color: #66ab05;
22.     font-family: "Trebuchet MS", verdana, sans-serif;
23.     text-decoration:none; /**无下划线*/
24.     font-size: 1.5em;
25.     line-height: 25px;   /*行高25像素*/
26.     margin-top: 0px;
27.     margin-bottom: 0px;
28.     font-weight: normal;
29.     text-align:left;
30. }
```

如上代码所示，页面效果实现依然是按照外部容器实现统一标记和定位，包括定位、边框、背景色或文字等；内部容器实现具体项定义，包括每项应用的字体行高、背景色、伪类状态等。

15.4.2 新车介绍页面右边部分的DIV

新车介绍页面右边部分分成两部分，左半部分是汽车介绍，右半部分是汽车图片，如图15-11所示。

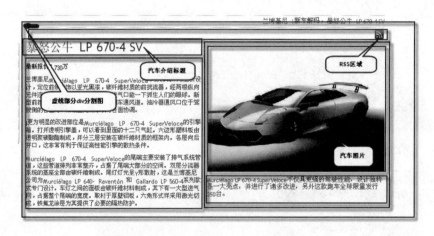

图15-11 新车介绍汽车介绍效果图

实现此部分效果的DIV代码如下所示。

```
1.  <div id="container_contenido">
2.      <div id="botonera_sup">
3.      <div id="imp"></div> <!---//空白边距--->
4.          <div id="rss"> <a id="btnrss" tabindex="1" href="#"> <img src="img/
```

```
btn_rss_small.png" id="brss" alt="Rss" /></a></div><!---//RSS图标--->
5.      </div>
6.      <h1 id="titulo">暴怒公牛 LP 670-4 SV</h1>
7.      <div class="clear"></div>
8.      <div class="dosColumnaIgualIzquierdaContenido">
9.      <div class="seccionContenido">
10.      <p class="justificado"><span class="negrita_texto">最新报价：730万</
span></p>
11.      <p class="justificado">兰博基尼Murciélago LP 670-4 SuperVeloce车身前端
采用全新设计，定位前倾并饰以亚光黑漆……..//略
12.      </div>
13.      <div class="clear"></div>
14.      </div>
15.      <div class="dosColumnaIgualDerechaContenido">
16.      <div class="seccionContenido">
17.      <div class="centrado"><img class="centrada" src="img/001.jpg" alt=""
width="100%" />
18.      <div class="piefotoContenido">Murciélago LP 670-4 SuperVeloce不仅具
更强的驾驶性能，设计独特是一大亮点，并进行了诸多改进，另外这款跑车全球限量发行350台。</div>
19.      </div>
20.      </div>
21.      <div class="clear"></div>
22.      </div>
23. </div>
```

这块区域划分成为三部分，顶端包含虚线分割和rss的容器，左边为新车介绍文章，右边包含新车的图片和文字说明。其中新车介绍使用了class为dosColumnaIgualIzquierdaContenido的CSS，其代码如下所示。

```
1.  .container_contenido{
2.      position:relative;
3.      z-index:13;
4.      background:#ffffff;
5.  }
6.  #botonera_sup{
7.      height:18px;
8.      width:99.8%;
9.      padding-top: 3px;
10.     text-align: right;
11. }
12. .justificado{
13.     text-align: justify !important;
14.     /*margin-bottom:17px;/*1.06em*17px*/
15.     margin:0px 0px 0px 0px;
16.     padding:0px 0px 10px 0px;}
17. .columnaIzquierdaFaldon, .columnacentroFaldon{
18. height:15.13em;      /*233px*/
19. }
20. .negrita_texto{    color: #262626;}
21. .descFaldon{
22.     background-repeat:no-repeat !important;
```

```
23.        position:relative;
24.        float:left;
25.        font-family:Trebuchet MS;
26.        height:11.875em;
27.        text-decoration:none;
28.        width:12.53em;
29. }
30. /**//其他样式略**/
```

上述代码中，主要作用是对右边部分的容器进行定位，例如顶部区域右对齐、顶边距间隔3像素、实际宽度和高度等；这里罗列出来的CSS代码比较多，为了让大家自上而下的看清楚如何编写CSS。我们一般从最外部的父类容器开始编写起，先整体后局部，这个方法一定要牢记。

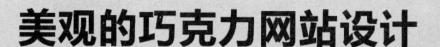

美观的巧克力网站设计 第16章

本章我们将分析一个以巧克力为主题的购物网站，在这个网站的首页中，我们采用四行布局方式，而商品展示页面采用两行布局方式，这种设计上的变化我们可以通过简单地改变CSS样式代码来实现。

这个网站中，大家将看到很多精美绝伦的巧克力图片，这也是本网站的特色，下面我们就一起进入巧克力的世界吧！

16.1　网站页面效果分析

在本章中，我们将介绍首页、产品列表面、产品详细和联系我们页面，并重点讲述其中比较复杂的首页、产品列表页和产品详细页面，其他页面的代码大家可以从与本书配套的下载资源中获取。

这个网站的风格是：第一，将网站Logo放在醒目的位置以突显这家企业的标记，第二，色彩采用多色调，要给浏览者留下足够深的印象，从而使用户记住这家企业，第三，布局简单化，让用户简单明了地看到这个网站有些什么内容，第四，图片精美大方，设计企业网站，那图片就一定要精美大方。

16.1.1　首页效果分析

首页的大致效果如图16-1所示，它是一个四行的布局样式。在第一行里，放置了导航信息。在第二行里，放置的是企业Logo与企业横幅广告。在第三行里，分别用两列来显示"巧克力文化"和"巧克力产品展示"元素，在"产品展示"这一列里，放置的是企业最新的产品。第四行页脚部分，放置版权等信息。

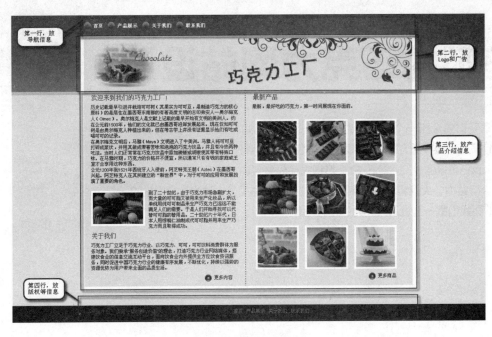

图16-1 首页的效果图

16.1.2 巧克力产品列表页面的效果分析

巧克力产品列表页面采用了三行的样式，其中的页面的页头和页脚与首页相同，而在第二行里，使用了两个DIV，分别放置产品分类信息和产品图片信息，页面效果如图16-2所示。

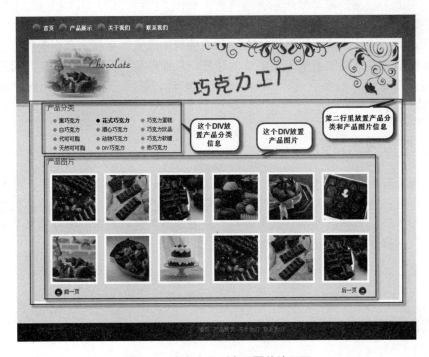

图16-2 巧克力产品列表页面的效果图

16.1.3 巧克力网站的文件综述

在这个网站中，除了包括刚才分析的首页和商品展示页面外，还包括"巧克力详细介绍页面"和"联系我们"页面，而这些页面中所用到图片，都放置在images目录中，文件及其功能如表16-1所示。

表16-1 购物网站文件和目录一览表

模块名	文件名	功能描述
页面文件	index.htm	首页
	gallery.html	巧克力分类展示页面
	details.htm	巧克力详细描述的页面
	contract.htm	联系我们的页面
css文件	style.css	本网站的样式表文件
images目录	之下所有的图片	本网站需要用到的图片

16.2 规划首页的布局

在上一节中，我们已经介绍了将要开发的两个页面的大致结构，本节我们将在规划的基础上完成首页切图的工作。

16.2.1 首页切图

美工根据需求，将构造出psd格式的效果文件，当需求方（比如这里的巧克力网站的用户）感觉满意以后，需要"切割"页面中的素材（比如图片等），以此作为后继开发的原料。

首页需要三类图片：页头的背景图片，页头上的Logo图片和巧克力商品图片，图片切割如图16-3所示。

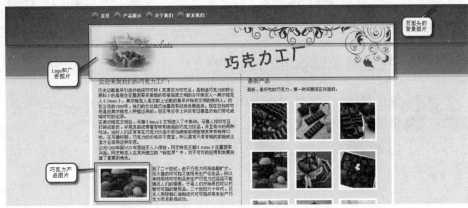

图16-3 首页的切图效果

在页头的背景图片中，由于导航文字以后可能会变多，日后需要适当地调整宽度，这个功能可以通过CSS中的"设置宽度"编码实现。

16.2.2 搭建首页网站导航部分的DIV

我们已经分析了，首页可以分为四行，其中，第一行放置导航信息的页头，它需要包含绿色系的背景图片，页头部分DIV的效果如图16-4所示。

图16-4 首页页头的DIV效果图

实现页头部分的代码如下所示。

```
1.  <div id="top_menu"><!—top_menu的css，指定宽度-->
2.  <ul class="menu"><!—ul的menu 的css，指定高度宽度和边框信息-->
3.   <!—a标记的nav定义了鼠标移动上的效果-->
4.   <li><a href="index.htm" class="nav">首页</a></li>
5.   <li><a href="gallery.html" class="nav">产品展示</a></li>
6.   <li><a href="details.html" class="nav">关于我们</a></li>
7.   <li><a href="contact.html" class="nav">联系我们</a></li>
8.  </ul>
9.  </div>
```

在上面代码的第1行中，DIV通过引用 top_menu这个CSS来指定这个DIV的宽度，并且定义了它的内边距为15个像素（padding:15px;）。

在第2行中，ul引用了menu这个CSS，在这个CSS中有个很重要的属性是"display:inline;"，它能让原本竖列显示的导航栏变成为行显示。

在第4行里，超链使用CSS的方式引入了小图标，并利用超链的鼠标移上去和离开两个属性，使小图标出现了明暗变换的效果，这个效果的实现代码将在后文中讲述。

16.2.3 搭建首页Logo部分的DIV

按照前文的思路，我们还是使用DIV的方式构建首页Logo部分，这部分的效果如图16-5所示，它包括网站Logo和"企业横幅广告"两部分内容。

图16-5 Logo部分的DIV效果图

这部分关键实现代码如下所示。

```
1.  <div id="top_banner"> <!—通过指定宽度高度和背景图片-->
2.    <a href="index.htm"><img src="images/logo.jpg" width="230" height="130"
alt="home" title="logo" border="0" class="logo" /></a>
3.  </div>
```

在第1行中，通过**top_banner**这个CSS，指定了这个DIV的宽度和高度，而且指定了一个与企业Logo颜色相近的背景图片，并使图片右对齐。

这个CSS的代码如下所示，由于在第4行里指定了background为no-repeat，因此背景图片将不会重复拉伸。

```
1.  #top_banner {
2.      width:850px; <!—指定宽度-->
3.      height:130px; <!—指定高度-->
4.      background:url(images/illustr.jpg) no-repeat right; <!—指定背景图片
-->
5.  }
```

在第2行里，则指定了巧克力网站的Logo，并指定了Logo图片的宽度、高度等属性，这个Logo图片使用了ID为logo的CSS，代码如下所示。

```
img.logo { padding-left:15px; }
```

它用来说明Logo图片的内左边距为15个像素。

16.2.4 搭建"巧克力文化"和"巧克力产品"部分的DIV

首页的第三行使用两个大列来分别描述"巧克力文化"和"巧克力产品"展示信息，它用一个大的DIV套两个DIV来实现，效果如图16-6所示。

图16-6 首页第三行元素的设计

从上图中我们看到，这个大的DIV里用了诸多小DIV来描述文章标题、文章内容和巧克力图片等样式，这部分的关键代码如下所示。

```
1.  <!—巧克力文化部分的div，内包含多篇文章-->
2.  <div id="page_content_left">
3.    <div class="title">欢迎来到我们的巧克力工厂！</div>
4.    <div class="content_text">省略文章的内容</div>
5.    省略其他文章的编码
6.    ……
7.  </div>
8.  <!—巧克力图片部分的div -->
9.  <div id="page_content_right">
10.   <div class="title">最新产品</div>
11.   <div class="content_text">最新，最好吃的巧克力，第一时间展现在你面前。</div>
12.   <div class="content_text">
13.     省略巧克力图片和超链部分的内容
14. </div>
```

上述代码可以分成两块，其中第2~7行用嵌套DIV的方式定义文章标题、文章内容等样式。

在第1行的代码中引用了page_content_left，这个CSS中包含了一个很不起眼但是却很实用的属性："border-right:1px #800000 dashed;"，这个属性的意义就是将这个大的DIV右边框的像素定义为1个像素，并设置为虚线（dashed表示设置虚线），这样一来整个页面在视觉上就分为两个部分。

在content_text的CSS代码中，定义了文章的样式，比如字体大小、字体颜色、字体对齐方式和内边距，代码如下所示。

```
1.  .content_text {
2.      font-size:11px; <!—定义字体大小为11个像素-->
3.      color:#333333; <!—定义字体的颜色-->
4.      height:auto; <!—定义字体的高度-->
5.      text-align:justify; <!—定义字体的对齐方式-->
```

```
6.        padding:8px; <!—定义内边距-->
7. }
```

而在第9~14行的代码中，定义了巧克力图片，我们来看一个其中图片实现代码。

```
<a href="details.html"><img src="images/pic/1.jpg" width="100"
height="100" alt="pic" title="pic" class="gallery" /></a>
```

其中用到了gallery这个CSS，它的关键代码如下所示，定义了图片部分的样式。

```
1. img.gallery {
2.        padding:0px; <!—定义内边距-->
3.        margin:8px; <!—定义外边距-->
4.        border:5px #FFFFFF solid; <!—定义图片的边框和颜色-->
5.        float:left; <!—定义浮动方式-->
6. }
```

16.2.5 搭建页脚部分的DIV

首页页脚部分比较简单，包括两个部分的DIV，效果如图16-7所示。

图16-7 页脚部分DIV效果图

这部分的实现代码如下所示。

```
1.  <!—页脚部分的DIV-->
2.  <div id="footer_content">
3.   <!—版权信息部分的DIV-->
4.   <div id="copyrights">&copy;巧克力工厂 保留一切权利 2010 </div>
5.   <!—导航部分的DIV-->
6.   <div>
7.   <ul class="footer_menu">
8.    <li><a href="index.htm" class="nav2">首页</a></li>
9.    <li><a href="gallery.html" class="nav2">产品展示</a></li>
10.   <li><a href="#" class="nav2">关于我们</a></li>
11.   <li><a href="contact.html" class="nav2">联系我们</a></li>
12.   </ul>
13.  </div>
14. </div>
```

第2行的代码引用了footer_conten这个CSS，它定义了整个页脚部分DIV的宽度。

在第4行定义版权信息的DIV中，我们定义了ID为copyrights的CSS，这部分的代码如下所示，它定义了宽度、背景颜色、字体大小、内边距和浮动等效果。

```
1.  #copyrights {
2.        width:350px; <!—定义宽度-->
```

```
3.          color: #666666; <!—定义颜色-->
4.          font-size:10px; <!—定义字体大小-->
5.          float:left; <!—定义悬浮方式-->
6.          padding:10px; <!—定义内边距-->
7.    }
```

而在上面HTML代码的第6~13行中，定义了导航部分的信息，其中nav2这个CSS的作用是定义鼠标移动到导航文字上的效果，这部分的样式代码将在下文中详细讲述。

16.2.6 首页CSS效果分析

在前面描述DIV的时候，已经分析了部分CSS的代码，本小节我们将用表格的形式描述首页中其他CSS的效果，如表16-2所示。同样地，对于同类CSS效果，我们将只分析一次。

表16-2 首页DIV和CSS对应关系一览表

DIV代码	CSS描述和关键代码	效果图

<div id="main_content">	定义DIV的背景色、宽度和高度，并设置此DIV边框的宽度为8个像素
	#main_content {
	width:850px;
	height: auto;
	margin:auto;
	background-color:#f7f2ee;
	border:8px #FFFFFF solid;
	}	

<div id="page_content_left">	定义文字是左对齐的
	#page_content_left {
	width:400px;
	height:auto;
	float:left;
	......
	}	

<div class="link_more"><a href="gallery.html"> 更多内容</a></div>	当鼠标移开时，文字下划线消失
	.link_more a {
	......
	text-decoration:none;
	......
	}
	当鼠标移上去时，文字会出现下划线
	.link_more a:hover {
	text-decoration:underline;
	}	

16.3 利用CSS样式完善首页效果

在首页中，CSS代码的效果主要体现为鼠标悬浮效果，即实现鼠标放上去和移开有不同效果这种功能。

16.3.1 首页页头的CSS效果

首页页头上CSS的效果如图16-8所示。

为了实现这个效果，我们需要在DIV中引入CSS的ID，代码如下所示。

图16-8 页头CSS实现的动态效果

```
1.  <ul class="menu">
2.    <li><a href="index.htm" class="nav">首页</a></li> <!--引入nav这个CSS-->
3.    <li><a href="gallery.html" class="nav">产品展示</a></li>
4.    <li><a href="details.html" class="nav">关于我们</a></li>
5.    <li><a href="contact.html" class="nav">联系我们</a></li>
6.  </ul>
```

随后，我们在style.css文件中定义这个效果，代码如下所示。

```
1.  a.nav:link, a.nav:visited { <!-- 鼠标移开-->
2.   省略其他代码
3.   ……
4.       background:url(images/bt_bg.jpg) no-repeat left;
5.  }
6.  a.nav:hover {<!-- 鼠标移上去 -->
7.   省略其他代码
8.   ……
9.       background:url(images/bt_bg_a.jpg) no-repeat left;
10. }
```

通过上述的代码，我们定义了首页导航栏的样式，第1行定义鼠标移开的效果；重点是在第四行，当鼠标移开时，这个超链的背景图是第4行定义的bt_bg.jpg，并且显示在这个超链的左边，没有拉伸（其中"no-repeat"就是对应的不拉伸属性）。

第6行定义鼠标移上去时的效果，重点是在第9行，鼠标移到超链上时，这个超链的背景图是第9行定义的bt_bg_a.jpg，并且图片位于这个超链的左边，没有拉伸。

从上面分析可以看出，在实现图片变换效果的时候，使用CSS是最方便的实现方法。

16.3.2 定义首页页脚的CSS效果

首页页脚的文字需要有鼠标移上去变色的效果，如图16-9所示。

图16-9 页脚上CSS实现的动态效果

为了实现上图的效果，我们在代码中引用了CSS，代码如下所示。

```
1.  <div>
2.    <ul class="footer_menu">
3.     <li><a href="index.htm" class="nav2">首页</a></li>
4.     ……
5.    </ul>
6.  </div>
```

其中第2行代码引用了footer_menu这个CSS属性以保证导航栏的行显示，这个CSS属性在上文中已经介绍过了，这里就不再重复说明了。

然后我们在style.css文件中定义这个效果，其代码如下所示。

```
1.  a.nav2:link, a.nav2:visited {<!-- 鼠标移开-->
2.      省略其他代码
3.      ……
4.      color: #999999;
5.  }
6.  a.nav2:hover {<!-- 鼠标移上去 -->
7.      省略其他代码
8.      ……;
9.      color:#000000;
10. }
```

在上述代码中，我们定义了页脚的超链样式，代码的重点是第4行和第9行，当鼠移开时（visited）字体颜色是#999999，当鼠标移上去时（hover）字体颜色是#000000。

在使用文字超链时，可以使用这样的CSS效果来渲染，可以使页面看起来有动态的效果，并使页面看起来更加的丰满。

16.4 产品列表页面

在产品列表页面中，将使用图片的方式展示巧克力，以激发起访问者的购买欲望，本节我们将只给出该页面的特点，与首页相同部分就不再分析了。

16.4.1 产品列表页面分类部分的DIV

产品列表页面的分类部分需要实现如下的特色：第一，整齐排列产品展示图，这个可以通过DIV布局的方式实现；第二，需要产品分类，并且当鼠标移动到分类上时，出现亮点，页面效果如图16-10所示。

图16-10 CSS效果展示

上图分类使用三列的显示方法，每列都显示了四个分类，其中一个分类的实现代码如下所示。

```
1.  <div class="details">
2.    <ul class="services">
3.     <li><a href="#" class="nav_services">黑巧克力</a></li>
4.     ……
5.    </ul>
6.  </div>
```

要实现其他三个分类的代码，同样的DIV和同样的CSS代码写三次就行了，这里为了节省篇幅，只给出一个分类的实现代码。在实现时，通过第3行引用ID为nav_servides的CSS，实现小黑点变亮这个效果，CSS部分的实现代码如下所示。

```
1.  a.nav_services:link, a.nav_services:visited {<!-- 鼠标移开 -->
2.        省略其他代码
3.   ……
4.        background:url(images/bullet.png) no-repeat left;
5.  }
6.  a.nav_services_a {<!-- 鼠标移上去 -->
7.        省略其他代码
8.   ……
9.        background:url(images/bullet_a.png) no-repeat left;
10. }
```

上述代码中所实现的效果与页头的效果是一样的，这里要注意的就是变换的图片，不能使用前面的图片，而是改用这个小圆点图片。

请大家关注第4和第9行的background代码，这两行引用的图片URL不同，但都采用了不拉伸（no-repeat）的样式。

16.4.2 产品列表页面产品部分的DIV

产品列表页面产品部分可以说是网站的精华所在，它使用了精美的巧克力图片，吸引住访问者，这部分的效果如图16-11所示。

图16-11 产品列表页面图片展示效果

实现这个效果的关键代码如下所示。

```
1.  <div class="content_text">
2.    <a href="details.html">
3.      <img src="images/pic/1.jpg" width="100" height="100"  alt="pic"
title="pic" class="gallery" />
4.    </a>
5.    ……
6.  </div>
```

产品列表中图片能够自动换行并且排列整齐主要就在于 <div class=" content_text" >语句中引用的CSS，实现效果代码如下所示。

```
1.  .content_text {
2.        ……
3.        text-align:justify;<!-- 两端对齐 -->
4.        ……
5.  }
```

在上述代码中，第3行定义图片对齐显示的关键，它的作用就是使图片自动对齐并换行。而图片出现的相框效果则是由以下CSS代码实现的。

```
1.  img.gallery {
2.        ……
3.        border:5px #FFFFFF solid; <!-- 图片边框为5像素,边框颜色为白色 -->
4.        ……
5.  }
```

在上面代码的第3行里，通过指定border宽度为5个像素的方式，实现了相框的效果。如果日后要使相框变粗，或者是采用其他的颜色，可以通过修改上面第3行的代码实现。

16.5　产品详细页面

产品详细页面是比较简单的页面，我们就不做详细分析了，下面简单介绍一下这个页面。

这个页面其实与首页相差不多，它们都有一样的导航部分和页脚部分，我们直接来看这个页面的主体部分，如图16-12所示。

图16-12　产品详细页面图片展示效果

从上图可以看出，这个产品详细页面其实就是由一个大的DIV和里面的两个小DIV组合而成的，而且它的组合方式与网站首页的组合方式是一样的。

要注意的是，左边DIV上面部分就是一张图片，所以选图的时候一定要注意，不能选过小或过大的图片而导致图片的失真或拉伸，影响页面的美观。

火爆的三国杀桌面游戏网站

桌面游戏也叫"不插电"游戏，是一种面对面的游戏，非常强调玩家之间的交流，因此，桌面游戏是家庭休闲、朋友聚会、甚至商务闲暇等多种场合的最佳沟通方式。三国杀是桌面游戏里的一种，当前非常火爆，本章将要分析一个综合介绍三国杀的游戏网站。

这个网站包含了游戏网站的大多数要素，通过修改，本网站能轻易地变化成包含游戏介绍、游戏攻略、游戏主题活动等内容的游戏主题网站。

17.1 网站页面效果分析

本网站主要介绍三国杀游戏，它包含了"三国杀游戏介绍"、"三国杀攻略"和"三国杀主题活动"等游戏相关的信息内容。

为了更好地吸引访问者，这个网站需要用足够的图片来点缀网页，而且需要开设"玩家互动"功能区，通过玩家发表的文章和图片，增加网站的吸引力。

在本章中，将着重分析"三国杀游戏首页"和"三国杀卡牌介绍"页面的设计样式，而第三个"玩家风采"页面，它的风格和前两个页面非常相似，所以就不再分析了。

17.1.1 首页效果分析

三国杀游戏网站的首页包含比较多的要素，包括"游戏攻略区"、"游戏视频区"、"壁纸下载区"和"玩家讨论区"等内容。

这里我们采用四行的设计样式。在第一行里，放置网站Logo图标、导航菜单和搜索模块。在第二行里，放置本网站的主题图片，这里可以放广告，也可以放置本网站的招牌。第三行是本网站的主体，其中用了多个DIV，放置"玩家视频"、"游戏攻略"和"玩家讨论区"等内容。而在最后一行里，将放置页脚的导航菜单。

首页的样式如图17-1所示，总体上，用色彩协调搭配一些图片，加上丰富的介绍性文字，突出网站的特点。

图17-1 首页的效果图

17.1.2　三国杀卡牌介绍页面的效果分析

在这个游戏网站中，包含很多介绍性的文字，比如介绍规则、三国杀的卡牌或者游戏攻略。这里我们通过三国杀卡牌介绍页面，来说明本网站中"信息介绍"类网页的布局方式。

这个页面采用三行样式，其中，第一行的页头和第三行的页脚样式与首页是完全一致的。而在第二行里，放置的是本页面的主体内容，即卡牌介绍页面，这个页面主体部分的样式如图17-2所示，与首页完全相同的页头页脚我们就不再展示。

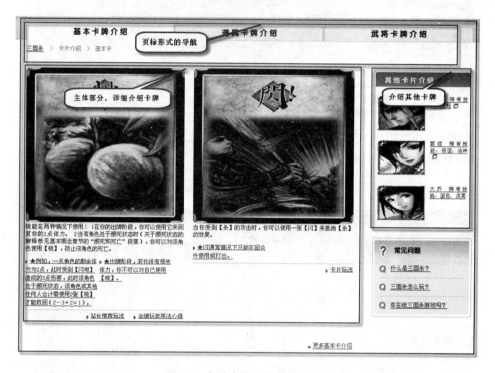

图17-2 卡牌介绍页面的效果图

17.1.3　网站文件综述

这个页面的文件部分是比较传统的，用images、css和js三个目录分别保存网站所用到的图片、CSS文件和JS代码，文件及其功能如表17-1所示。

表17-1 电影网站文件和目录一览表

模块名	文件名	功能描述
页面文件	index.htm	首页
	category.htm	描述三国杀卡牌目录的页面
	incheader.html	描述三国杀卡牌目录的页面
styles目录	之下所有扩展名为css的文件	本网站的样式表文件
js目录	之下所有扩展名为js的文件	本网站的JavaScript脚本文件
images目录	之下所有的图片	本网站需要用到的图片

17.2 规划首页的布局

首页中包含的文字图片比较多，虽然使用了四行布局方式，但也是要细致地规划一下，本节我们主要分析首页中许多重要DIV的实现方式。

17.2.1 搭建首页页头的DIV

首页的页头部分，包含了Logo图标、导航菜单和搜索模块三大部分，效果如图17-3所示。

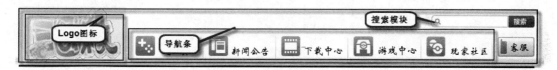

图17-3 首页页头的DIV设计图

实现页头部分的关键代码如下所示。

```
1.  <div id="header" class="grandtop">
2.    <div class="clearfix">
3.    <h1 class="logo"><a href="#"> <!---Logo图片->
4.      <img src="images/header/logo.jpg" " width="198" height="103" /></a>
5.    </h1>
6.    <div class="sub">
7.     <ul class="clearfix">
8.      <li>
9.         省略搜索部分的代码
10.     </li>
11.    </ul>
12.   </div>
13.   <div class="gnav">
14.    <ul class="clearfix">
15.     <!—这里是一个导航图片-->
16.     <li><a href="index.html">
17.        <img src="images/gnav/game_def.gif" width="130" height="50"/>
18.       </a>
19.    </li>
20.       省略其他导航图片
21.    </ul>
22.   </div>
23.  </div>
24. </div>
```

在上述代码的第3行里，放置了页头的Logo图片，在第6~12行里，用一个DIV定义了"搜索模块"的效果，在第13~19行，定义了一个图片格式的导航菜单，在页头上，有4个图片形式的导航菜单，由于代码与第一个导航菜单代码非常相似，所以就不再重复贴出。

在上述代码第3行里，定义了Logo图标的样式、悬浮方式和宽度，这部分的关键代码如下所示。

```
1.  #header h1.logo,
2.  #header p.logo{
3.      float:left;  //定义悬浮方向
4.      width:180px; //定义宽度
5.  ......
6.  }
```

而在第13行里，我们定义了图片格式导航菜单的样式gnav，每个CSS定义了图片导航菜单是右对齐的，关键代码如下所示。

```
1.  #header div.gnav{
2.      float:right; //定义悬浮方向
3.      width:670px; //定义宽度
4.  }
5.  #header div.gnav ul{
6.      float:right; //定义悬浮方向
7.      padding-right:10px; //定义页内边距
8.  }
```

17.2.2 搭建标题性图片区域部分的DIV

图片区域不仅可以放广告，也可以放置能体现网站风格的、三国杀游戏的图片，这部分的代码非常简单，它通过DIV里图片的宽度和高度，定义图片的大小，代码如下所示。由于比较简单，所以这部分就不给出截图了。

```
1.  <div>
2.  <a href="index.html" target="_blank">
3.    <img src="images/img4.jpg" width="950" height="280" />
4.  </a>
5.  </div>
```

17.2.3 搭建"玩家视频"部分的DIV

在首页中，除了使用图片，还能使用视频的方式播放动态的效果，这部分的效果如图17-4所示，它的样式是用一个大的DIV套若干个小的DIV。

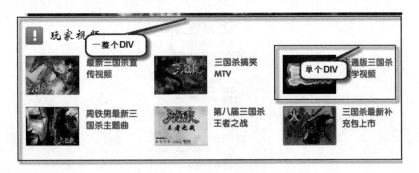

图17-4　玩家视频部分的DIV

这部分的关键代码如下所示。

```
1.  <div id="mainArea">
2.    <h2 class="hImg">
3.      <!—定义玩家视频的图片-->
4.      <img src="images/h2_pickup.gif" width="700" height="33" />
5.    </h2>
6.    <div class="index05">
7.     <ul>
8.      <li><a href="#" target="_blank">
9.       <img src="images/pickup/thumb01.jpg" alt="" width="100" height="71"
/>
10.    <div>
11.      <p><img src="images/pickup/ttl01.gif" /></p>
12.    </div>
13.   </a></li>
14.    省略定义
15.   </ul>
16.  </div>
```

这里使用图片显示所有的文字效果，在第4行里放置了显示"玩家视频"文字的图片，从第7~15行，使用ul和li的方式定义了视频图片。

请注意在包含视频图片的第6行的DIV里，引入了ID为index05的CSS样式，它的关键代码如下所示，它不仅定义了DIV的宽度，还定义了这个DIV外边框的一些属性。

```
1.  #mainArea div.index05 ul li{
2.      width:220px; //定义宽度
3.      ......
4.      vertical-align:top; //将元素的行内框的顶端与行框的顶端对齐
5.      margin-bottom:20px; //设置这个DIV的下外边距
6.      margin-left:20px; //设置这个DIV的左外边距
7.  }
```

17.2.4　搭建"游戏攻略"部分的DIV

在"游戏攻略"部分的DIV中，放置一些热门攻略的标题，是一个图片带文字部分的效果，如图17-5所示。

图17-5 玩家攻略部分的DIV

这部分的关键代码如下所示。

```
1.  <div id="rightArea">
2.   <p class="newsBtn"><a href="#">
3.    <!--放置攻略抬头图片-->
4.     <img src="images/rightarea/btn/news_new_def.gif" width="210"
height="35" />
5.    </a></p>
6.    <div id="funclubArea">
7.     <ul>
8.      <li isimg="false">
9.       <a title="攻略标题" href="#" target="_blank">攻略标题</a></li>
10.    </ul>
11.   </div>
```

其中，在第4行里，用图片的方式定义攻略的抬头图片，而在第9行里，用li的方式定义攻略的标题。在第2行里，用newsBnt的CSS，定义了"NEW"这个按钮的宽度，代码如下所示。

```
1.  #rightArea p.newsBtn{
2.      width:210px; //定义宽度
3.  }
```

而在第6行里，通过funclubArea，定义这个DIV的外部底端边距是10个像素，funclubArea的代码如下所示。

```
1.  #rightArea #funclubArea{
2.      margin-bottom:10px;
3.  }
```

17.2.5 搭建"玩家讨论区"部分的DIV

在首页中，需要使用一定的篇幅，显示玩家对三国杀游戏的评论和留言，这部分的样式如图17-6所示。

图17-6 玩家讨论区的DIV效果图

这部分的关键代码如下所示，其中，从第4~7行的位置，用ul和li的方式设置多个分页标签，而从第10行开始，用table的方式放置每一个帖子。

```html
1.  <div class="section">
2.    <div class="tabIndex" id="newsTabIndex">
3.     <!--设置分类页签-->
4.      <ul class="tab tabs-nav">
5.     <li><a href="#tabCAll" class="tabAll"><span>全部</span></a></li>
6.      省略其他li格式的页签
7.     </ul>
8.     <div class="tabs-container" id="tabCAll">
9.      <div class="newsList">
10.      <table border="1" cellspacing="0">
11.       <tbody>
12.        <!--讨论区里的一个-->
13.        <tr class="first">
14.         <th>2010/4/15</th>
15.         <th> </th>
16.         <td><a href="index.html" target="_blank">
17.          平衡世界的二度拓展</a></td>
18.        </tr>
19.        <!--省略其他帖子-->
20.       </tbody>
21.      </table>
22.      </div>
23.      <p class="more"><a href="#">更多</a></p>
24.     </div>
```

17.2.6 搭建"壁纸下载"等部分的DIV

在首页中，有"壁纸下载"、"经典战局"和"风靡三国杀"三部分的主题区域，这三部分的风格与"玩家视频"部分非常相似，下面是效果图，如图17-7所示。

图17-7 三大主题区的效果图

在首页的右边，放置着若干个"壁纸下载"模块，这个模块的样式其实也是一个大DIV套诸多小DIV，效果如图17-7所示。这部分的关键代码如下所示，它定义了"壁纸下载"部分的页面效果，而另外两个主题模块由于代码样式很接近，这里就不再重复分析了。

```
1.  <div class="join">
2.   <h2 class="hImg"><a href="#/">
3.    <img src="images/h2_join.gif" width="340" height="36" /></a></h2>
4.    <div class="index02">
5.     <ul>
6.      <li>
7.       <div>
8.        <div align="center"><a href="#" target="_blank">
9.             <img  src="images/thumb_join01.jpg" alt="" width="160"
height="113" />
10.        <span>诸葛亮</span> </a> </div>
11.       </div>
12.      </li>
13.      <li>
14.       <div>
15.        <div align="center"><a href="#" target="_blank"><img src="images/
thumb_join02.jpg" alt="" width="160" height="113" />周瑜</a> </div>
16.       </div>
17.      </li>
18.     </ul>
19.     <p class="more"> <a href="#">更多</a> </p>
20.    </div>
21.   </div>
22.   省略"经典战局"和"风靡三国杀"部分的主题模块
```

17.2.7　搭建页脚部分的DIV

这个网站的页脚部分比较传统，它放置了一些导航信息，效果如图17-8所示。

图17-8　页脚部分的DIV

这部分关键的实现代码如下所示，代码比较简单，这里就不再分析了。

```
1.  <div id="footer">
2.   <div class="fPad clearfix">
3.    <ul>
4.    <!—回到首页部分的导航菜单-->
5.    <li>
6.      <a href="index.html">
7.       <img src="images/footer/btn_shop.gif" width="82" height="38" />
8.      </a>
9.    </li>
10.   <!—省略其他内容，比如关于我们，法律条款部分的导航菜单-->
11.   </div>
12. </div>
```

17.2.8　首页CSS效果分析

在前面描述DIV的时候，已经讲述了部分CSS的代码，本小节我们将用表格的形式描述首页中其他CSS的效果，如表17-2所示。

表17-2　首页DIV和CSS对应关系一览表

DIV代码	CSS描述和关键代码	效果图

<div class="clearfix">	定义了在此DIV中导航栏不会出现换行
	.clearfix{
	　　　　display:inline-table;
	　　　　min-height:1%;
	}
		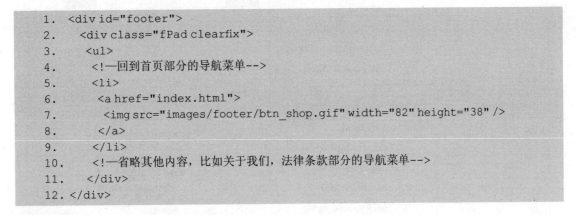

<div id="funclubArea">	定义DIV中的文字自动对齐
	#rightArea ul li:after{
	　　　　content:" . ";
	　　　　display:block;
	　　　　clear:both;
	　　　　visibility:hidden;
	}	

（续表）

DIV代码	CSS描述和关键代码	效果图

`<div class="index05">`	定义了DIV中的图片每3个便自动换行
	`#mainArea div.index05 ul li{`
	    `width:220px;`
	    `display:-moz-inline-box;`
	    `display:inline-block;`
	    `/display:inline;`
	    `/zoom:1;`
	    `vertical-align:top;`
	    `margin-bottom:20px;`
	    `margin-left:20px;`
	`}`	

`<h2 class="hImg">`	定义此图片与各边距的距离
	`#mainArea h1.hImg{`
	    `margin-top:-4px;`
	    `_margin-top:0;`
	    `padding-top:0;`
	    `background:none;`
	`}`	

`<p class="more">`	定义了可多次重复使用的小图标CSS（三角小箭头）
	`p.more a{`
	    `background:url(../images/icn_r.gif) no-repeat 0 0.4em;`
	    `padding-left:10px;`
	    `margin-left:20px;`
	`}`	

`<a href="#tabCGame" class="tabGame">`	鼠标停留与离开使标签显示不同的效果
	`#mainArea div.tabIndex ul.tab li a.tabGame{`
	    `width:74px;`
	    `background:url(../images/game.gif) no-repeat;`
	`}`	

（续表）

DIV代码	CSS描述和关键代码	效果图

\<div id="footer"\>	定义页脚的背景图并横向拉伸
	#footer{
	　　　　position:absolute;
	　　　　url(../images/bg.gif)
	repeat-x;
	　　　　text-align:center;
	}
		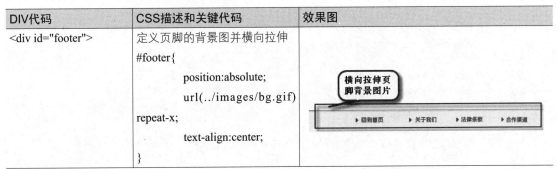

17.3　首页讨论区部分的链接效果

在首页的"玩家讨论区"中，访问者能通过单击分类的链接，进入到对应的主题页面中，如图17-9所示。

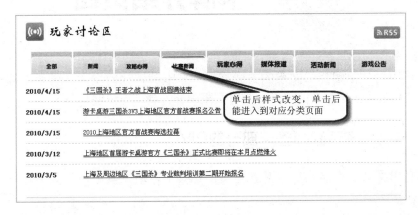

图17-9　玩家讨论区部分的导航效果

我们先来看一下分类导航条部分的关键代码，代码如下所示。

```
1.   <ul class="tab tabs-nav">
2.      <!—导航菜单，这里导航到tabAll-->
3.      <li><a href="#tabCAll" class="tabAll"><span>全部</span></a></li>
4.      <!—导航菜单，这里导航到tabCGame-->
5.      <li><a href="#tabCGame" class="tabGame"><span>新闻</span></a></li>
6.      省略其他导航菜单
7.   </ul>
```

请注意第3行的位置，是用#tabCall的方式定义导航的目标链接。

然后再关注一下目标部分的代码，其中放置了该类主题下的讨论文章，代码如下所示。

```
1.  <div id="tabCGame" class="tabs-hide tabs-container">  <!—请注意这里的
tabCGame-->
2.    <div class="newsList">
3.     <table border="1" cellspacing="0">
4.      <tbody>
5.       <tr class="first">
6.        <th>2010/4/15</th>
7.        <th> </th>
8.        <td>
9.         <a href="#">《三国杀OL》玩家问卷调查，丰厚奖励等你拿！</a></td>
10.       </tr>
11.        省略其他的讨论文字
12.      </tbody>
13.     </table>
14. </div>
```

请注意上面代码的第1行，使用了ID为tabCGame的CSS，这和上文中对应的导航链接是一致的，因此能实现导航效果。

17.4　卡牌介绍页面

卡牌介绍页面使用图片加文字的方式展示一些卡牌，让网友对三国杀游戏有更详细了解。本节我们将只给出该页面的特点，与首页相同部分就不再说明。

17.4.1　卡牌介绍页面标签卡部分的DIV

标签卡部分需要重点展示的当然就是当前标签卡，所以其颜色与其他标签卡会有所不同，如图17-10所示。

图17-10　标签卡部分的DIV效果展示

在上图中，使用了不同的图片展示出了这一效果，实现代码比较简单，这里就不再做详细说明了。

17.4.2　卡牌介绍页面左边部分的DIV

卡牌页面左边部分的DIV其实就是由一个DIV里嵌套了一个ul组成的，由于外围部分比较简单，下面就直接介绍嵌套的内容，如图17-11所示。

上图中，主要样式便是这嵌套的ul了，其代码如下所示。

这个嵌套的ul使得图框中的字体自动排列，而在这个效果的左边其他部分中，其样式与上面相同这里就不再做详细说明了。

```
1.  <ul class="inlineList clearfix">
2.   <li><a href="#" class="linkRight">★例
如，一名角……</a></li>
3.   <li><a href="#" class="linkRight">★出
牌阶段，若……。</a></li>
4.  </ul>
```

图17-11　嵌套ul效果展示

17.4.3　卡牌介绍页面右边部分的DIV

卡牌介绍页面右边部分其实是分成两部分的，但是由于比较简单，这里就一次介绍完吧，其效果如图17-12所示。

从图中可以看出，右边部分的样式比较简单，它由上下两部分组成的，并且没有什么需要特别注意的地方，这里就不再做详细分析了。

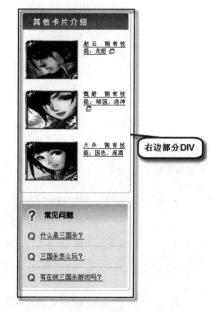

图17-12　活动右边部分展示效果

第18章 布局经典的设计公司网站

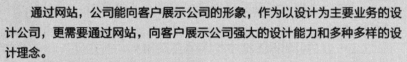

通过网站，公司能向客户展示公司的形象，作为以设计为主要业务的设计公司，更需要通过网站，向客户展示公司强大的设计能力和多种多样的设计理念。

这类公司网站的功能未必要很复杂，也未必要有太多的文字叙述，但一定要有如下的要素：第一是通过精美的设计案例，来向客户展示公司强大的实力，第二是要通过文字和图片展示公司的经营范围。当然，公司的联系方式也是必不可少的。下面，我们就来分析一下这类网站的实现方式。

18.1 网站页面效果分析

在本章中，将着重分析设计公司网站的首页和"设计理念"页面的设计样式，而"作品展示"页面风格比较简单，所以就不再说明了。

18.1.1 首页效果分析

设计公司网站的首页布局是非常经典的，它采用了四行的样式，其中，第一行里放置"关于我们"，"首页"等导航条和Logo图片。第二行里，放置企业简介的部分内容，让浏览者刚进入网站就对企业有个大致的了解。在第三行里，放置网站的"成功案例"、"我们的观点"、"我们的设计理念"三个部分内容。在第四行里放置的就是部分导航和版权相关信息。

由于首页的篇幅较长，所以我们通过两个图来展示整体样式，在图18-1中，展示了上半部分前2行的样式，而在图18-2中，展示了后2行的效果。

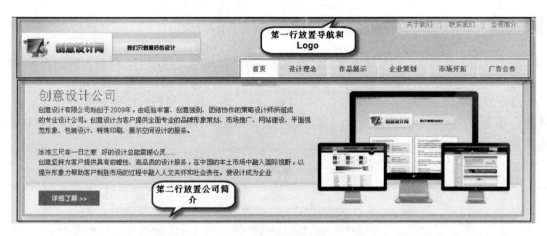

图18-1　首页前2行的效果图

图18-2　首页后两行的效果图

18.1.2 设计理念页面的效果分析

在设计理念页面中，将放置网站设计方向的内容，比如有哪些服务、最新发表的一些文章等内容，通过这个页面，阅读者能看到某一项服务的详细内容和着个服务的部分成功案例。

这个页面也是采用了四行样式，其中，第一行、第二行和第四行的样式和首页是完全一致的，都是页头和页脚，而在第三行里，包括服务导航加详细内容组成的模块，图18-3中只给出了第三行的效果。

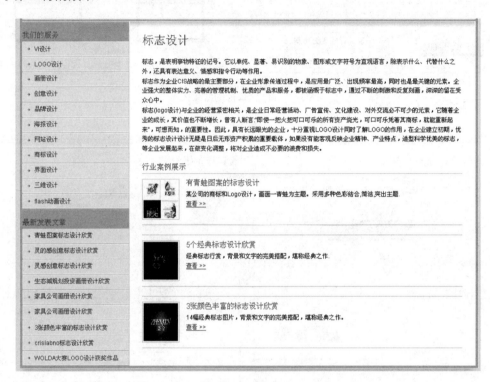

图18-3 设计理念页面的效果图

18.1.3 网站文件综述

这个页面的文件部分是比较传统的，用img、css和js三个目录分别保存网站所用到的图片、CSS文件和JS代码，文件及其功能如表18-1所示。

表18-1 设计公司网站文件和目录一览表

模块名	文件名	功能描述
页面文件	index.html	首页
	webdesign.html	设计理念页面
	list.html	成功案例页面
css目录	之下所有扩展名为css的文件	本网站的样式表文件
js目录	之下所有扩展名为js的文件	本网站的JavaScript脚本文件
img	之下所有的图片	本网站需要用到的图片

18.2　规划首页的布局

因为需要搭建一个既经典又有特色的网站，所以设计公司网站的首页就比较重要了，下面，我们就来依次讲述其中重要DIV的实现方式。

18.2.1　搭建首页页头的DIV

首页页头部分是比较重要的部分，它包括网站Logo部分和网站的导航部分，这部分的效果如图18-4所示。

图18-4　首页页头设计分析图

页头的关键代码如下所示。

```
1.  <div class="holder">
2.   <div class="header">
3.   <!-- Logo部分 ->
4.   <div class="logo">
5.    <div id="flashcontent">
6.     <a href="#"><img src="img/logo.png" border="0" /></a></div>
7.   </div>
8.   <!-- 上导航部分 -->
9.   <div class="topmenu">
10.   <ul>
11.    <li class="topmenu_l"></li>
12.    <li><a href="#">关于我们</a></li>
13.    <li class="break"></li>
14.    <li><a href="#">联系我们</a></li>
15.    ……
16.   </ul>
17.  </div>
18.  </div>
19.  <!-- 下导航部分 -->
20.  <div class="menu">
21.   <ul>
22.    <li class="left"></li>
23.    <li class="break"></li>
24.    <li class="select"><a href="index.html">首页</a></li>
25.    <li class="break"></li>
26.    <li><a href="webdesign.html">设计理念</a></li>
```

```
27.      <li class="break"></li>
28.      ……
29.    </ul>
30.  </div>
31. </div>
```

其中，第12行、第23行、第27行等都引用了同一个名叫break的CSS，在这个CSS中没有定义字体的大小，因为其中没有用到文字，只是以背景图片作为分割符把导航分割开来，其代码如下所示。

```
1.  .topmenu ul li.break {
2.      float : left; <!—左对齐 -->
3.      background-image : url(../img/topmenu_break.png); <!—引用背景图片 -->
4.      background-position : left top; <!—左对齐 -->
5.      background-repeat : no-repeat; <!—无拉伸 -->
6.      line-height : 0;
7.      font-size : 0;
8.      width : 31px;
9.      height : 31px;
10. }
```

18.2.2 搭建"企业简介"部分的DIV

在第2行里，是通过一个大的DIV包含网站简介和网站广告，这部分的效果如图18-5所示。

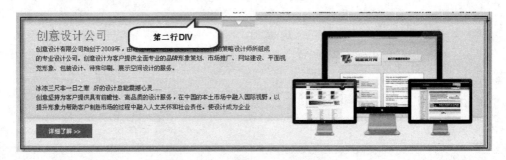

图18-5 企业简介部分的DIV效果图

这部分的关键代码如下所示，由于比较简单，这里就不做分析了。

```
1.  <div class="moodbar">
2.    <div class="moodbar_text">
3.      <h2>创意设计公司</h2>
4.      创意设计有限公司始创于2009年，……<br />
5.      <br />
6.      冰冻三尺非一日之寒 .好的设计总能震撼心灵……<br />
7.      创意坚持为客户提供具有前瞻性、……<br />
8.      <a href="#">
9.       <img width="113" height="27" border="0" src="img/1266933661_meerinfo.gif" style="padding: 22px 0pt 0pt;" /></a>
```

```
10.    </div>
11.    <img width="921" height="241" src="img/1267014266_Moodbar_Homepage.
jpg" />
12. </div>
```

18.2.3 搭建"优秀网站案例"部分的DIV

首页正文部分其实是由两列组成的，其中第一列又分为上部分和下部分，"优秀网站案例"部分位于上部分，其效果如图18-6所示。

图18-6 优秀案例部分DIV的效果图

优秀网站案例部分的实现代码如下所示。

```
1.  <div class="box">
2.      <div class="box_t"></div>
3.      <div class="box_m">
4.      <div class="box_tekst">
5.      <h2 style="margin: 0pt 0pt 7px;">优秀网站案例:</h2>
6.          我们把艺术的灵感，以创意性的"思维、触感"创造出与市场相结合时的最佳切合点，专
业地实现企业品牌文化的提升，创造出悦心的视觉文化。<br />
7.          <br />
8.      <div class="portfolio">
9.      <div id="s1"><img width="376" height="186" alt="1001gedichten.jpg"
src="img/1268216614_1001gedichten.jpg" />
10.                                   <img width="376" height="186"
alt="123krabbels.jpg" src="img/1268216614_123krabbels.jpg" />
11.                          ……</div>
12.      </div>
13.      <br />
14.      <div style="text-align: right;">
15.                          <a href="#">
16.                          <img width="122" height="27" border="0"
src="img/1267000212_naardeportfolio.gif" style="padding: 17px 3px 0pt 0pt;" />
17.                      </a></div>
18.      </div>
```

```
19.      </div>
20.      <div class="box_b"></div>
21. </div>
```

在这部分代码中，主要注意的就是第2行和第20行，它们各自引用了不同的CSS，分别是box_t和box_b，正是这两个CSS定义了这个DIV的边框，使得它和其余的DIV区分开来。

18.2.4 搭建"我们的观点"部分的DIV

我们的观点部分位于首页第一列的下半部分，这部分的样式如图18-7所示。

下面给出这个部分的关键实现代码，这部分的整体布局和上部分是相同的，而它的详细内容部分比较简单，这里就不再做详细说明了。

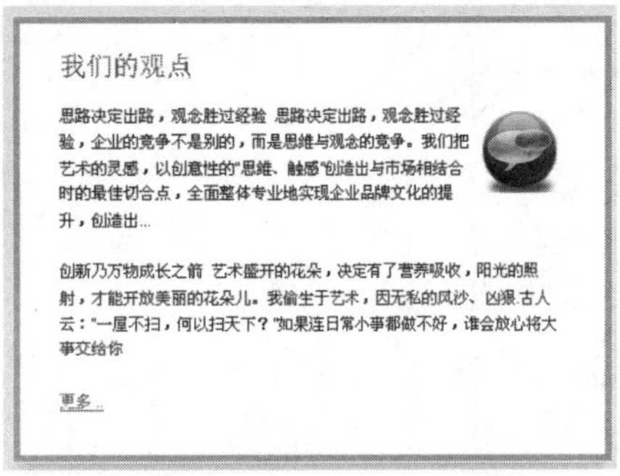

图18-7 我们的观点部分的效果

```
1.  <div class="box">
2.      <div class="box_t"></div>
3.      <div class="box_m">
4.       <div class="box_tekst">
5.        <h2>我们的观点</h2>
6.            <img width="70" vspace="5" height="61" align="right"
src="img/1268320543_wie_is1.jpg" /> 思路决定出路，观念胜过经验……
7.   <br /><br />
8.        /><br />
9.        <a href="#">更多...</a></div>
10.     </div>
11.     <div class="box_b"></div>
12.    </div>
13. </div>
```

18.2.5 搭建"我们的设计理念"部分的DIV

在我们的设计理念部分中，其外框部分和前两个部分是一样的，在内部是包含了几个不同的文字描述，这部分的效果如图18-8所示。

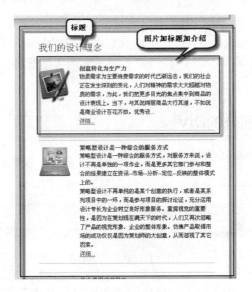

图18-8 我的设计理念部分的DIV效果图

这部分的关键代码如下所示。

```
1.  <div class="boxen_split">
2.     <div class="box">
3.      <div class="box_t"></div>
4.      <div class="box_m">
5.       <div class="box_tekst">
6.        <h2>我们的设计理念</h2>
7.        <table width="386" cellspacing="0" cellpadding="0" border="0">
8.         <tbody>
9.          <tr>
10.          <td width="90" valign="top" align="left" style="padding: 10px 0pt;
border-top: 1px solid rgb(222, 222, 222); border-bottom: 1px solid rgb(222, 222,
222);">
11.              <img width="70" vspace="5" height="74" style="padding: 0pt;"
src="img/1268319969_nieuw_webdesign.jpg" /></td>
12.          <td valign="top" align="left" style="padding: 10px 0pt; border-
top: 1px solid rgb(222, 222, 222); border-bottom: 1px solid rgb(222, 222, 222);">
13.          <h3>创意转化为生产力</h3>
14.          <span style="font-size: 11px;">物质需求为主…….<br />
15.          </span><a href="#"><span style="font-size: 11px;">
16.              详细...</span></a></td>
17.         </tr>
18.        </tbody>
19.       </table>
20.       <br />
21.       ……
22.      </div>
23.     </div>
24.     <div class="box_b"></div>
25.    </div>
26. </div>
```

这部分是正文部分的第二列，其外框和前两个部分是一样的，所以这里就不再详细分析了。这里需要我们注意的就是从第7行开始，我们使用了table这个标签，这是一个经典的DIV嵌套table，因为在某些情况中，DIV+CSS并不能完全地实现想要的页面效果，这个时候DIV嵌套table就可以发挥作用了。

18.2.6 搭建页脚部分的DIV

页脚部分包含了部分导航、版权说明和法律条款等内容，效果如图18-9所示。

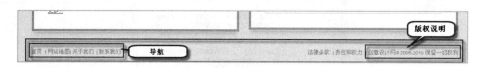

图18-9 页脚部分的DIV

这部分关键的实现代码如下所示，代码比较简单，所以就不再详细分析了。

```
1.  <div class="footer">
2.    <div class="footer_l">
3.      <a href="#" target="_blank">首页</a> |
4.      <a href="#">网站地图</a>|
5.      ……<!—省略其他导航 -->
6.    </div>
7.    <div class="footer_r">法律条款 | 责任和权力 | 创意设计网&copy; 2005-2010 保留
一切权利<br />
8.    </div>
9.  </div></div>
```

18.2.7 首页CSS效果分析

在前面描述DIV的时候，已经讲述了部分CSS的代码，本小节我们将用表格的形式描述首页中其他CSS效果，如表18-2所示。

表18-2 首页DIV和CSS对应关系一览表

DIV代码	CSS描述和关键代码	效果图

<div class="logo">	定义Logo DIV的宽度、内边距
	.logo {
	
	　　float : left;
	
	　　padding : 27px 0 0 14px;
	……
	
	　　width : 333px;
	
	　　height : 78px;
	
	}	

（续表）

DIV代码	CSS描述和关键代码	效果图

<div class="menu">	定义导航栏的顶出效果
	
	.menu {
	　　　　position : absolute;
	　　　　right : 0;
	　　　　top : 72px;
	　　　　background-image : url(../img/menu.gif);
	　　　　background-position : right top;
	　　　　background-repeat : no-repeat;
	　　　　padding : 0 9px 0 0;
	}	

<div class="box_t"></div>	使用现有图片作为DIV的边框
	
	.box_t {
	　　　　float : left;
	　　　　background-image : url(../img/box_top.gif);
	　　　　background-position : left top;
	　　　　background-repeat : no-repeat;
	　　　　…..
	　　　　width : 458px;
	　　　　height : 6px;
	}	

18.3 设计理念页面

在设计理念页面中，我们将在主体部分里，通过两列的样式介绍本公司的设计理念，这部分的上半部分和页脚部分与首页非常相似，所以我们就不做重点讲述了。我们将按逐模块的方式分析这个页面中重要DIV的实现方式。

18.3.1 "我们的服务"部分的DIV

在我们的服务部分中，使用ul和li实现服务项的菜单，效果如图18-10所示。

这部分的代码如下所示，其中，第2行使用了ul实现了标题的显示，而从第6~16行里，使用诸多li实现菜单的显示。

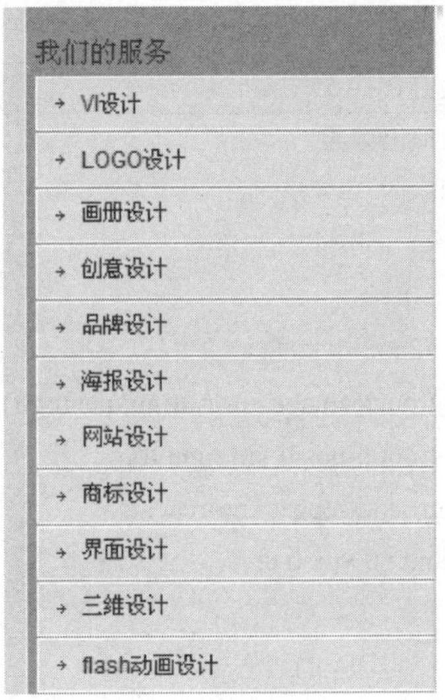

图18-10 我们的服务部分的效果

```
1.   <div class="submenu">
2.       <ul><br /><h2>我们的服务</h2>
3.        <li>
4.         <div class="submenu_shadow"></div>
5.        </li>
6.       <li><a href="#">VI设计</a></li>
7.       <li><a href="#">LOGO设计</a></li>
8.       <li><a href="#">画册设计</a></li>
9.       <li><a href="#">创意设计</a></li>
10.       <li><a href="#">品牌设计</a></li>
11.       <li><a href="#">海报设计</a></li>
12.       <li><a href="#">网站设计</a></li>
13.       <li><a href="#">商标设计</a></li>
14.       <li><a href="#">界面设计</a></li>
15.       <li><a href="#">三维设计</a></li>
16.       <li><a href="#">flash动画设计</a></li>
17.     </ul>
18. </div>
```

上面代码中DIV的样式，定义在第1行的submenu中，这部分CSS代码如下所示，其中，从第1~8行，定义了这个DIV里ul的样式，而从第9~18行，定义了其下ul和li部分的样式。

```
1.  .submenu ul {
2.       float : left;
3.       background-color : #bed4dd;
4.       margin : 0;
5.       padding : 0;
6.       list-style-type : none;
7.       width : 219px;
8.  }
9.  .submenu ul li {
10.       float : left;
```

```
11.        background-image : url(../img/submenu_out.gif);
12.        background-position : left top;
13.        background-repeat : no-repeat;
14.        margin : 0 0 1px;
15.        line-height : normal;
16.        font-family : Arial;
17.        font-size : 12px;
18. }
```

18.3.2 行业案例展示部分的DIV

在行业案例展示部分中，将用图片的形式展示本公司的一些业务，这部分的实现代码如下所示，它使用了标题+图片+文字的样式，如图18-11所示。

图18-11 行业展示部分的效果

实现此部分的HTML代码如下，其中我们能看到，在第1行里，使用h2实现"行业案例展示"部分的文字，在下面的第2~11行里，使用table的形式，展示了图片和文字的效果。

```
1.  <h2>行业案例展示</h2>
2.  <table width="650" cellspacing="0" cellpadding="0" border="0">
3.      <tbody>
4.       <tr>
5.         <td width="90" valign="top" align="left" style="padding: 10px 0pt;
border-top: 1px solid rgb(222, 222, 222); border-bottom: 1px solid rgb(222, 222,
222);"><img width="70" height="74" align="left" style="padding:2px;border:solid
1px #E1E1E1;" src="img/demo1.jpg" /></td>
6.         <td valign="top" align="left" style="padding: 10px 0pt; border-top:
1px solid rgb(222, 222, 222); border-bottom: 1px solid rgb(222, 222, 222);"><h2>有青
蛙图案的标志设计</h2>
7.             某公司的商标和Logo设计，画面一青蛙为主题。采用多种色彩结合,简洁,突出主题
.<br />
8.         <a href="#">查看 &gt;&gt;</a></td>
9.       </tr>
10.    </tbody>
11.    </table>
```

18.3.3 "标志设计"部分的DIV

标志设计部分采用了纯粹的文字样式，这部分的效果如图18-12所示。

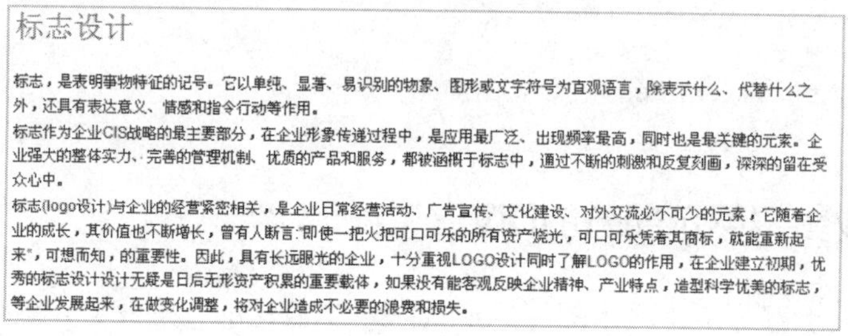

图18-12 标志展示部分的效果

由于这部分主要用于显示文字，所以代码比较简单，在第1行里，使用h1标签来定位标题，而在第2~7行，使用了p和br等文字相关的标签。

```
1.  <h1>标志设计</h1>
2.  <p>标志，是表明事物特征的记号。它以单纯、显著、易识别的物象、图形或文字符号为直观语言，除表示什么、代替什么之外，还具有表达意义、情感和指令行动等作用。
3.  <br />
4.      标志作为企业CIS战略的最主要部分，在企业形象传递过程中，是应用最广泛、出现频率最高，同时也是最关键的元素。企业强大的整体实力、完善的管理机制、优质的产品和服务，都被涵概于标志中，通过不断的刺激和反复刻画，深深的留在受众心中。 <br />
5.      标志(logo设计)与企业的经营紧密相关，是企业日常经营活动、广告宣传、文化建设、对外交流必不可少的元素，它随着企业的成长，其价值也不断增长，曾有人断言:&quot;即使一把火把可口可乐的所有资产烧光，可口可乐凭着其商标，就能重新起来&quot;,可想而知，的重要性。因此，具有长远眼光的企业，十分重视LOGO设计同时了解LOGO的作用，在企业建立初期，优秀的标志设计设计无疑是日后无形资产积累的重要载体，如果没有能客观反映企业精神、产业特点，造型科学优美的标志，等企业发展起来，在做变化调整，将对企业造成不必要的浪费和损失。<br />
6.  <br />
7.  </p>
```

深蓝色调的社区网站

　　社区网站具有开放、包容、充满人文关怀的特色，以社区网民为中心，通过社区网站，人们能相互沟通，认识更多的朋友。

　　本章我们将介绍一个社区网站，其中包括首页、"博客列表"和"个人博客"三个页面。下面我们就来分析一下这类网站的设计方式。

19.1　网站页面效果分析

　　在本章中，将着重分析社区网站的首页和"博客列表"页面的设计样式，而"个人博客"页面风格比较简单，所以就不再分析了。

19.1.1　首页效果分析

　　这个社区网站的首页布局是非常经典的，它采用了三行的样式，其中，第一行里放置网站Logo、网站导航和站内搜索这三个部分；第二行里，放置"欢迎语"、"导航和图片"和"分类导航"三个部分；在第三行里，放置的就是部分导航和版权相关信息，效果如图19-1所示。

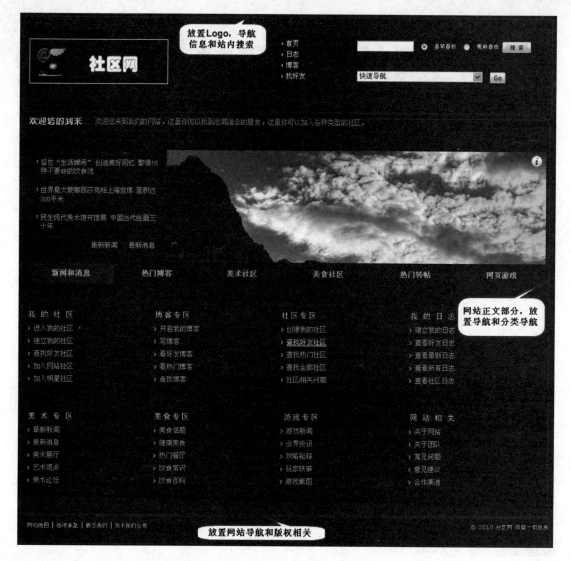

图19-1 首页效果图

19.1.2 博客列表页面的效果分析

在博客列表页面中，放置博客分类和博客分类介绍模块，这个页面主要用于展示了本网站博客的特色。

这个页面采用了三行样式，其中，第一行和第三行的样式与首页完全一致，都包括页头和页脚。而在第二行里，包括分类导航、分类介绍和常见问题组成的模块，图19-2显示的是第二行的效果。

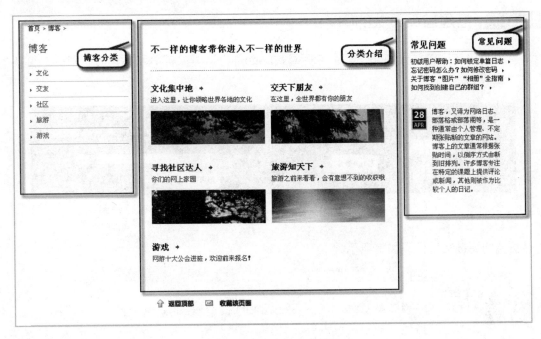

图19-2 博客列表页面的效果图

19.1.3 网站文件综述

这个页面的文件部分是比较传统的，用img、css和javascript三个目录分别保存网站所用到的图片、CSS文件和JS代码，文件及其功能如表19-1所示。

表19-1 电影网站文件和目录一览表

模块名	文件名	功能描述
页面文件	index.html	首页
	bolglist.html	博客列表页面
	bolg.html	博客内容页面
css目录	之下所有扩展名为css的文件	本网站的样式表文件
javascript目录	之下所有扩展名为js的文件	本网站的JavaScript脚本文件
img	之下所有的图片	本网站需要用到的图片

19.2 规划首页的布局

因为需要搭建内容较多的社区网站，所以网站首页的设计就比较重要了，下面我们依次分析其中重要DIV的实现方法。

19.2.1 搭建首页页头的DIV

首页页头是比较重要的部分，它包括网站Logo部分、导航部分和站内搜索部分，页头的效果如图19-3所示。

图19-3 首页页头设计分析图

页头的关键实现代码如下所示。

```
1.   <div id="header">
2.   <ul class="logos">
3.   <li><a id="logo" class="logo-oxweb" href="index.html">
4.      <img src="img/logo.gif" /></a></li>
5.   </ul>
6.   <div class="find-it">
7.   <ul id="shortcuts">
8.    <li class="first"><a href="#">首页</a></li>
9.   ......
10.  </ul>
11.  <div class="forms">
12.    <div>
13.    <label for="searchinput">搜索</label>
14.    <input type="text" id="searchinput" value="请输入" />
15.    <fieldset>
16.    <label for="search-type" class="radio">
17.       <input type="radio" name="search_type" id="search-type"
class="radio" checked="checked" />名字查找</label>
18.    <label for="search-type2" class="radio">
19.       <input type="radio" name="search_type" id="search-type2"
value="people" class="radio" />昵称查找</label>
20.    </fieldset>
21.       <input type="image" name="submit" src="img/button_search.gif"
class="searchbutton" />
22.    </div>
23.    <form id="quick-links">
24.     <div>
25.     <label for="quick-link">快速导航</label>
26.     <select name="location" id="quick-link">
27.      <option value="" selected="selected">快速导航</option>
28.     ......
29.     </select>
30.     <input type="image" src="img/button_go.gif" class="searchbutton" />
31.     </div>
```

```
32.    </form>
33.    <div class="clear"></div>
34.    </div>
35.   </div>
36. </div>
```

其中，第7行引用了同一个名为shortcuts的CSS，在这个CSS中定义了导航的小标签，其代码如下所示。

```
1.  #shortcuts li {
2.      margin-left:15px; /* 左外边距 */
3.      padding-left:8px; /* 左内边距 */
4.      background: url(../img/bullet_arrow_white.gif) left 0.4em no-
repeat;
5.      /* 设置背景小图标，并设置在左边，不拉伸 */
6.      ……
7.      margin-top:6px; /* 顶部间距 */
8.  }
```

19.2.2 搭建"网站导航"部分的DIV

网站导航部分由网站欢迎语和导航组成，在网站导航部分的DIV中，定义了背景图片，其效果如图19-4所示。

图19-4 网站导航部分的DIV效果图

这部分的关键实现代码如下所示。

```
1.  <div id="newsflash" >
2.    <div>
3.    <h2>欢迎您的到来</h2>
4.    <a href="#">欢迎您来到我们的网站……</a> </div>
5.  </div>
6.  <div id="features_panel" style="background: url(img/7727_
Buildings210509_55.jpg) 50% 0 no-repeat" class="no-js">
7.    <ul id="features_menu">
8.    <li class="feature_1">
9.      <h2><a id="feature_link_1" href="#" class="current">新闻和消息</a></
```

```
h2>
10.      </li>
11.      <li class="feature_6">
12.      <h2><a id="feature_link_6" href="#">热门博客</a></h2>
13.      </li>
14.      ……
15.      </ul>
16.      <div id="features_submenu">
17.      <ul class="feature_stories">
18.      <li>
19.      <h3>News</h3>
20.      <a href="#">留住"生活瞬间"…</li>
21.      </ul>
22.      </div>
23. </div>
```

在上述代码中，第1~4行是网站欢迎语，这部分文字内容可以根据网站主题自由发挥，
在第6行中直接引用了一个背景图片，使这个DIV看起来更有立体感。在第17行的代码中引用
了一个名叫feature_stories的CSS，在这个CSS中，定义了这个模块的背景色、背景图片等，其
代码如下所示。

```
1.      #features_submenu ul.feature_stories li.video_panel {
2.              position:absolute;
3.              left:25%;
4.              top:0;
5.              width:210px; /* 宽度 */
6.              background: #1b395e url(../../img/panel_gradient.gif) top left
repeat-x;
7.              /* 背景色, 背景图片, 横向拉伸 */
8.              height:196px; /* 定义高度 */
9.              opacity: 1; /* 定义不透明度 */
10. }
```

上面代码中，第6行代码定义了背景色和背景图片，并把图片横向拉伸，在第9行中使用
了一个CSS属性opacity，这个属性是用来定义此DIV的透明度的，这里1表示这个DIV是不透
明的。

19.2.3 搭建"分类导航"部分的DIV

分类导航部分是首页的主体部分，这部分包含了社区网站的所有分类，以及分类下的所
有导航，其效果如图19-5所示。

图19-5 分类导航部分DIV的效果图

分类导航部分的关键实现代码如下所示。

```
1.  <div id="site_menu">
2.    <ul>
3.      <li>
4.      <h2 class="admissions"><a href="#">我的社区</a></h2>
5.      <ul>
6.       <li><a href="#">进入我的社区</a></li>
7.       ……
8.      </ul>
9.     ……
10.   </ul>
11.   <ul>
12.     <li class="newline">
13.     <h2 class="international"><a href="#">美术专区</a></h2>
14.     <ul>
15.      <li><a href="#">最新新闻</a></li>
16.      ……
17.     </ul>
18.    </li>
19.    ……
20.   </ul>
21. </div>
```

上面代码只是部分代码，其他分类的实现代码与这部分代码是一样的，这里就不再重复说明了。从上述代码中可以看出，这部分搭建方法由两个ul组成，而这两个ul又分别嵌套ul组成分类导航部分的。

在上述代码的第1行中引用了CSS代码site_menu，在这个CSS代码中，定义了此DIV中的h2标签自动引用背景图片等属性，其代码如下所示。

```
1.  /* 鼠标离开效果 */
2.  #site_menu ul h2.admissions a {
3.        background: transparent url(../../img/admissions.gif) top left no-
repeat;
4.        width: 97px;
5.  }
```

```
6.    /* 鼠标停留效果 */
7.    #site_menu ul h2 a:hover {
8.         border-bottom: 1px solid white;
9.         margin-bottom:0px;
10.  }
```

由上述CSS代码可以看出，只要在h2标签中使用ID名为site_menu的CSS，并在此标签中使用超链，就能看到文字下划线的效果。这里的文字下划线效果使用另外一种方法实现，即通过第8行代码，将底部的边框定义为1个像素，并设置边框的颜色为白色。

19.2.4 搭建页脚部分的DIV

首页页脚部分包含了部分导航、版权说明这两部分内容，效果如图19-6所示。

图19-6 页脚部分的DIV

这部分的关键实现代码如下所示。

```
1.   <div id="footer">
2.    <dl id="footer-updated">
3.    <dt>&copy; 2010 社区网</dt>
4.     <dd>保留一切权利</dd>
5.    </dl>
6.    <ul class="extras">
7.    <li class="first"><a href="#" class="sitemap">网站地图</a></li>
8.    <li><a href="#">法律条款</a></li>
9.    <li><a href="#">联系我们</a></li>
10.   <li><a href="#">关于我们公司</a></li>
11.   </ul>
12.   <div class="clear"></div>
13. </div>
```

在上述代码中，第2~5行使用了一个比较少用的标签dl，这个标签的效果是里面包含的内容会自动缩进。

19.2.5 首页CSS效果分析

在前面描述DIV的时候，我们已经讲述了部分CSS的代码，本小节我们将用表格的形式描述首页中其他CSS的效果，如表19-2所示。

表19-2　首页DIV和CSS对应关系一览表

DIV代码	CSS描述和关键代码	效果图

<ul class="logos">	定义了在这个区域中不是任何项目符号
	
	.logos li {
	
	　　　　float: left;
	
	　　　　list-style-type: none;
	
	}	

<div class="desc">	定义字体格式并设置透明度
	
	#features_menu li {
	
	　　　　float: left;
	
	　　　　width: 16.5%;
	
	　　　　text-align: center;
	
	　　　　text-transform: uppercase;
	
	　　　　opacity:0.99999;
	
	　　　　}	

<div class="find-it">	定义DIV宽度并设置虚线分隔符
	
	find-it {
	
	　　　　float:right;
	
	　　　　margin-top:20px;
	
	　　　　padding:0;　　　　width:500px
	
	!important;　　　background:url(../img/
	header_block_divider.gif) left top repeat-y;
	
	　　　　}	

19.3　博客列表页面

博客列表页面主要用来显示和查找用户博客的，本节我们来具体分析一下这个页面的实现方式。

19.3.1　博客列表页面左边导航部分的DIV

博客列表使用常用的ul和li实现，红色外边框部分标出了整个列表的外部容器，这种设计方式在之前的案例中有所介绍，效果如图19-7所示。

下面按图19-7给出的区域"span标题"和"ul+li列表"分别介绍实现方式，相应的实现代码如下所示。

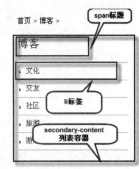

图19-7　导航部分效果

245

```
1.  <div id="secondary-content"> <span class="mainSection">博客</span>
2.    <ul id="secondary-nav" style="font-size:12px">
3.    <li> <a href="#">文化</a> </li>
4.    <li> <a href="#">交友</a> </li>
5.    <li> <a href="#">社区</a> </li>
6.    <li> <a href="#">旅游</a> </li>
7.    <li> <a href="#">游戏</a> </li>
8.    </ul>
9.  </div>
```

上面DIV中使用的CSS定义如下所示。

```
1.  #secondary-content ul.links li{
2.        padding-left: 14px;
3.        background: url(../img/link_bullet.gif) left 0.6em no-repeat;
4.  }
5.  #secondary-content h2, {
6.        color: #333;
7.        font-size:1.4em;
8.  }
9.  span.mainSection {
10.       font-size:1.7em;
11.       font-weight:normal;
12.       font-family:"Trebuchet MS", Helvetica, Verdana, Arial, sans-serif;
<!--//字体集合-->
13.       color:#444;
14.       display:block;  <!--//块显示，整行填充-->
15.       margin:10px 0 20px 0;    <!--//定位 上10像素，下10像素-->
16. }
17. #secondary-nav {
18.       border-bottom: 1px solid #d5d5d5;
19.       margin: 4px 0 20px 0;
20.       text-align: left;
21.       font-size: 0.9em;
22.       line-height: 1.5em;
23.       width:98%;
24. }
25. #secondary-nav a {
26.       color: #666 !important;
27.       <!--// !important: 跟在css属性后使用 兼容IE7 -->
28. }
29. #secondary-nav a:hover {
30.       color:#0F0F0F !important;
31. }
```

　　这里给出了较为详细的列表CSS代码，secondary-content ul.links li 统一该区域的ul和li的边距和背景图片；span.mainSection 指定span标签中ID是mainSection的样式，display设置为块（block），表示span像p标签一样占整行；下面nav a中带有!important关键字已经注释出它的意思。我们要考虑设计的页面是否能做到浏览器兼容，这里使用important是其中的一种兼容方法，IE6不识别，IE7可识别，这样在属性后加上！important让IE7能够正确识别相关页面集的颜色属性。还有很多其他有关兼容性的方法，我们在接下来的其他章节中继续说明。

19.3.2 博客列表页面博客显示部分的DIV

博客列表页面中间部分介绍相关博客的内容，中间部分页面效果如图19-8所示。

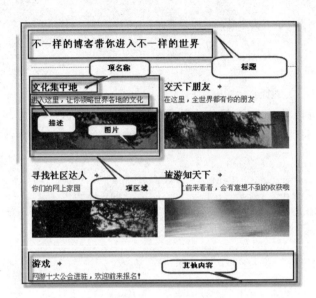

图19-8 博客列表效果图

实现此部分的HTML代码如下所示。

```
1.  <div id="primary-content">
2.     <h1>Colleges</h1>
3.     <div id="intro">
4.      <p>不一样的博客带你进入不一样的世界</p>
5.     </div>
6.     <div class="teasers">
7.      <div class="teaser newline ">
8.       <div class="content">
9.        <h2> <a href="#"> 文化集中地 </a><span> </span> </h2>
10.       <div>
11.        <p>进入这里，让你领略世界各地的文化</p>
12.       </div>
13.        <a href="#"> <img src="img/271_collgegatebanner.jpg" height="62"
width="215" /> </a> </div>
14.      </div>
15.      <div class="teaser ">
16.       <div class="content">
17.        <h2> <a href="#"> 交天下朋友 </a><span> </span> </h2>
18.        <div>
19.         <p>在这里，全世界都有你的朋友</p>
20.        </div>
21.         <a href="#"> <img src="img/246_student27banner.jpg" height="62"
```

```
width="215" /> </a> </div>
22.        </div>
23.            <!---//其他列表项代码略…….--->
24.        <div class="teaser full newline ">
25.         <div class="content">
26.         <h2> <a href="#"> 游戏 </a><span> </span> </h2>
27.          <div>
28.          <p>网游十大公会进驻，欢迎前来报名！</p>
29.          </div>
30.        </div>
31.      </div>
32. </div>>
```

从上面代码也可以看出中间部分由标题列表项和其他内容组成，该区域的父类容器 primary-content 的CSS代码如下所示。

```
1.   #primary-content { width:49%; }
2.   #primary-content h1 { letter-spacing:1px;          }
3.   #primary-content #intro p {
4.        color: #333;
5.   }
6.   #primary-content p a {
7.        text-decoration:underline;
8.   }
9.   #primary-content p a:hover {
10.       text-decoration:none;
11. }
12. #primary-content #intro a, #primary-content #intro a:link, #primary-
content #intro a:visited {
13.       color: #476A8F;
14. }
15. #primary-content #intro a:hover {
16.       color: #002d62;
17. }
```

上述代码主要实现列表项的样式布局。标题、描述、图片、具体的子标签如列表项内部的锚点和图片标签基本上使用了网站的公共定义，唯一不一样的地方就是使用a:link和a:havor 的样式。

食品专类的购物网站

　　互联网的迅猛发展催生了一大批的购物网站，一些商家把店铺开到网络上，通过"图片加文字"的展示方式吸引客户访问。

　　本章将开发一个"食品专卖"的主题购物网站，这个网站除了要有常规购物网站的"导航明确"和"用图片突出商品"等特色外，还要在构建网站的时候使用文字说明的方式突出食品的特点，比如设置"食品介绍"和"食品和健康"等要素。

20.1　网站页面效果分析

　　在本章中将介绍首页、"食品信息介绍"和"食品分类介绍"页面，其中，"食品信息介绍"的风格与"食品分类介绍"非常相似，所以不做详细分析。

20.1.1　首页效果分析

　　由于是购物网站，所以在首页中不仅要包含比较完整的"导航菜单"，还要用"图片加文字"的方式展示最热卖的商品。

　　这个网站的首页包含的内容比较多，分为六行样式，在第一行里，放置包括Logo图标和"导航部分"等内容的页头部分。第二行里放置着"选购商品"和"在线支付"等购物类功能模块。第三行里放置具有动态循环效果的图片，包括广告、热门商品介绍等内容，第四行是首页的主体部分，放置了"图片加文字"形式的商品介绍内容。第五行里放置的是针对本购物网站的"快递导航"模块，这个模块相当于站点地图，能让用户很容易地找到自己感兴趣的页面。而最后一行是页脚部分，它只包含了版权声明信息。

　　首页的篇幅比较长，分两个截图说明，首页的前三行效果如图20-1所示，后三行的效果如图20-2所示。

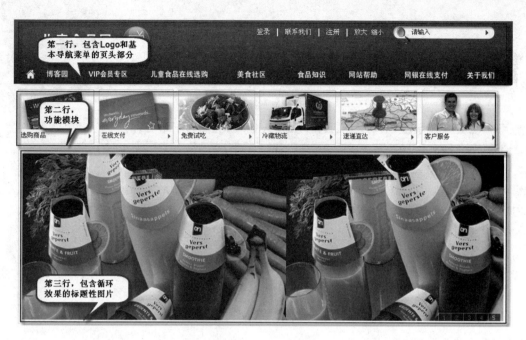

图20-1 首页前三行的效果图

图20-2 首页的后三行效果

20.1.2　食品分类介绍页面的效果分析

在食品分类介绍页面中，使用导航的形式介绍食品信息，而且在其显目位置，放置了一些"热门"商品的信息。

这个页面的页头和页脚部分与首页非常相似，而主体部分分成三列，大致的效果如图20-3所示，与首页一样的"快速导航"和页脚部分，图中就不再给出了。

图20-3　食品分类介绍页面的效果图

20.1.3　网站文件综述

这个页面的文件部分是比较传统的，用img、css和js三个目录分别保存网站所用到的图片、CSS文件和JS代码，文件及其功能如表20-1所示。

表20-1 食品专卖网站文件和目录一览表

模块名	文件名	功能描述
页面文件	index.html	首页
	promotions.html	食品分类介绍页
	food-Safety.html	食品信息介绍页
css目录	之下所有扩展名为css的文件	本网站的样式表文件
js目录	之下所有扩展名为js的文件	本网站的JavaScript脚本文件
img目录	之下所有的图片	本网站需要用到的图片

20.2 规划首页的布局

首页中包含的要素比较多，内容也比较复杂，我们可以把首页分成几个部分来分析首页的诸多重要DIV的实现方式。

20.2.1 搭建首页页头的DIV

首页的页头部分占的篇幅比较大，包含了Logo图片、导航菜单和"登录和注册模块"三大部分，效果如图20-4所示。

图20-4 首页页头的DIV设计分析图

实现页头部分的关键代码如下所示，在第3~5行里，定义了网站的Logo图标，从第7~14行里，用form的形式定义搜索部分的功能模块，从第15~30行，定义了导航部分的菜单。下面我们给出了一个有子菜单的示例代码。

```
1.  <div id="header">
2.  <!--Logo图片-->
3.  <a href="index.html" class="logoMain">
4.   <img src="img/woolworths-logo.png" width="230" height="57" />
5.  </a>
6.  <!--定义搜索功能框-->
7.  <form class="hSearch" id="searchForm" method="post" >
8.   <fieldset>
9.   <label for="search">
10.  <input id="search" class="hSearchText" type="text" onfocus="this.
```

```
value='';" value="请输入" name="search_query"/>
   11.   <input class="hSearchGo" type="image" src="img/search-btn-go.gif"
value="Go"/>
   12.   </label>
   13.   </fieldset>
   14.   </form>
   15.   <ul id="navSub">
   16.   <li> <a href="#" >登录</a></li>
   17.   省略其他功能模块
   18.   </ul>
   19.   <ul id="navMain">
   20.   <li id="mNav-home"> <a href="index.html" >首页</a> </li>
   21.   <!一带二级菜单-->
   22.   <li id="mNav-whatsNew" class=""><a href="Food-Safety.html" >博客园</a>
   23.    <ul>
   24.    <li class=""><a href='#'> 查看最新</a></li>
   25.    <li class=""><a href='#'> 写博客</a></li>
   26.    <li class=""><a href='#'> 进入博客园</a></li>
   27.    </ul>
   28.   </li>
   29.   省略其他菜单内容
   30.   </ul>
   31. </div>
```

在上面代码第1行里，我们引用了ID为header的CSS，这部分的关键代码如下所示，它定义了页头部分的背景图、内外边框等属性。

```
   1.  #header {
   2.      background:#00511f url(../img/header-bg.jpg) 0 0 repeat-x; /*设置背景
图*/
   3.      display:block;
   4.      margin:0 auto; /*设置外边框*/
   5.      min-height:110px;
   6.      height:auto !important;
   7.      height:110px;
   8.      padding:15px 0 0; /*设置内边框*/
   9.      position:relative;
   10.     width:968px; /*定义宽度*/
   11.     z-index:1;
   12. }
```

20.2.2　搭建"功能模块"部分的DIV

在首页页头的下方，放置着由6个子模块组成的功能模块，这部分的主要作用也是导航，图20-5给出的是其中一个"选购商品"部分的效果。

下面我们来看一下图20-5所示效果的关键实现代码。其中，从第6~9行，用ul和li的方式定义了6个功能模块，这里我们仅仅给出一个模块的代码。

图20-5　选购商品部分的DIV效果图

```
1.  <div class="alternate" id="home">
2.   <div class="grid_1" id="sidebar">
3.    <h3>
4.     快速导航
5.    </h3>
6.    <ul>
7.     <li id="btn-whatsnew"><a href="#" ><span>选购商品</span></a></li>
8.     省略其他5个功能模块的代码
9.    </ul>
10.  </div>
11. </div>
```

请注意上面代码的第1行里，引入了ID为alternate的CSS，这部分的代码如下所示。

```
1.  .alternate #sidebar li a {
2.      background-image:url(../img/sprite-icons-2.jpg); /*背景图*/
3.      background-repeat:no-repeat;
4.      display:block;
5.      height:100px; /*定义高度*/
6.      padding-left:0px; /*定义左边部分的内边距*/
7.  }
```

正是在第2行代码中引入了如图20-6所示的背景，所以在这个部分，才能看到6个"图片加文字"效果的功能模块。

图20-6 功能模块的背景图

20.2.3 搭建"商品展示"部分的DIV

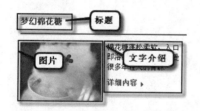

图20-7 一个商品展示部分的效果图

由于是购物网站，所以在首页中，会用比较大的篇幅来介绍商品信息。

首页中包含有6个展示商品的模块，它们的样式是完全一致的，图20-7给出了其中的一个样式的效果。

这部分的关键代码如下所示，在第3行里，定义了标题部分，在第6~8行，定义了图片部分，而在第10和第11行里，定义了"文字介绍"部分的内容。

```
1.  <div class="promotop grid" style="padding-top:10px;" >
2.    <!—标题-->
3.    <h3><a href="#" >梦幻棉花糖</a></h3>
4.    <hr/>
5.    <!—图片-->
6.    <a href="#" >
7.     <img src="img/promo-comm-grants.jpeg " border="0"  width="145"
height="100"/>
```

```
8.    </a>
9.    <!—文字介绍-->
10.   <p>棉花糖蓬松柔软，入口即溶，口味甘甜，深受很多年轻人的青睐</p>
11.   <p><a href="#" class="arrow">详细内容</a></p>
12. </div>
```

20.2.4　搭建"快速导航"部分的DIV

购物网站里包含的页面非常多，所以需要一个用于综合导航的模块。在首页中，为了不喧宾夺主，"快递导航"部分放置在靠下方的位置，这部分的效果如图20-8所示。

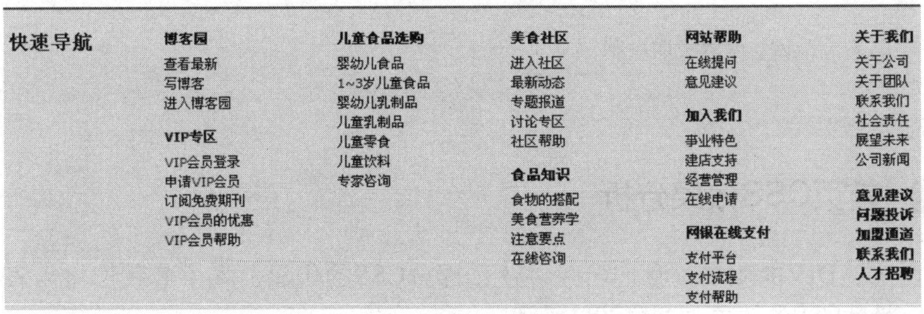

图20-8　快速导航部分的DIV效果图

这部分的关键代码如下所示，其中在第5行里，定义了一级菜单，而从第7~11行里，使用ul和li定义了二级菜单，由于其他菜单和"博客园"系列的菜单风格完全相同，所以代码就不再重复给出了。

```
1.  <div id="quickLinks" class="container">
2.    <h3>快速导航</h3>
3.    <div class="grid_1">
4.    <!—一级菜单-->
5.    <h4><a href="#">博客园</a></h4>
6.    <!—二级菜单-->
7.    <ul>
8.     <li><a href='#'>查看最新</a></li>
9.     <li><a href='#'>写博客</a></li>
10.    <li><a href='#'>进入博客园</a></li>
11.   </ul>
12.    省略其他菜单代码
13.   </div>
14.   <div class="clear"></div>
15. </div>
```

请注意在上面代码第14行里，引入了ID为clear的CSS，这部分代码如下所示，它采用了clear:both的方式，清除了前面代码中的样式。

```
1.  # clear {
2.   clear:both;
3.  }
```

20.2.5 搭建页脚部分的DIV

儿童食品网. 保留一切权利.

图20-9 页底部分的DIV

这个网站的页脚部分非常简单，仅仅放置了版权声明，效果如图20-9所示。

页脚部分关键的实现代码如下所示，代码比较简单，所以就不再做分析了。

```
1.  # clear {
2.    clear:both;
3.  }
1.  <div id="footer">
2.   <p class="small">
3.    儿童食品网. 保留一切权利.
4.   </p>
5.  </div>
```

20.2.6 首页CSS效果分析

在前面描述DIV的时候，我们已经讲述了部分CSS的代码，本小节我们将用表格的形式描述首页中其他CSS的效果，如表20-2所示。

表20-2 首页DIV和CSS对应关系一览表

DIV代码	CSS描述和关键代码	效果图

`<p><a href="#" class="arrow">详细内容</a></p>`	定义箭头图片
	.promotop a.arrow {
	background:url(../img/sprite-buttons.gif) 100% -49px no-repeat;
	float:left;
	font-weight:bold;
	padding-right:10px;
	}
		 详细内容
		箭头

`<a href="index.html" class="logoMain">`	定义宽度、悬浮方式和外边距
	.logoMain {
	float:left;
	margin-left:20px;
	width:230px;
	display:block;
	}
		 儿童食品网

`<div id="footer">`	定义外边距、内边距、字体居中方式和宽度
	#footer {
	margin:0 auto;
	padding:10px 0;
	text-align:center;
	width:968px;
	}
		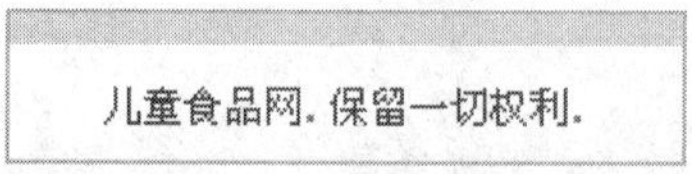 儿童食品网. 保留一切权利.

20.3 首页的动态效果

在首页中，当我们用鼠标指到菜单上，会出现二级菜单，移走后菜单会自动消失，效果如图20-10所示。

为了实现这个效果，需要编写HTML和CSS两部分的代码。首先看一下HTML部分的代码，如下所示。

图20-10 动态效果的示意图

```
1.  <ul id="navMain">
2.  <li id="mNav-home"> <a href="index.html" >首页</a> </li>
3.  <li id="mNav-whatsNew" class=""><a href="Food-Safety.html" >博客园</a>
4.   <ul>
5.   <li class=""><a href='#'> 查看最新</a></li>
6.   <li class=""><a href='#'> 写博客</a></li>
7.   <li class=""><a href='#'> 进入博客园</a></li>
8.   </ul>
9.  </li>
10.  省略其他类似的代码
```

请注意第1行定义了名叫navMain的CSS，关键代码如下所示，其中能看到菜单部分的位置是在屏幕之外的。

```
1.  #navMain li# {
2.       background-position:0 -38px;
3.  }
```

而当鼠标移动上去后，菜单的位置将被定义到屏幕的范围内，这样就能显出来，请注意，下面的代码是针对hover和focus两个事件编写的。

```
1.  #navMain li#mNav-whatsNew:hover, #navMain li#mNav-whatsNew:focus,
#navMain li#mNav-whatsNew.sfhover, #navMain li#mNav-whatsNew.active {
2.       background-position:-34px -38px;
3.  }
```

20.4 进口食品页面

进口食品页面主要包括了产品分类列表和产品展示列表两部分内容，本节详细分析这个页面的实现方式。

20.4.1 进口食品页面分类列表的DIV

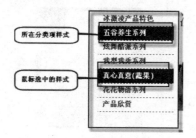

进口食品页面分类列表用DIV进行设计，它没有使用ul标签，使用的是DIV作为列表的项，用锚点标签进行伪类操作，如图20-11所示。

上图列表区域包含在ID为navc的容器内，设计了三种样式，分别是grid-1、navplain（默认样式）和navact（选中样式），代码如下所示。

图20-11 分类列表效果图

```
1.  <div id="navc" class="grid_1">
2.   <div class="navplain"> <a href="#">冰激凌产品特色</a> </div>
3.   <div class="navact"><a href='Promotions.html'>五谷养生系列</a></div>
4.   <div class="navplain"> <a href="#">炫舞酷派系列</a> </div>
5.      <div class="navplain"> <a href="#">我型我秀系列</a> </div>
6.      <div class="navplain"> <a href="#">真心真意(蔬果)</a> </div>
7.      <div class="navplain"> <a href="#">花花物语系列</a> </div>
8.      <div class="navplain"> <a href="#">产品欣赏</a> </div>
9.  </div>
```

上述代码中的列表项DIV全部设置为块显示，**navact** 当前列表项比默认项navplain多了一个底边样式，样式代码如下所示。

```
1.  .grid_1{
2.      display:inline;
3.      float:left;
4.      margin-left:0px;
5.      margin-right:0px;
6.      padding-left:10px;
7.  }
8.  #navc {       width:145px;}
9.  #navc .navplain a {
10.     color:#009a3d;
11.     text-decoration:none;
12.     display: block;
13.     font-size:1em;
14.     font-weight:bold;
15.     padding:5px 10px;
16.     text-decoration:none;
17.     border-bottom:dotted 1px;
18. }
19. #navc .navplain a:hover {
20.     background-color:#00501f;
21.     color:#fff;
22.     text-decoration:none;
23. }
24. #navc .navact a {
25.     border-bottom:1px dotted;
```

```
26.        background-color:#00501f;
27.        color:#fff;
28.        display: block;
29.        font-size:1em;
30.        font-weight:bold;
31.        padding:5px 10px;
32.        text-decoration:none;
33. }
```

在上面代码中，列表项内的锚点标签以块状显示，这样可以自动充满列表项DIV区域，并且使用伪类hover实现高亮显示。

20.4.2 进口食品页面产品列表的DIV

进口食品页面右边部分是产品列表，它分成两部分，左半部分显示某分类项的产品，右半部分是相关产品系列列表，效果如图20-12所示。

图20-12 产品列表效果图

实现产品列表部分的DIV代码如下所示。

```
1.  <div id="content" class="grid_3">
2.    <div class="article-tools">
3.      <ul>
4.        <li class="email first"><a href="#" title="" rel="facebox">发送邮件</a></li>
5.        <li class="print"><a href="#" title="">打印该页面</a></li>
6.      </ul>
7.    </div>
8.    <div id="bodycontent">
9.      <h1>冰激凌</h1>
10.     <h2> </h2>
11.     <p></p>
12.     <br />
```

```
13.        <div class="item-list clearfix"> <a href="#"><img src="img/p1.jpg"
border="0" alt="Fresh Market Update" width="145" height="100" /></a>
14.     <h4><a href="#">草莓布丁</a></h4>
15.     <p>进口的奶油，加上特质的冰激凌机器…..</p>
16.     <p><a class="arrow" href="#">查看详细 </a></p>
17.     </div>
18.        <!---//产品展示项代码略//----->
19.     <hr /><div class="pagenav_wrapper">
20.     <ul id="pagination" class="small">
21.      <!--//分页代码略---->
22.     </ul>
23.     </div><br /><br />
24.    </div>
25.   </div>
26.  <div class="grid_2">
27.   <div class="promo grid ">
28.    <h3><a href="#" >Q感奶茶</a></h3><hr/>
29.     <a href="#"><img src="img/p11.jpg" border="0" width="145" height="100"
/></a>
30.    <p>传承台湾本土精湛奶茶制作工艺……</p>
31.    <p><a href="#" target="_blank" class="arrow">查看详细</a></p>
32.   </div>
33.   <div class="promo grid ">
34.    <h3><a href="#" >相关介绍</a></h3><hr/>  <a href="#" > </a>
35.    <p><a href="#" class="arrow">产品图片</a></p>
36.   </div>
37. </div>
```

这里使用DIV自上而下进行布局，下面我们给出关键的样式代码。

```
1.  .item-list {
2.       clear:both;
3.       padding-bottom:1em;
4.       padding-right:5px;
5.  }
6.  #content .item-list img {
7.       float:left;
8.       height:auto;
9.       padding-right:10px;
10.      padding-left:0;
11.      width:145px;
12. }
13. .item-list p {
14.      margin-left:155px;
15. }
16. .item-list a.arrow {
17.      background:url(../img/sprite-buttons.gif) 100% -49px no-repeat;
18.      float:left;
19.      font-weight:bold;
20.      padding-right:10px;
21. }
```

```
22. /********//工具栏********/
23. .article-tools ul {
24.     background:transparent url(../img/sprite-buttons.gif) 0px -150px
no-repeat;
25.     display:block;        float:left;    overflow:hidden;
26.     list-style-type:none; margin:0;    padding:0;    position:relative;
width:auto;
27. }
28. .article-tools li {
29.     background:transparent;    height:20px;  list-style:none;
margin:0 0 0 22px;
30.     padding:0;    float:left;    width:auto;
31. }
32. .article-tools li.first {margin-left:0;}
33. .article-tools li a {
34.     background-color:transparent; background-image:url(../img/sprite-
buttons.gif);
35.     background-position: 0 -200px; background-repeat: no-repeat;
display:block;
36.     height:20px; overflow:hidden; text-decoration:none; text-indent:-
5000px;width:17px;
37. }
38. .article-tools .email a {
39.     background-position:0 -200px;
40. }
41. .article-tools .print a {
42.     background-position:-38px -200px;
43. }
44. /**//其他样式略**/
```

　　上面代码中，只给出了工具按钮的样式和一个产品项样式，工具按钮包括打印和保存功能，使用ul标签实现，.article-tools ul 样式中我们使用定位背景图片，超出部分隐藏处理，并以块状显示，li内的a标签使用背景图片加上样式化的文字进行定义。

　　li a 同样使用了定位背景图，text-indent：-5000中缩进设为负数，表示不显示文字。

第21章　精美绝伦的视频网站

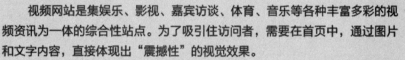

　　视频网站是集娱乐、影视、嘉宾访谈、体育、音乐等各种丰富多彩的视频资讯为一体的综合性站点。为了吸引住访问者，需要在首页中，通过图片和文字内容，直接体现出"震撼性"的视觉效果。

　　此外，视频网站区别于图片等其他静态内容网站的一个重要特点是"动"，所以，在这个网站里，需要尽可能多地使用一些动态的图片实现变幻的效果。

21.1　网站页面效果分析

　　本章介绍的这个视频网站，不仅使用了丰富多彩的颜色来吸引访问者，而且尽可能多地通过CSS样式，实现"动态"的效果。

　　在本章中，将着重分析首页和"个人视频专辑"页面的设计样式。"视频播放"页面也非常美观，色彩搭配比较到位，由于其风格与前两个页面非常相似，所以就不再详细分析了。

21.1.1　首页效果分析

　　视频网站的首页非常美观，包含的要素也比较多，我们仍然采用三行的样式。第一行里放置Logo图片、页面导航和搜索模块。第二行里，使用看似"零散"的一些DIV放置视频和视频介绍的内容。在第三行里，放置版权声明和导航信息。

　　整个首页看似布局凌乱，不过，不仅不会让人感觉不顺眼，而且还能恰到好处地给人一种"形散而神不散"的体验。此外，这个首页使用一张风景图片作为背景，更能让人感觉到一种"休闲"的风格，首页的样式如图21-1所示。

图21-1 首页的效果图

21.1.2 个人视频专辑页面的效果分析

在视频网站中，每个人可以通过注册成为会员，然后能上传自己的视频，并能拥有一个包含自己所有上传视频的"个人专辑"页面。

这个个人专辑页面与首页一样，都是采用三行样式，其中，第一行和第三行的样式与首页完全一致。而在第二行里，放置某个会员的所有视频，这个页面的样式如图21-2所示，其中与首页完全相同的页头和页尾图中就不再展示。

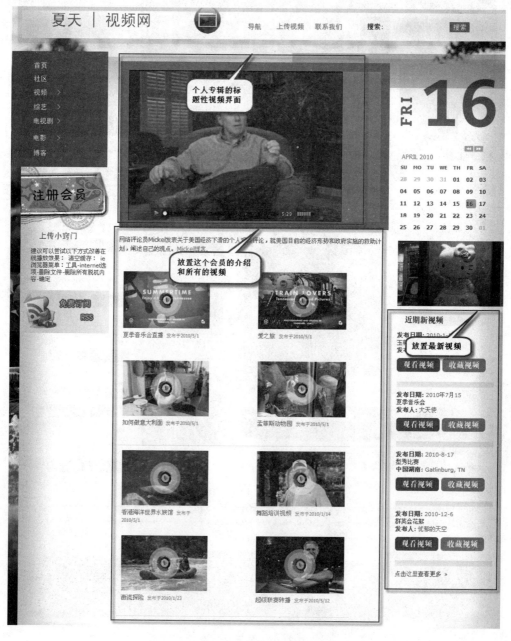

图21-2 个人视频专辑页面的效果图

21.1.3 网站文件综述

这个页面的文件部分是比较传统的，用images、css和js三个目录分别保存网站所用到的图片、CSS文件和JS代码，文件及其功能如表21-1所示。

表21-1 视频展示网站文件和目录一览表

模块名	文件名	功能描述
页面文件	index.htm	首页
	trainlovers.html	个人视频专辑页面
	motorcycles.html	视频播放页面
css目录	之下所有扩展名为css的文件	本网站的样式表文件
js目录	之下所有扩展名为js的文件	本网站的JavaScript脚本文件
images目录	之下所有的图片	本网站需要用到的图片

21.2 规划首页的布局

首页虽然是只有三行，但其中包含的要素还是比较多的，本节我们就分几个部分分析一下首页的诸多重要DIV的设计方式。

21.2.1 搭建首页页头的DIV

首页页头包含了Logo、导航菜单和搜索模块等内容，效果如图21-3所示。

图21-3 首页页头的DIV设计分析图

实现首页页头部分的关键代码如下所示。

```
1.  <div class="mast">
2.  <h1 title="Summertime" class="logo">
3.     <a href="index.html" class="bgPng">视频网</a>
4.  </h1>
5.  <!--这个form里放置搜索模块-->
6.  <form class="search">
7.   <input name="q" type="text" id="search" class="text" />
8.   <a href="#">
9.    <img src="images/btn-find.gif" border="0" style="margin-top:17px;" />
10. </a>
```

```
11.    </form>
12.    <ul class="aux-nav">
13.     <li class="atn"><a href="#">导航</a>
14.      <ul>
15.       <!—如下是导航部分的子菜单-->
16.       <li class="summer"><a href="index.html">首页</a></li>
17.       <li class="fall"><a href="motorcycles.html">视频</a></li>
18.       <li class="winter"><a href="trainlovers.html">社区</a></li>
19.       <li class="spring"><a href="motorcycles.html">博客</a></li>
20.      </ul>
21.     </li>
22.     <li class="rtl"><a href="#">上传视频</a></li>
23.     <li class="pts"><a href="#">联系我们</a></li>
24.    </ul>
25.    <div style="clear: both;"></div><!—清除浮动的样式-->
26. </div>
```

图21-4 父子菜单的效果图

在上述代码第6~11行里，用form的形式定义了"搜索模块"的效果，在第13~23行，定义了页头三个导航菜单，而在第16~19行，定义了子菜单，子菜单的效果如图21-4所示。

上面代码首先定义右边的搜索菜单，然后再定义导航菜单。所以在相应的CSS中，会包含一个"向右浮动"的CSS样式，用到相关元素上之后，需要在第25行里清除定义好的浮动样式。

21.2.2　搭建视频导航菜单部分的DIV

视频网站包括的各类视频很多，所以需要用明确的导航菜单的方式，让用户能便捷地找到自己感兴趣的视频，本网站的视频导航部分的效果如图21-5所示，其中也是用了父菜单加子菜单的方式实现。

图21-5 视频导航部分的DIV效果图

这部分的关键代码如下所示。

```
1.  <div class="inner">
2.    <!—不带子菜单的导航菜单-->
3.    <li class="home"><a href="index.html" class="a">首页</a></li>
4.    <!—带子菜单的导航菜单-->
5.    <li class="getaways"><a href="motorcycles.html" class="a">视频</a>
6.      <ul>
7.        <li><a href="#">音乐视频</a></li>
8.        <li><a href="#">游戏视频</a></li>
9.        <li><a href="#">动漫视频</a></li>
10.       <li><a href="#">搞笑视频</a></li>
11.       <li><a href="#">体育视频</a></li>
12.       <li><a href="#">教学视频</a></li>
13.       <li><a href="#">原创视频</a></li>
14.     </ul>
15.   </li>
16.   <!—省略其他导航菜单代码-->
17. </div>
```

上面代码中使用li和ul的方式定义父菜单和子菜单，请注意第5行，在li标签中包含了ID为gataways的CSS，当鼠标移动到父菜单上，子菜单会自动显示出来，这个效果就是定义在gataways这个CSS中的。

21.2.3 搭建"热门视频"部分的DIV

在首页的上部，有着一个大篇幅的窗体，使用循环播放的方式，播放着多张图片。这个位置非常显眼。在本网站里，我们放置的是热门视频的演示图，如果需要，这里也可以放广告，这部分的效果如图21-6所示。

图21-6 热门视频演示图

热门视频部分的关键现实代码如下所示。

```
1.  <div class="main-spinner">
2.    <div><img src="images/cycle_09/34.jpg" alt="" /> <!--定义图片-->
3.    <p class="caption">新开汉堡店</p>  <!--定义图片的解释文字-->
4.    </div>
5.    省略定义其他图片的代码
6.    ……..
7.  </div>
```

热门视频部分的图片会定时切换，而且当单击左右两边的按钮时，图片也会对应地变换，这部分的代码涉及到了JavaScript，所以不再详细解释。

这里，请大家看一下第1行名为main-spinner的CSS，这段代码的关键作用是定义这个DIV的宽度和高度，代码如下所示。

```
1.  .main-spinner div {
2.      height: 358px; //定义高度
3.      width: 521px; //定义宽度
4.  }
```

21.2.4 搭建"焦点讨论"部分的DIV

焦点讨论

2010视频网短片颁奖典礼开场幕

第29届香港电影金像奖于2月9日公布入围名单，《十月围城》以18项提名领跑，创历史新高

4月新番强势来袭，备受关注的[轻音]II,[薄樱鬼],[会长是女仆大人]等,可以说是大作云集,人气丝毫不输...

如果你想了解一款车,请看这里! 如果你想买一款车,请看这里! 如果你想比较N款车,那么还看这里,...

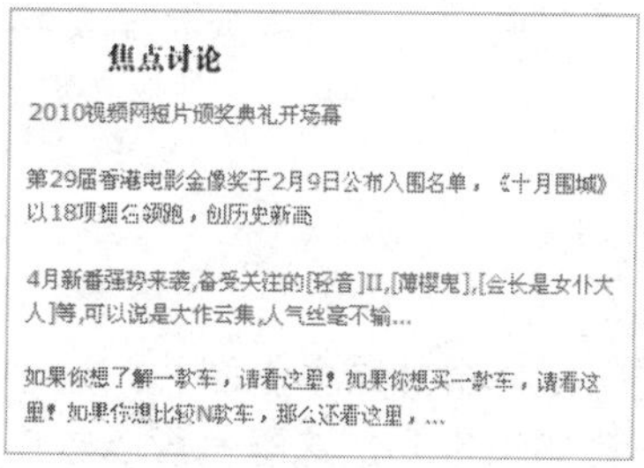

图21-7 焦点讨论部分的DIV效果图

在焦点讨论部分中，放置着针对视频部分的讨论性文字，式样并不复杂，只不过这里的文字颜色是绿色，这部分的样式如图21-7所示。

这部分的关键实现代码如下所示，由于比较简单，所以不再分析。

```
1.  <div id="left-mid">
2.    <h2 class="explore ir">焦点讨论</h2> <!--标题-->
3.    <p><a href="#">2010视频网短片颁奖典礼开场幕</a></p>
4.    省略其他焦点讨论部分的文字
5.  </div>
```

这里请注意第1行中引用的left_mid，这个CSS定义了DIV的悬浮方式和宽度，关键代码如下所示。

```
1.  #left-mid {
2.      float: left; //指定靠左悬浮
3.      width: 335px; //指定宽度
4.  }
```

21.2.5 搭建"推荐视频"部分的DIV

在首页中，可以把当前非常流行的一个热门视频推荐作为热点，用以增加网站的人气，这部分的DIV效果如图21-8所示，它使用了一个大DIV套2个小DIV的样式。

图21-8 推荐视频部分的DIV效果图

这部分的关键实现代码如下所示。

```
1.  <div class="summergems clear">
2.   <div class="mapwrap"><img src="images/v300_300.jpg" border="0" alt="" /></div>
3.    <div class="fleft">
4.      <h3 class="summergems">夏天的乐趣</h3>
5.      <p class="sans small">省略描述性文字</p>
6.   <ul>
7.     <li class="riv-on"><a href="#">River Cruises</a></li>
8.          <li class="mot"><a href="#">Motorcycle Rides</a></li>
9.          <li class="wat"><a href="#">Water Parks</a></li>
10.          <li class="dri"><a href="#">History Trips</a></li>
11.          </ul>
12.   </div>
13.   <div style="clear: both;"></div>
14. </div>
```

其中，在第2行的代码中，可以放置推荐的视频，这里我们用一张图片替代，而在第6~10行里，用ul和li段落的方式，引入"高清原创"等部分的链接。

21.2.6 搭建"近期新视频"部分的DIV

在首页的右边，放置着若干个"近期新视频"模块，它也是由一个大DIV套诸多小DIV实现的，效果如图21-9所示。这部分的关键代码如下所示。

```
1.  <div id="upcoming-events">
2.    <h3 class="ue"></h3>
3.   <div class="ea-event event5775">
4.    <p><strong class="serif">日期: </strong> <span>2010/4/16</span><br />
5.     <a href="#">香港电影金像奖</a><br />
6.     <strong class="serif">上传人:</strong> <em>夏天视频</em></p>
7.     <ul class="options">
8.      <li class="lm"><a href="#" class="learnmore">观看视频</a></li>
```

```
9.          <li class="si"><a href="#" class="sendinvite">收藏视频</a></li>
10.     </ul>
11.     <div style="clear:both;"></div>
12.     </div>
13.     这里只给出一个近期视频的模块，省略其他近期新视频的模块
14.     ……
15. </div>
```

其中，在第3~12行，定义了一个"近期新视频"的小DIV，它包括日期和视频介绍等信息。

21.2.7　搭建页脚部分的DIV

这个视频网站的页脚，除了有传统的版权信息外，还有一个能动态切换的图片，大致的效果如图21-10所示。这个页脚的风格有些"另类"，其中导航菜单部分是放在页脚的上部。

图21-9 近期新视频部分DIV的效果图

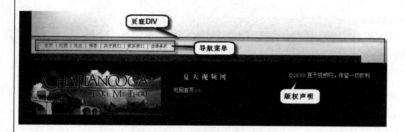

图21-10 页脚部分的DIV

这部分关键的实现代码如下所示，代码比较简单，所以就不再分析了。

```
1.  <ul id="inner-footer" class="clearfix">
2.    <li><a href="index.html">首页</a> | </li>
3.    <li><a href="#">视频</a> | </li>
4.    <li><a href="#">社区</a> | </li>
5.    <li><a href="#">博客</a> | </li>
6.    <li><a href="#">关于我们</a> | </li>
7.    <li><a href="#">联系我们</a> | </li>
8.    <li><a href="#">法律条款</a></li>
9.  </ul>
10. <!--这部分是放在DIV之上-->
11. <div class="credits">
12. <!--动态图片-->
13. <div id="advertlarge"><img src="images/001.gif" alt="" /></div>
14.  <div class="mid">
```

```
15.    <h1><a href="index.html" class="bgPng"></a></h1>
16.    <p class="sans"><a href="index.html">返回首页>></a></p>
17.    </div>
18.    <!—版权声明-->
19.    <p class="copywrite">&copy;2010夏天视频网，保留一切权利</p>
20.    <div style="clear: both;"></div>
21.    </div>
```

21.2.8　首页CSS效果分析

在前面描述DIV的时候，我们已经讲述了部分CSS的代码，本小节我们将用表格的形式描述首页中其他CSS的效果，如表21-2所示。

表21-2　首页DIV和CSS对应关系一览表

DIV代码	CSS描述和关键代码	效果图

<div class="mast">	定义此DIV的高度，并定义此DIV中的对象不可层叠
	.mast {
	　　　height: 100px;
	　　　padding: 0;
	　　　margin: 24px 0 0 0;
	　　　position: relative;
	}	

<ul class="aux-nav">	定义文本框里的默认内容是加粗的
	.aux-nav {
	　　……
	　　　list-style: none;
	　　　overflow: visible;
	　　　display: block;
	　　　z-index: 300;
	}	

<div class="inner">	定义标签卡中的数字的内边距相同，并设置字体颜色与背景色
	.inner {
	　　　background: url(../images/bg/bg-content.jpg) top left no-repeat;
	　　　overflow: visible;
	　　　margin: 0 0 0 0;
	}	

（续表）

DIV代码	CSS描述和关键代码	效果图

`<div class="travelgreen">`	设置此DIV的最低高度，当最低高度大于现有最低高度时，默认使用现有高度
	
	.travelgreen {
	    min-height:345px;
	    height:auto !important;
	    height:345px;
	}	

`<div id="desktopfun">`	鼠标移上去的图片边框变色效果
	#desktopfun li a {
	    display: block;
	    border: 5px solid #c8c8c8;
	    width: 113px;
	    height: 66px;
	}	

21.3 在首页中实现动态效果

这个视频网站的首页中，动态效果是比较丰富的，主要集中在两块：第一，实现父子菜单的导航效果，第二，实现图片变换的效果。这两块效果都可以用CSS实现，下面我们就来依次分析一下。

21.3.1 实现父子菜单联动的效果

先看一下效果图，当鼠标移动到"导航"父菜单时，会出现"首页"和"视频"等子菜单效果，如图21-11所示。

图21-11 实现父子菜单的样式效果

先来看一下父子菜单部分的HTML代码。

```
1.  <ul class="aux-nav">
2.    <li class="atn"><a href="#">导航</a><!—父菜单-->
3.     <ul>
4.      <!—如下是4个子菜单-->
5.      <li class="summer"><a href="index.html">首页</a></li>
6.      <li class="fall"><a href="motorcycles.html">视频</a></li>
7.      <li class="winter"><a href="trainlovers.html">社区</a></li>
8.      <li class="spring"><a href="motorcycles.html">博客</a></li>
9.     </ul>
10.   </li>
11.   ……
12. </ul>
```

在上面代码的第2行，我们引入了ID为atn的CSS，它的关键实现代码如下所示。

```
1.  .aux-nav li.atn ul {
2.       position: absolute;
3.       top: 40px;
4.       z-index: 999;
5.       left: -9999px;
6.       width: 230px;
7.       list-style: none;
8.       margin: 0;
9.       padding: 0;
10. }
```

其中最重要的是第5行，指定了子菜单位于屏幕左边的9999个像素位置，这样，在初始状态下，子菜单是不显示的；而在CSS样式里，又定义了如下的代码，代码的第2行定义left为0，即在鼠标移动上去后，会指定子菜单的位置是距离父菜单下方0个像素，这样就能实现鼠标移动上去显示动态子菜单的效果。

```
1.  .aux-nav li.atn:hover ul {
2.       left: 0;
3.  }
```

21.3.2　实现图片切换的效果

在首页中，我们通过CSS样式实现了一些图片动态切换的效果，比如在图21-12中，左边是鼠标移开的效果图，右边是鼠标移上去的效果图。

图21-12　图片切换效果图分析

这部分的HTML代码相对简单，在一个p标签里，引用了ID为getvacguide的CSS样式。

```
<p class="getvacguide"><a href="#">Get a free vacation guide</a></p>
```

上面引用的CSS样式代码如下所示。

```
1.  p.getvacguide a {
2.      width: 185px;
3.      height: 126px;
4.      margin: 0;
5.      display: block;
6.      background: url(../images/bg-vacguide.jpg) top left no-repeat;//设置
背景图
7.      background-position: 0 0;
8.      overflow: hidden;
9.  }
10. p.getvacguide a:hover {
11.     background-position: 0 -126px;
12. }
```

其中，第1~9行，定义的是a标签的样式，而在第10行，定义的是鼠标移动到a标签之上的样式。

从代码中我们能看到，在默认情况下，会按第6行代码的要求，设置背景图片，而当鼠标移动上去以后，会按第11行代码要求，设置背景图片的位置，由此实现图片切换的效果。

21.4 个人视频专辑页面

在个人视频专辑页面中，将展示出最热的视频和视频列表，使访问者一目了然。本节将分析该页面的特点，与首页相同部分就不再说明了。

21.4.1 个人视频专辑页面上边部分的DIV

个人视频专辑页面上边部分的DIV比较简单，这里就不再做详细说明了，只给出效果，如图21-13所示。

图21-13 社区页面上边部分DIV图展示

21.4.2 个人视频专辑页面下边部分的DIV

个人视频专辑页面下边部分是由一个大DIV里包含有多个小DIV组成的视频列表,这个DIV比较简单,其效果如图21-14所示。

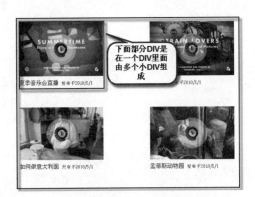

图21-14 个人视频专辑页面下边部分DIV图展示

实现此部分的DIV代码如下所示。

```
1.  <div id="medialist-wrap">
2.    <div class="topside">
3.      <div class="each-media leftside"> <a href="#">
4.        <img src="images/video/summertime.jpg" /></a>
5.        <p><a href="#">夏季音乐会直播</a>
6.        <span class="sans">发布于2010/5/1</span></p>
7.      </div>
8.      <div class="each-media"> <a href="trainlovers.html">
9.        <img src="images/video/train-lovers.jpg" /></a>
10.       <p><a href="trainlovers.html">爱之旅</a>
11.       <span class="sans">发布于2010/5/1</span></p>
```

```
12.        </div>
13.        <div style="clear: both; float: none; padding: 0;"></div>
14.    </div>
15.        ......
16. </div>
```

上面代码表明每两个DIV组成的一个版块，其中关键是第3行和第8行应用的一个CSS，其代码如下所示。

```
1.  .each-media {
2.      width: 180px;
3.      height: 150px;
4.      padding: 10px;
5.      background: url(../images/bg/bg-each-reel.gif) top left no-repeat;
6.  }
```

上述代码中，第2、3、4行分别定义了里面包含的小DIV的高度、宽度和边框距离这几个属性，从而使这个视频列表看上去美观大方，有整体感。

色彩缤纷的图片网站

计算机和互联网通讯技术的飞速发展，尤其互联网的迅速普及和应用，使得处于地球上任何角落的两个人只要通过一台能上网的计算机就可以联系在一起，甚至面对面地交谈。

这就为图片网站的迅速发展创造了极好的条件。在这种情况下，图片网站与世界各地的摄影师和客户进行互动。作为摄影师可以把自己拍摄的已经数字化（数码相机拍摄或者扫描）的作品按照要求通过互联网上传给图片网站；而作为客户，当注册成为图片库网站的用户后，可以通过专用的图片搜索工具，在图片库的众多资源中寻找到自己需要的图片，然后下载使用。

22.1 网站页面效果分析

这个图片网站的风格是本身色彩的单元化，由于图片网站的图片本身色彩就很丰富，所以在搭建的过程中就不能再添加很多的色彩，以致网站页面看上去很凌乱，这就对图片的显示风格有了很高的要求。

在本章中，将着重分析"首页"、"最新图片"页面和"业界新闻"页面的设计样式，而"最新动态"页面风格与"业界新闻页面"非常相似，就不做分析，这部分的代码请大家自行从与本书配套的下载资源中获取。

22.1.1 首页效果分析

图片网站的首页效果如图22-1所示，它是一个两行的布局样式，在第一行里，分别用两列放置网站的导航部分和网站内容。在第二行里，放置了网站页脚部分的内容，比如版权声明等。

在第一行框架里，包容了图片网站的主体部分，它是个两列的效果，第一列包括网站导航、推荐会员图片和友情链接这几个部分，第二列包括网站Logo、推荐会员图片展示和"网站特色三部分内容。

图22-1 首页的效果图

22.1.2 最新图片页面的效果分析

最新图片页面大致上也采用了两行的样式，在第二行里我们对页脚做了小部分的改动，将友情链接部分放到页脚里面去了。在第一行里，包含了两个大列，第一列的上半部分与首页一样放置导航部分，下半部分却改为图片分类；第二列用大量的、靓丽的图片突出了"最新图片"这个主题。

"最新图片"用大量的图片来显示这一特色，这个页面使用DIV+CSS的布局方式来构建图片的展示效果，如图22-2所示。

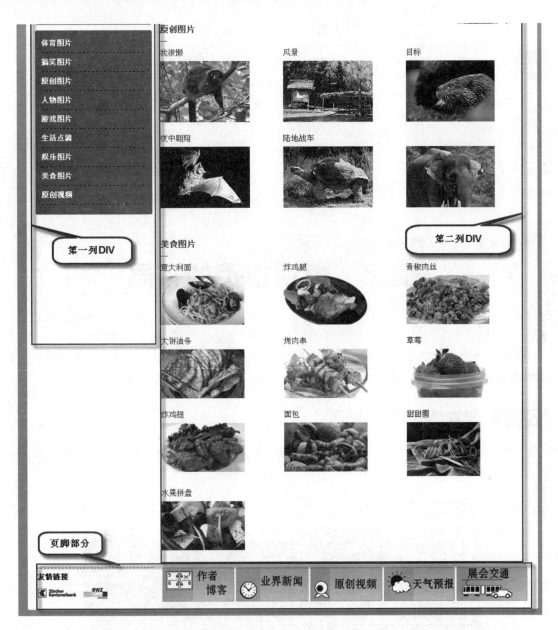

图22-2 最新图片页面的效果图

22.1.3 网站文件综述

在这个网站中，除了上文里提到的首页和图片展示页面外，还需要包含"最新动态"页面、"业界新闻"页面，而这些页面中所用到图片、CSS文件和JavaScript代码，将分别放置在image、css和jscript目录里，文件及其功能如表22-1所示。

表22-1 图片网站文件和目录一览表

模块名	文件名	功能描述
页面文件	index.htm	首页
	pic-show.html	最新图片页面
	news_list.html	最新动态页面
	news_item.html	业界新闻页面
css目录	之下所有扩展名为css的文件	本网站的样式表文件
jscript目录	之下所有扩展名为js的文件	本网站的JavaScript脚本文件
image目录	之下所有的图片	本网站需要用到的图片

22.2 规划首页的布局

设计这类网站的基本方法是：先用DIV构建总体框架，随后再细分各个模块的效果，最后用CSS和JS实现动态的效果。本节我们分析一下首页重要DIV的实现方式。

22.2.1 搭建首页第一行的DIV

首页采用两行的样式，其中第一行是网站的主体部分，采用了两列的样式，其效果如图22-3所示。

图22-3 首页第一行的DIV设计分析图

首页主体部分这个大块中包含了多个DIV，下面我们就依次分析每个DIV的构建方法。

第一，构建"首页注册登录"部分的 DIV，其关键代码如下所示，代码比较简单，所以不做分析。

```
1.  <div id="nav_language">
2.   <a href="#">首页</a> <!—首页的超链-->
3.   省略其他超链代码
4.   ……
5.   <a href="#">登录</a> <!—登录超链-->
6.  </div>
```

第二，构建"导航"部分的DIV，关键代码如下所示，主要使用ul和li等控制段落的标签来编排导航文字。

```
1.  <div class="box" id="navigation">
2.   <ul id="fid0" class="nlevel1">
3.    <li id="p1" class='active pageactive'><a href="#">首页</a></li>
4.    省略其他链接部分的编码
5.   </ul>
6.  </div>
```

第三，构建左边第三行的DIV块，现在我们放的是图片，这块也能播放视频，关键代码如下所示。

```
1.  <div class="box" id="spalte_aktuelles">
2.   <h3><a href="pic-show.html">可爱的一天</a></h3>
3.   <!—这里是图片-->
4.   <img height="100" width="188" src="image/pictures/pic_aktuelles.jpg"
alt="Stimmungsbild zum aktuellen Thema" />
5.    省略这模块的其他代码
6.   ……
7.  </div>
```

请注意，在上面代码第1行里我们引入了ID为spalte_aktuelles的CSS，这个CSS的关键代码如下所示，由此定义了这个DIV的宽度和高度等属性。

```
1.  #spalte_aktuelles {
2.      padding: 4px 5px 6px 8px; /*声明内边距*/
3.      margin: 9px 0 0 15px; /*声明外边距*/
4.      height: 285px;  /*声明高度*/
5.      width: 183px; /*声明段度*/
6.      background-image: url(../image/back_aktuelles.jpg); /*定义背景图片*/
7.      background-repeat: repeat-x;
8.  }
```

第四，构建第三行第二列里包含多个图片的DIV，这部分由四张图片组成，我们就给出一张图片的DIV，其他三张的效果可以采用复制粘贴的方式实现，关键代码如下所示。

```
1.  <div id="rahmen_eins">
2.   <div class="orange" id="startbox1" onMouseOver="this.className =
3.    'box_hover_orange';" onMouseOut="this.className = 'orange';">
```

```
4.    <div class="boxenhoehe2">
5.    <h3><a href="pic-show.html">有创意的熊猫</a></h3>
6.    <a href="#"><img border="0" src="image/pictures/pic_PR.jpg" /></a>
7.    <p><a href="" title="Park&amp;Ride" class="box_pfeil">新体验，新创意</a><br
/>
8.      我很厉害吧？<br />
9.    </p>
10.   </div>
11.   </div>
```

请注意一下上面第2行的代码，它包含了onMouseOver和onMouseOut两个属性，用来定义鼠标移上和移开的效果，这部分的代码将在后面详细说明。

到此为止，我们已经给出了首页主体部分主要DIV的代码，而忽略了一些次要DIV的代码，完整的代码可以到与本书配套的下载资源中获取。

22.2.2　搭建页脚部分的DIV

这个图片网站的页脚部分比较简单，大致的效果如图22-4所示，它使用大DIV套两个小DIV实现的。

图22-4　页脚部分的DIV设计

实现这部分的代码如下所示。

```
1.    <div id="footer">
2.     <div id="nichts">
3.     <div id="sponsoren">
4.      <h3>版权声明</h3> <!--声明版权-->
5.      <p>图片网&copy;2010 版权所有</p> <!--声明版权-->
6.     </div>
7.      <div id="banner">
8.      <!--这里用图片的形式定义超链-->
9.      <p><a href="http://www.zoo.ch/Agenda">
10.       <img src="image/pictures/banner_agenda.gif"/></a></p>
11.       省略其他部分的超链代码
12.       ......
13.    <!-- ende Footer -->
```

值得注意的是上面代码的第9行，通过图片的形式给出了"作者博客"部分的超链，而其他部分的超链和这个很相似，就不再重复说明。

22.2.3　首页CSS效果分析

在前面描述DIV的时候，我们已经讲述了部分CSS的代码，本小节我们将用表格的形式
描述首页中其他CSS的效果，如表22-2所示。

表22-2　首页DIV和CSS对应关系一览表

DIV代码	CSS描述和关键代码	效果图

`<div id="shadow">`	设置第一行的DIV宽度，并设置这个DIV的背景图片，背景图的开始位置为右边，此背景图像只显示一次
	
	`#shadow {`
	　　`width: 872px;`
	　　`background-image:`
	`url(../image/shadow.jpg);`
	　　`background-repeat:`
	`no-repeat;`
	　　`background-position: top right;`
	　　`margin: auto;`
	`}`	

`<div class="box" id="navigation">`	定义导航栏里鼠标移上去不同的栏目显示不同的颜色
	`.box_hover_rot {`
	　　`background-color:`
	`#e34040;`
	　　`……`
	`}`
	`.box_hover_orange {`
	　　`background-color:`
	`#ff8c64;`
	　　`……`
	`}`
	　　`……`	

（续表）

DIV代码	CSS描述和关键代码	效果图

`<h3><a href="pic-show.html">可爱的一天</a></h3>`	当`<h3>`标签和`<a>`标签一起用的时候，将会自动设置一个CSS，此CSS的效果如右图
	
	`.startseite h3 a {`
	`color: #fff !important;`
	`display: block;`
	`    text-decoration: none;`
	`    height: 1%;`
	`}`
	`.startseite h3 a:hover {`
	`    background-image:`
	`url(../image/h3_pfeil_hover.`
	`gif);`
	`    background-repeat: no-`
	`repeat;`
	`......`
	`}`	

`<div id="banner">`	在此DIV中，`<p>`标签也是行显示
	`#banner p {`
	`    display: inline;`
	`    margin-right: 5px;`
	`}`	

22.3　首页CSS效果分析

在首页中，我们用CSS实现了两个亮点效果，第一，实现了"文字变色"的效果，第二，实现了导航部分的动态效果。

22.3.1　更改字体的实现方式

更改字体的效果是：在图片部分中，当鼠标移上去时，文字会变色，当把鼠标移开时，文字会变成另外一种颜色，效果如图22-5所示。

图22-5　动态更新网站字体的示意图

为了实现更改字体的效果，我们首先需要在这部分的DIV中引入CSS样式，关键代码如下所示。

```
1.  <div class="orange" id="startbox1" onMouseOver="this.className = 'box_
hover_orange';" onMouseOut="this.className = 'orange';">
2.     <div class="boxenhoehe2">
3.       <h3><a href="pic-show.html">有创意的熊猫</a></h3>
4.       <a href="#">
5.       <img border="0" src="image/pictures/pic_PR.jpg" alt="Park&amp;Ride"
/></a>
6.       <p><a href="" title="Park&amp;Ride" class="box_pfeil">
7.         新体验，新创意</a><br />
8.         我很厉害吧？<br />
9.       </p>
10.    </div>
11. <div>
```

上面代码中，第一行引用的CSS为orange，当鼠标移上去时，会引发更换现有的CSS，从而达到改变字体颜色，更换背景图片这一效果。

这个CSS的实现代码如下所示。

```
1.  <-- 这是现有css代码，也是鼠标移开后css代码 -->
2.  .orange {
3.       background-color: #ff8c64;
4.       background-image: url(../image/box_orange.jpg);
5.       background-repeat: no-repeat;
6.       background-position: bottom;
7.  }
8.  <-- 这是鼠标移上去后的css代码 -->
9.  .box_hover_orange {
10.      cursor: pointer;
11.      color: #fff !important;
12.      background-color: #ff8c64;
13.      background-image: none;
14. }
```

上面第6行代码定义了这个背景图只显示一次，而第5行的代码就定义了这个背景图不会被拉伸。而鼠标移上去后，就是使用了第9~14行的CSS代码，其中第13行定义了这个CSS不会使用背景图，而只使用第12行的背景色。

特别要注意的是第10行的代码，它将鼠标变为手型，在不使用超链的情况下，这个属性是非常实用的。

22.3.2 导航栏动态效果

导航栏上的效果是当每次鼠标移到不同的导航项上时，文字和背景会变成不同的颜色，如图22-6所示。

图22-6 导航栏动态效果示意图示意图

我们可以通过下面的代码，实现导航栏动态效果。

```
1.  <div class="box" id="navigation">
2.      <ul id="fid0" class="nlevel1">
3.      <li id="p1" class='active pageactive'><a href="#">首页</a></li>
4.      <li id="p2"><a href="pic-show.html">最新图片</a></li>
5.      <li id="p3"><a href="#">作者博客</a></li>
6.      <li id="p4"><a href="news_list.html">最新动态</a></li>
7.      <li id="p5"><a href="news_item.html">业界新闻</a></li>
8.      </ul>
9.  </div>
```

上面代码的重点是ul引用了一个名为nlevel1的CSS，这个CSS实现了鼠标移上去颜色会变化、文字前面会多个箭头图片的效果，实现代码如下所示。

```
1.  ……
2.  * html #navigation ul li#p5 a:hover,
3.  ……
4.  {
5.      color: #c83264;
6.      background-image: url(../image/pfeil_purpur.gif);
7.      background-repeat: no-repeat;
8.      background-position: 0 50%;
9.      background-color: #fff;
10. }
11. …….
```

因为定义的CSS代码很多，我们在上面只给出图22-6所示效果的代码，下面我们解释一下这些代码。

在HTML代码中定义了ID为navigation的DIV，li标签的ID为p5，当鼠标移到它的上面，就会引发上面的CSS，从而实现了导航栏动态效果，这里要注意的就是"* html #navigation ul li#p5 a:hover"，如果很多地方用到了这个样式，可以在这个后面加上逗号，继续定义li的ID，从而达到代码重复使用的。

　　这里要注意的就是第8行的代码，它的意思是把这个背景图片从最左边开始，按比例压缩百分之五十，因为第7行的效果，这个图片没有被拉伸，因此就实现了上图所示的效果。

22.4　最新图片页面

　　在最新图片页面中，显示出一批最新上传的精美图片，让网友有兴趣继续浏览相关网页。本节我们将分析该页面的特点，与首页相同部分就不再说明。

22.4.1　最新图片页面左边下半部分的DIV

　　最新图片页面的导航部分与首页是相同的，我们就不做重复的说明了，直接来看下半部分的布局。

　　这里我们需要实现如下的特色：第一，一个DIV里包含有多个分类，可以使用DIV布局的方式来实现；第二，每个分类之间的间隔相等并且每个分类下面都有虚线，当鼠标移开和鼠标移上去时字体颜色会变，效果如图22-7所示，这里我们可以使用CSS的方式来实现。

　　上图只用了一个DIV，但是用了多个li，每个li下面都有虚线，并且分类字体颜色会改变。实现这个效果的关键代码如下所示，请注意其中第1行里引入了ID为unternavigation和CLASS为box的CSS样式。

图22-7　CSS效果展示

```
1.  <div id="unternavigation" class="box">
2.      <ul id="fid1" class="nlevel2">
3.       <li id="p69" ><a href="#">体育图片</a></li>
4.       <li id="p78" ><a href="#">搞笑图片</a></li>
5.       <li id="p79" ><a href="#">原创图片</a></li>
6.       ......
7.      </ul>
8.  </div>
```

　　为了节省篇幅，我们这里只给出小部分的分类代码。在实现时，将引入CSS的ID，通过第1行引用ID为unternavigation和CLASS为box的CSS，实现鼠标移上去字体变色的效果，每条分类下面都有虚线，其中字体改变颜色的CSS部分实现代码如下所示。

```
1.  .box_hover_rot a{
2.          color:#000
3.  }
```

　　而每个分类下都有虚线的CSS代码如下所示。

```
1.  #unternavigation ul li {
2.      padding: 5px 0;
3.      background-image: url(../image/unav_linie.gif);
4.      background-repeat: no-repeat;
5.      background-position: 0 bottom;
6.  }
```

上述代码中，字体改变颜色、用虚线做背景图，这些效果的实现方式其实和前文介绍的是一样的。需要注意的就是字体颜色的修改和图片的更换，不可再使用前面的颜色、图片。

这里请大家关注第5行的代码 "background-position: 0 bottom;"，它的作用就是把虚线背景图的位置设置在分类的下方，使分类永远在其上。

22.4.2 最新图片页面右边部分的DIV

最新图片页面右边部分分成两部分，上半部分横幅广告或网站Logo，下半部分是图片展示区域，下面我们来一一说明。

上半部分的DIV效果如图22-8所示，因为比较简单这里就不再做详细说明了。

图22-8 最新图片右边上半部分的展示效果

接下来介绍下半部分的DIV，下半部分的DIV包含了两个分类的图片，所以整个页面看起来比较饱满，其效果如图22-9所示。

下半部分DIV的实现代码如下所示。

图22-9 最新图片右边下半部分展示效果

```
1.  <div id="inhalt">
2.   <h2>原创图片</h2>
3.  ……
4.  </div>
```

其中第1行引用了一个名为inhalt 的CSS，这部分CSS定义了图片之间的行间距，其实现代码如下所示。

```
1.  #inhalt {
2.       font-size: 12px;
3.       line-height: 18px;
4.  }
```

因为这部分的代码比较简单，所以就不再做详细分析了。

第23章 精美的糖果公司网站

公司网站的特点是要突出自己产品的特色，用文字、视频和图片等方式向访问者展示本公司和本公司产品的特点；公司网站的另外一个重要特点是，要让访问者能清晰地看到公司的联系方式和合作意向说明，这样才能起到招揽客户和合作伙伴的效果。本章我们将介绍一个经营糖果的公司网站。

23.1 网站页面效果分析

糖果公司网站的功能包含两大方面，第一是让访问者的购买欲望，第二是吸引合作方的投资意向，所以这个网站采用的风格特点是：第一采用浅色调，外加大量篇幅的糖果图片和视频，充分展示公司的糖果产品；第二，页面可以足够长，全方位地展示"公司介绍"和"招商"等信息。

在本章中，将着重分析首页和"视频展示"页面的设计样式，"公司介绍"部分的页面虽然包含的内容比较丰富，色彩搭配也比较合适，但由于样式和前两个页面非常相似，所以就不做详细分析了。

23.1.1 首页效果分析

糖果公司网站的首页由于包含的内容比较多，故采用了六行的布局样式。首页页面比较长，分为两部分描述，图23-1展示了页面上半部分的三行样式，图23-2展示了后三行的样式。

在首页上半部分中，第一行在一张渐变的背景图片上，放置了公司的导航信息；在第二行的左侧，放置了公司的Logo、公司的介绍，在第二行的右侧，放置了描述公司信息的视频；在第三行里，用模块化的方式展示公司信息和产品特点。

在首页下半部分中，第四行用两列的形式，分别展示了"招商"信息和"甜品"信息；而在第五行里，放置了广告信息；在最后一行里，用黑底白字的方式，突出了页脚中的公司信息和招聘信息。

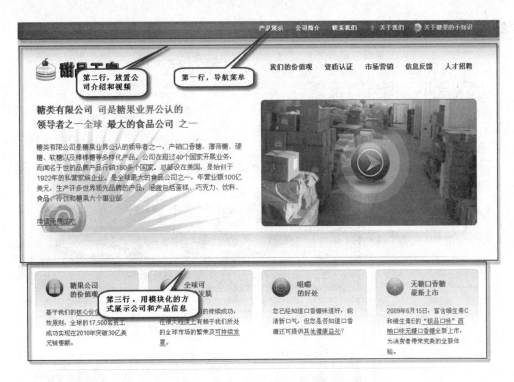

图23-1 首页上半部分的效果图

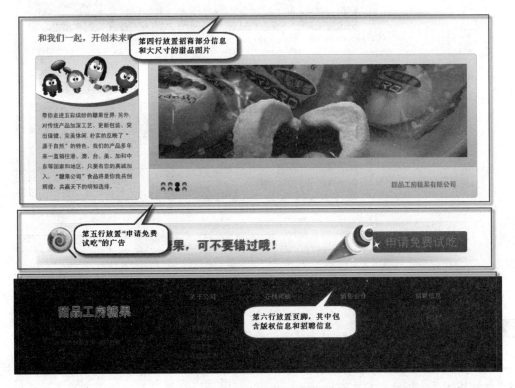

图23-2 首页下半部分的效果图

23.1.2 视频展示页面的效果分析

视频展示页面主要使用视频这种动态的方式，向访客展示公司的产品。

这个页面采用了四行的样式，第一、第三、第四行的样式与首页相似；在第二行里，包含了两个大列，第一列是视频的导航列，而第二列是视频的播放区。这个页面的样式如图23-3所示，与首页完全相同的部分我们就不再展示。

图23-3 视频展示页面的效果图

23.1.3 网站文件综述

在这个网站里，包含了首页、视频展示页和公司介绍页，而这些页面中所用到图片、CSS文件和JS代码，将分别放置在images、css和js目录里，文件及其功能如表23-1所示。

表23-1 糖果网站文件和目录一览表

模块名	文件名	功能描述
页面文件	index.htm	首页
	vedio.html	视频展示页面
	jie.html	公司介绍页面
css目录	之下所有扩展名为css的文件	本网站的样式表文件
js目录	之下所有扩展名为js的文件	本网站的JavaScript脚本文件
images目录	之下所有的图片	本网站需要用到的图片

23.2 规划首页的布局

首页的样式比较复杂，分为6行，本节我们分别分析各个重要DIV的实现方式，以及DIV和CSS搭配使用的要点。

23.2.1 搭建首页页头的DIV

首页的第一行是页头，其中包含了网站的导航菜单，页头的效果如图23-4所示。

图23-4 首页页头的DIV设计分析图

实现页头部分的关键代码如下所示。

```
1.  <div class="grid_12">
2.   <ul class="top_nav">
3.      <li class="link_twitter"><a href="jie.html">关于糖果的小知识</a></li>
4.      <li class="link_blog"><a href="video.html">关于我们</a></li>
5.      <li class="link_contact"><a href="jie.html">联系我们</a></li>
6.      <li class="link_company"><a href="jie.html">公司简介</a></li>
7.      <li class="link_support"><a href="video.html">产品展示</a></li>
8.   </ul>
9.  </div>
```

请注意，在第3~7行文字放置的次序和页面上显示的次序是相反的，这个原因是，在第2行里引入的**top_nav**这个CSS代码中，指定了悬浮方式为靠右（float:right）：

```
.top_nav li { float: right; list-style: none; padding: 6px 0 0 5px; }
```

23.2.2 搭建"公司介绍"部分的DIV

公司介绍部分的DIV包括了公司Logo、公司介绍和背景图片等要素，效果如图23-5所示。

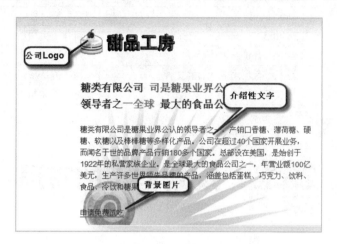

图23-5 公司介绍部分的DIV效果图

公司介绍部分的关键实现代码如下所示。

```
1.  <div class="grid_3">
2.    <h1 id="logo"><a href="index.html">甜品工房</a></h1>
3.  </div>
4.  省略部分无关代码
5.  ……
6.  <div id="display" class="container">
7.  <div class="element" id="element692141_334564">
8.    <div class="textElement">
9.     <h1>省略标题</h1>
10.     <p>省略文字</p>
11.     <p class="pt15"><a href="#" class="button_orange_left">申请免费试吃</a></p>
12.    </div>
13.  </div>
14.  </div>
```

在上述代码的第2行里，我们通过ID为logo的CSS，引入公司的Logo图片，这部分的CSS关键代码如下所示，在其中的第3行里，通过background:url，引入Logo图片。

```
1.  #header h1#logo a    {
2.  省略其他代码……
3.  background: url(../images/logo.gif) 0 0 no-repeat;
4.  }
```

在页面代码的第9和第10行里，分别定义了公司介绍的标题和内容，这里我们省略了代码。至于这部分的背景图片，在第6行中引入了ID为display的CSS，这部分关键代码如下所示，在这段代码的第3行里，也是通过background:url这个属性指定了背景图。

```
1.  #display_top {
2.    ……
3.    background: url(../images/section_top.jpg) 0 top no-repeat;
4.  }
```

23.2.3 搭建"视频展示"部分的DIV

展示视频是首页的一个亮点，这块占用的区域比较大，但代码不复杂。请注意定义在第3行里的宽度和高度，这里我们使用一张图片替换视频。

```
1.  <div class="grid_6">
2.    <div id="flashContent"><a href="#" title="点击播放">
3.     <img src="images/video1.jpg" height="259" width="458" /></a></div>
4.    </div>
5.  </div>
```

23.2.4 搭建推广模块的DIV

这里，我们使用了四个风格类似的DIV组成首页中的推广模块，效果如图23-6所示。

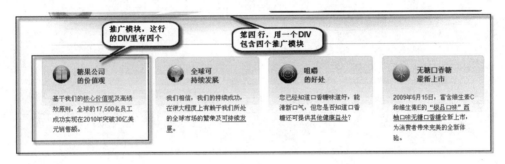

图23-6 公司推广模块的DIV效果图

这个模块由一个大的DIV套四个小的DIV实现，小的DIV的关键代码如下所示，其中，分别在第3和第4行里展示推广标题和推广文字。

```
1.  <div class="element" id="element849269_334564">
2.    <div class="textElement">
3.      <h1>糖果公司<br />的价值观</h1>
4.        <p>基于我们的<a href="#">核心价值观</a>及高绩效原则，全球的17,500名员工成
功实现在2010年突破30亿美元销售额。</p>
5.    </div>
6.  </div>
```

23.2.5 搭建招商部分的DIV

招商部分由一个大DIV套两个小DIV实现，其中，左边是文字叙述，右边是图片展示。这里的图片由于引入了JQuery的代码，打开页面时会出现循环展示的效果，这个效果我们不做分析，仅分析DIV的样式，这部分的效果如图23-7所示。

图23-7 招商部分的DIV效果图

这部分的关键代码如下所示，其中，在第2行里，定义了左边推广文字的标题，而推广的文字，这里是做成图片的方式，用第6行的代码显示。

从第9~17行，使用JQuery展示了图片循环显示的效果，从第13~15行，我们给出了第一张图片的代码，而其他图片代码与第一张的代码很相似，这里就不再说明了。

```
1.  <div id="rewards" class="container">
2.    <h1>和我们一起，开创未来吧！</h1>
3.    <div class="grid_3">
4.     <a href="#">
5.      <!--文字描述部分是以图片的方式显示-->
6.         <img src="images/network.jpg" width="220"  height="298"
alt="Network">
7.     </a>
8.    </div>
9.    <div id="gallery" class="grid_9">
10.    <div id="rotator">
11.     <div id="jQuery">
12.      <!--这里展示循环显示的图片-->
13.       <div id="slide1" class="slide" style="……">
14. <img src="images/gallery_item_3.jpg" width="657" height="192"
alt="Gallery Item 1">
15.       </div>
16.      <!--省略其他循环显示的图片-->
17.     </div>
18. </div>
```

23.2.6 搭建"免费试吃"广告部分的DIV

免费试吃广告部分DIV的效果如图23-8所示，它的实现代码比较简单，由一个DIV包含了一张图片现实。

图23-8　免费试吃广告部分DIV的效果图

这部分的关键实现代码如下所示。

```
1.  <div id="try_it" class="grid_12 pt25">
2.   <a id="inlineSignUp" href="# "><img src="images/tryit.jpg" /></a>
3.  </div>
```

23.2.7　搭建页脚部分的DIV

由于首页的底色使用了浅色调，在页脚部分就用黑色作为底色，形成明显的反差，使首页能更有效地吸引客户的注意。

页脚部分的效果如图23-9所示，它由一个大的DIV嵌套"版权"、"关于公司"、"在线帮助"、"销售合作"和"招聘信息"五个小DIV组成。

图23-9　页脚部分DIV的效果图

这部分关键的实现代码如下所示。

```
1.  <div id="full_bottom">
2.   <div id="footer" class="container">
3.    <div id="footer_divider">
4.     <div class="grid_4">
5.      <!—放置版权信息-->
6.      <div class="credits">
7.       <h1><a href="#" class="ef">甜品工房</a></h1>
8.       <p class="legal">甜品工房糖果<br />
9.        &copy; 2009 甜品工房 版权所有</p>
10.     </div>
11.    </div>
12.    <!—放置关于公司的DIV信息-->
13.    <div class="grid_2 alpha">
14.     <h1>关于公司</h1>
15.     <ul class="footer_nav">
16.      <li><a href="#">关于我们</a></li>
17.      省略其他类似代码
18.     </ul>
```

```
19.     </div>
20.     省略在线帮助，销售合作和招聘信息部分的DIV
21.     </div>
22.   </div>
23.   <!--/container-->
24. </div>
```

这里请注意，在第1行里，我们引入了ID为full_bottom的CSS，以此设置了页脚部分的背景图为黑色，这个CSS部分的关键代码如下所示。

```
1.  #full_bottom {
2.    width: 100%; float: left; margin: 0;
3.    background: #000 url(../images/footer.jpg) repeat-x; }
```

在CSS的第3行指定了背景色，而footer.jpg就是一张黑色的图片，这里指定了背景图的排列方式是repeat-x，表示背景图片将在水平方向重复，此时页脚有多大，黑色背景图片就能铺多大。

23.2.8 首页CSS效果分析

这里，我们将用表格的形式，整理出首页中DIV和CSS样式的对应关系，如表23-2所示。

表23-2 首页DIV和CSS对应关系一览表

DIV代码	CSS描述和关键代码	效果图
<div class="grid_12">	定义外边距、浮动方式和内联方式 .grid_12 { display:inline;float:left;margin-left:10px;margin-right:10px }	
<ul class="top_nav"> <li class="link_twitter"><a href="jie.html">关于糖果的小知识</a></li>	定义鼠标移到上面去的悬浮效果。 .top_nav li a:hover {background: url(../images/top_nav_small.gif) center no-repeat; }	
<div class="clear"></div>	清除浮动效果，当属性设置float（浮动）时，其所在的物理位置已经脱离文档流了，但是大多时候我们希望文档流能识别float（浮动），或者是希望float后面的元素不被float，就需要用 "clear:both;" 来清除 .clear { display: block; clear: both; }	无
<div class="grid_2 alpha"> <h1>关于公司</h1>	这里的alpha样式由于引入了!important，特别指明只有IE7和Firefox浏览器能识别，IE6不能识别 .alpha{ margin-left:0 !important; }	无

23.3　视频展示页面效果分析

视频展示页面的主要内容是公司视频，如何定位视频窗体是这个页面布局比较重要的问题。这个页面中，我们尽可能地扩张了每个视频窗体的宽度，并等比例地设置了高度，同时，使用该视频中相对精美的画面作为视频窗体的默认显示画面，这样就能突出主题，达到使用视频宣传的目的。

这个页面的页头、页脚以及"免费试吃"的广告部分与首页是一样的，这里我们将详细分析页面中的导航部分和视频窗体的实现方式。

23.3.1　导航部分的DIV

如果在一个页面上，把所有的视频都堆放到一起，不仅不美观，而且页面会很拉得很长。我们在本页面的主体部分里，提供了视频导航菜单，以方便用户的访问，这部分的效果如图23-10所示。

这部分的关键实现代码如下。

图23-10　导航部分效果图

```
1.  <div id="body" class="container">
2.    <div id="sub_col" class="grid_3">
3.     <div id="sub_nav_tile">
4.      <div id="sub_nav_top">
5.       <div id="sub_nav_bottom">
6.        <ul class="sectionMenu sub_nav">
7.              <li class="twentysix"><a
class="twentysix" href="#">
8.              公司历史</a></li>
9.          省略其他的导航信息
10.        </ul>
11.      </div>
12.     </div>
13.    </div>
14.   </div>
15. </div>
```

上面代码中多个导航信息的样式都是相同的，所以我们只分析第一个导航信息的代码。请注意我们使用第6行的ul和第7行的li来控制段落，而在第7行里，我们分别在li和a标签中，两次用到了ID为twentysix的CSS，这样会不会混淆呢？看一下下面这个CSS的代码。

```
1.  .sub_nav li a.twentysix
2.  {
3.   background: url(../images/26.gif) 15px 8px no-repeat;
4.  }
5.  .sub_nav li a.twentysix:hover,.sub_nav li.selectedPage a.twentysix
```

```
6.  {
7.    background: url(../images/26_on.gif) 15px 8px no-repeat;
8.  }
```

其中第1行里定义的是针对a标签的twentysix样式，而在第5行定义的是针对li的样式。这里两段CSS代码做的是同一个事情：指定li（或者a）标签的背景图片。

23.3.2 导航部分下方广告位的DIV

在导航菜单下面，有很多空白的位置，这里可以放置一些广告，效果如图23-11所示：

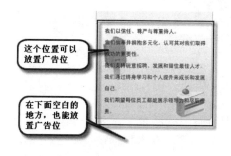

图23-11 导航菜单下方的广告位

广告位部分的代码相对简单，如下所示。

```
1.  <div class="textElement">
2.    <div class="mb20">
3.      <a href="#"><img src="images/rewards.jpg" alt="Forum" /></a>
4.    </div>
5.  </div>
```

在上面代码的第2行里，我们引入了class为mb20的CSS，以实现定义外边距的效果，这个CSS的代码如下所示，它通过margin-bottom定义底端的外边距为20像素。

```
1.mb20              { margin-bottom: 20px; }
```

这样做的目的是，如果在下方还要继续放置广告图片，那么下方广告图片的顶端将距离本张图片下方20个像素，如图23-12所示。

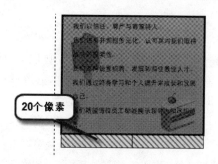

图23-12 margin-bottom效果展示图

23.3.3 视频展示部分的DIV

视频展示页面的整个右半部分用来显示视频窗体，使用了标题、视频和文字介绍的方式，该区域排版使用相对简单的实现方式，能给访问者一个不错的感受。如图23-13所示，它是一个视频的效果图，而页面其他视频窗体与这个视频效果是完全一样的。

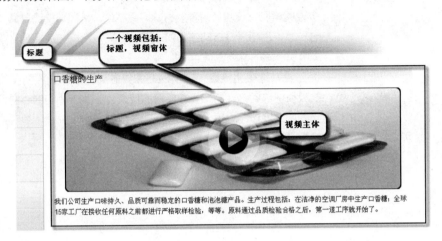

图23-13 列表的高亮显示效果

这部分的关键实现代码如下所示。

```
1.  <div class="list">
2.   <!--标题-->
3.    <h1>口香糖的生产</h1>
4.   <!--视频窗口-->
5.   <div class="tu"><img src="images/gallery_item_5.jpg" border="0" /></div>
6.   <!--视频介绍-->
7.   <p>省略视频介绍文字</p>
8.  </div>
```

请注意第5行的代码，它引入了class为tu的CSS，用以实现视频窗口居中的效果，CSS的代码如下所示。

```
1.  #main_col .tu{
2.      text-align:center; //定义居中样式
3.      }
```

第24章 休闲娱乐的小说阅读网站

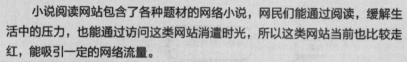

小说阅读网站包含了各种题材的网络小说，网民们能通过阅读，缓解生活中的压力，也能通过访问这类网站消遣时光，所以这类网站当前也比较走红，能吸引一定的网络流量。

为了更好地吸引流量，这类网站需要做到：第一要界面美观、样式丰富，能吸引住访问者，第二要在显目的位置放置最近热门的小说，从而能吸引访问者深入地访问内页，第三要突出最新更新的小说。本章我们就来分析一下这类网站的实现方式。

24.1 网站页面效果分析

在本章中，将着重分析小说阅读网站的首页和"小说介绍页"的设计样式，而"小说搜索排行"页面风格和前两个页面非常相似，所以就不再说明了。

24.1.1 首页效果分析

小说阅读网站的首页内容非常丰富，我们采用了六行的样式，其中，第一行里放置"注册登录"方面的导航条。第二行里，放置Logo图片和广告性的图片，这个广告性图片不仅可以是商业广告，也可以是最新热门的小说图片，反正这里可以放一切能吸引访问者的内容。在第三行里，放置导航菜单和"最热小说排行榜"的链接，这样做的目的把当前最流行的小说最显目地展示在访客面前。在第四行里，放置小说网站的主体内容——推荐小说模块和小说分类模块。在第五行里，放置公告和常见问题解答模块。而在最后一行里，放置页脚的导航以及版权声明的内容。

整个网站使用了图文并茂的方式突出热门小说，而风格上，主要使用一些山水图片，能让人感觉很"休闲"。

由于首页的篇幅很长，我们通过两个图来展示整体样式，图24-1展示了上半部分前4行的样式，而图24-2展示了后2行的效果。

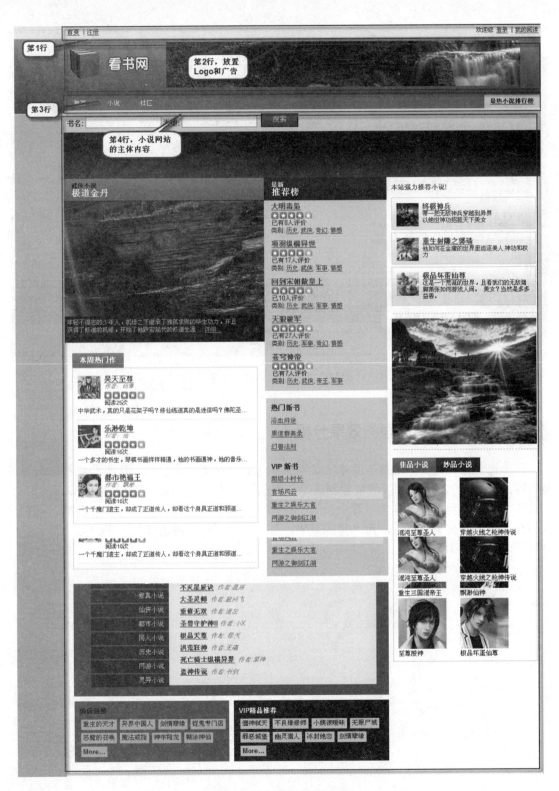

图24-1 首页前4行的效果图

图24-2 首页后两行的效果图

24.1.2 小说介绍页面的效果分析

在小说介绍页面中，放置与某本小说有关的内容，比如小说介绍、作者公告和小说评论等内容，通过这个页面，阅读者能看到这个小说的所有信息，从而决定是否需要阅读。

这个页面采用了三行样式，其中，第一行和第三行的样式和首页是完全一致的，都包含页头和页脚。而在第二行里，用大量的篇幅，整合多个描述小说的模块，下面给出第二行的效果图，如图24-3所示。

作家简介

兵心一片

[签约作家]

兵心一片，黑龙江省人。一个出了校门进营门的军人，一个爱好文学、热爱生活、喜欢幻想的人，欲用文字编织自己的梦，写自己的成长童话。

作者公告

本人承诺：1天2更。时间是上午12点和晚9点。新老读者请注意着，Q币卡短时间内难以恢复，请读者们用其它方式充值！（上架感言里有具体的方法）

其他书籍

《幻世英雄传前传喵行者》

《《豪门欲望》不良囚老公》

《酷皇的绝世丑妃》

《乖乖牌，我不要！》

《永恒的母爱》

《相知且按剑》

《原野雄心》

《传奇逆天路》

《情不可缺》

《黑道公主：禁忌游戏》

读友评论

缘分的天空

九届独尊写的很不错，故事情节很吸引人。是骗很棒的文章.希望作者继续努力，加油！为我们奉献更棒网络文学.

小梅子Lina

这么长时间了，兵心一直在努力把文写的更加的精彩！不足的地方还请亲们多多的评论！感谢大家送兵心红包！

修罗

最近，有些书官说南海仁在接受了妖界传承，并在拥有无数的法宝后，为什么没有功力大升？

笑傲江湖

看那么多修真，其TM的没有比你写得精彩，太爽了，就是更新太慢，能2、3天看完最舒服！！

鬼魅

看到第350章左右了，作品规模宏大，气势不凡！主人公三妻四妾，让人羡慕！且法力高深能在人间、仙界呼风唤雨！

Jane

九界一路走到现在，一直都有铁杆兄弟的陪伴！但兵心却没有及时满足这些兄弟的要求.

九界独尊

发表日期：2010年3月25

标签：修真 爱情 艳情 兄弟 神魔 九界称尊

友情链接：《斩天剑》 《九天扇尊》 《青魂天下》 《鸿钧之师》 《九阳绝脉》

书籍简介：

【逍遥者仙阁】南海仁，一个生在清泉镇穷书生家的子弟，一个偶然的际遇，得到了修炼的法门，从此开始了修炼，走上追求天道的路……从此奇缘、奇遇、奇人、奇事不断；艳遇、艳 [查看]

最新更新[新]

【RN书评】简评本作 2010-01-12 19:57:39 [最近更新]

如同每个人心中都有一个江湖一般，在每个人的潜意识里，同样存在着一个虚幻的世界，或者说虚拟的空间，就在这个世界，寄托着个人的梦想与好恶，在正与邪进与退的对立统一中，凸显一个人内在的意识形态，和对所经历的人情世故的思考与感悟。小说《九界真尊》就是这样的作品，作者的思想轨迹，或者说意念，都借助纷呈蜿蜒的笔墨文字，淋漓尽致地展现出来。在作者的笔下，一个穷秀才家的后人，因偶然机遇，得到修真的法门，从此开始修炼，追求天道，也因此奇缘奇遇奇人奇事不断，艳遇艳情真情奇情相连，生死休关...[查看]

第一卷 苍云学艺 卷介绍 - 入修真门，炼自己身。

1.【RN书评】简评本作	2.人物介绍
3.楔子	4.第一章 抓周凝云
5.第二章 神秘古书	6.第三章 如意宝袋
7.第四章 家遭变故	8.第五章 履行诺言
9.第六章 记名弟子	10.第七章 良智初开
11.第八章 艰辛筑基	12.第九章 同门孙进
13.第十章 师姐寒霜	14.第十一章 分丹增功
15.第十二章 苍云较艺（1）	16.第十三章 苍云较艺（2）
17.第十四章 苍云较艺(3)	18.第十五章 扶惊同门

第二卷 入世传信 卷介绍 -重入世俗意流云，降妖除魔修道心。

19.第十六章 孙进夺冠倒	20.第十七章 寒潭遇险
21.第十八章 巧收虬蛟	22.第十九章 虬蛟化龙
23.第二十章 接受任务	24.第二十一章 辞别苍云
25.第二十二章 三眼青猿	26.第二十三章 五狮真君
27.第二十四章 南海送信	28.第二十五章 水云三圣
29.第二十六章 琉璃宫主	30.二十七章 清云北上
31.二十八章 流沙七剑	32.二十九章 流沙宫主
33.三十章 北方妖踪	34.三十一章 妖门真君
36.第三十二章 返老还童	37.第三十三章 荒村野寺

喜欢此小说的还喜欢

《九阳绝脉》第一部   《九阳绝脉》第二部   《九阳绝脉》第三部   《九阳绝脉》终章

图24-3 小说介绍页面的效果图

24.1.3 网站文件综述

这个页面的文件部分是比较传统的，用images、css和js三个目录分别保存网站所用到的图片、CSS文件和JS代码，文件及其功能如表24-1所示。

表24-1 小说网站文件和目录一览表

模块名	文件名	功能描述
页面文件	index.htm	首页
	story.html	小说介绍页面
	search1.html	小说搜索排行页面
css目录	之下所有扩展名为css的文件	本网站的样式表文件
js目录	之下所有扩展名为js的文件	本网站的JavaScript脚本文件
img目录	之下所有的图片	本网站需要用到的图片

24.2 规划首页的布局

因为需要体现出本网站的特色，所以小说网站的首页需要设计得复杂一点，本节我们就来依次分析其中重要部分的实现方式。

24.2.1 搭建"注册和登录"导航条的DIV

在首页的最上方，放置"注册和登录"的导航条，这样放的目的是为了方便用户登录后阅读，这部分的效果如图24-4所示。

图24-4 注册和登录导航条设计分析图

这个导航条的关键实现代码如下所示。

```
1.  <div id="main-navigation">
2.  <div class="navigation">
3.   <!--靠左部分-->
4.   <p id="network_sites"><a href="#" class="active">
5.    首页</a> | <a href="#" target="_blank">注册</a>
6.   </p>
7.   <!--靠右部分-->
8.   <div class="usernav">
9.    <p>欢迎您 <a href="#">登录</a> | <a href="#">我的阅读</a></p>
10.  </div>
11. </div>
```

其中，第4行和第9行里，分别定义了靠左和靠右部分的文字内容，这里靠左还是靠右的效果使用CSS样式来实现的，比如在第4行里，引入了network_sites的CSS，这部分的关键代码如下所示，它通过第2行的代码实现靠左的效果，同样在第8行的usernav里，通过float:right来定义靠右悬浮的效果。

```
1.  #network_sites{
2.    float:left; //定义靠左的悬浮方式
3.    padding:0 5px;  //定义内边距
4.    //设置列表项目标记放置在文本以外，环绕文本不根据标记对齐
5.    list-style:none outside;
6.    text-align:center;color:#000; //设置字体的对齐方式和字体颜色
7.  }
```

24.2.2　搭建Logo图标和广告图片部分的DIV

在首页的第2行，是一个大的DIV包含Logo图标和广告图片，这部分的效果如图24-5所示。

图24-5　Logo和广告图部分的DIV效果图

这部分的关键代码如下所示，由于比较简单，这里就不做分析了。

```
1.  <div id="header">
2.  <div id="header-inner">
3.    <h1><a href="#">
4.     <!---Logo图片->
5.     <img src="img/logo_print3.gif" width="187" height="80" border="0" /></a>
6.    </h1>
7.    <div id="ADEXPERT_BANNER" class="header_ad">
8.     <!---广告图->
9.     <img src="img/001-728-90.jpg" border="0" />
10.   </div>
11.  </div>
12. </div>
```

24.2.3　搭建导航菜单的DIV

小说阅读网站往往不只有小说，还有社区等供访问者交流的模块，为了方便访问者找到入口，这里我们把导航菜单放在首页主体部分的上方，效果如图24-6所示。

图24-6　导航菜单的DIV效果图

代码如下所示，这部分的代码也比较简单，所以也不做详细分析。

```
1.  <div id="nav">
2.   <ul>
3.    <li><a href="index.html" >首页</a></li>
4.    <li><a href="story.html" rel="nofollow">小说</a></li>
5.    <li id="blogd"><a href="search1.html">社区</a></li>
6.   </ul>
7.   <div id="subnav"><a href="#" rel="nofollow">最热小说排行榜</a></div>
8.  </div>
```

24.2.4 搭建"最新推荐榜"部分的DIV

在最新推荐榜部分的DIV里，将放置网站推荐的小说，这部分的样式如图24-7所示。

下面给出这个DIV的关键实现代码，其中，从第5~17行，定义了一本推荐小说的样式，其他小说定义部分与这很相似，所以不再重复给出。

图24-7 最新推荐榜部分的效果

```
1.  <div class="mm-cg-top">
2.   <h3 class="mm-sub"><span>最新</span> <br/>
3.    <strong>推荐榜</strong></h3>
4.    <ul>
5.     <li class="mm-first"> <strong><a href="#">大明毒枭</a></strong>
6.     <div class="biz_rating clearfix">
7.      <div class="rating-small">
8.       <img class="stars_4" src="img/stars/stars_4.png" width="83" />
9.      </div>
10.    <p>已有8人评价</p>
11.    </div>
12.    <span>类别:
13.     <a rel="nofollow" href="#">历史</a>,
14.     <a rel="nofollow" href="#">武侠</a>,
15.     <a rel="nofollow" href="#">奇幻</a>,
16.     <a rel="nofollow" href="#">情感</a></span>
17.    </li>
18.    省略其他推荐小说
19.    ......
```

```
20.    </ul>
21. </div>
```

24.2.5 搭建"本站强力推荐小说"部分的DIV

在本站强力推荐小说部分中，将使用图片小说题目和小说介绍的方式给出推荐的小说，为了吸引访问者的注意，这个DIV放在网页的右上方，这部分的效果如图24-8所示。

这部分的关键实现代码如下所示。

图24-8 本站强力推荐小说部分的DIV效果图

```
1.  <div class="mm-cgs-box mm-cg-offers">
2.    <!--标题文字-->
3.    <h3 class="mm-sub"><span>本站强力推荐小说!</span></h3>
4.     <ul class="mm-rlist">
5.      <li>
6.       <h4><a href='#'>
7.        <!--小说的图片-->
8.         <img src="img/media/id4fgmew5ww0ftw2abys-46x46.jpg" width="46"
height="46" class="photo-small" />
9.        </a>
10.       <!--小说的题目-->
11.       <a href="#">终极神兵</a></h4>
12.       <!--这里放置小说的介绍-->
13.       <p>带一把无敌神兵穿越到异界 <br/>
14.       <span>以绝世神功招揽天下美女</span>
15.       </p>
16.     </li>
17.      省略针对其他小说的编码
18.    </ul>
19. </div>
```

在上面代码的第1行中，定义了通篇DIV所用到的CSS样式mm-cgs-box和 mm-cg-offers，下面是这两个CSS的代码，其中主要通过了第3行的代码定义了悬浮方式，通过第8行的代码定义了底边距和底部线的样式。

这里两个CSS都定义了margin-bottom的样式，真正生效的以第二次定义，也就是第8行的代码为准。

```
1.  .mm-cg-side .mm-cgs-box {
2.      clear:both;
3.      float:left; //定义悬浮方式
```

```
4.        margin-bottom:10px; //设置底部外边距
5.        width:300px; //设置宽度
6.  }
7.  .mm-cg-offers {
8.        border-bottom:1px dotted #ccc; //设置底部边距和底边距线的样式
9.        padding-bottom:10px;  //定义底部的内边距
10. }
```

24.2.6 搭建"小说导航"部分的DIV

在首页中，为了方便读者阅读，需要放置一个小说导航模块，这个模块包括"玄幻小说"、"科幻小说"和"修真小说"等分类，每个分类下放置一些热门小说。

这部分的效果如图24-9所示，在图的下方，放置了"编辑强推"和"VIP精品推荐"模块，这部分的样式比较简单，所以就不再说明了。

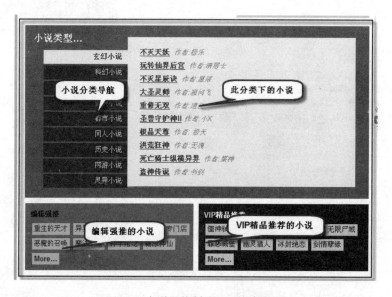

图24-9 小说导航部分DIV的效果图

```
1.  <div class="clearfix mm-cg-bestfor">
2.   <h3>小说类型&hellip;</h3>
3.    <div class="mm-vtab">
4.    <ul class="mm-vtab-list">
5.     <!—这里放置小说的分类-->
6.     <li class="mm-active"><a href="#mm-cg-bf-1">玄幻小说</a></li>
7.      省略其他分类
8.    </ul>
9.    <div id="mm-cg-bf-1" class="mm-active mm-vtab-tab">
10.    <ol>
11.     <!—放置玄幻小说分类下的小说-->
12.     <li><a href="#">不灭天妖</a>
13.      <span class="mm-suburb">作者:极乐</span></li>
14.     省略玄幻分类下的其他小说
15.    </ol>
```

```
16.    </div>
17.      省略其他小说
18.    </div>
19. </div>
```

上面代码中，在第6行里，放置了分类的样式，而在第12行里，放置了某个分类下的热门推荐小说。

24.2.7　搭建"最新公告"部分的DIV

最新公告部分使用多种格式的文字来向访问者展示网站的公告，效果如图24-10所示。

这部分的关键代码如下所示，在第2行，通过mm-sub这个CSS，定义了"最新公告"文字的样式，第3行定义了蓝底色的公告文字，在第5、第6行定义了带图片的公告内容，而第10~12行定义了下方带标题的公告。

图24-10　最新公告部分的DIV

```
1.  <div class="mm-section">
2.    <h3 class="mm-sub"><strong>最新公告</
strong><br/>
3.      <span>[公告] 本小说网提供：玄幻小说,言情小说
,网游小说</span> </h3>
4.    <h4><a href="#">
5.      < i m g    s r c = " i m g /
media/9cgpfv4vyuweuolu6m1i-100x100.jpg"
width="55px" alt="" /></a>
6.      省略包含图片的公告文字
7.    <a href="#">&hellip;</a>
8.    </p>
9.    </h4>
10. <h4><a href="#">新作发表《管路》</a></h4>
11.      省略公告的内容文字
12.    <p>
13. </div>
```

我们来看一下上面代码第2行中名为mm-sub的CSS样式，它定义了颜色，关键代码如下所示。在这个DIV中，出现了多种的字体颜色，都是通过类似的CSS实现的。

```
1.  .mm-section h3.mm-sub span {
2.      color:#539DE6;
3.  }
```

24.2.8　搭建页脚部分的DIV

页脚除了包括传统的版权信息和导航菜单外，还包括一个"手机版专用浏览器下载"的图片，效果如图24-11所示。

图24-11 页底部分的DIV

这部分的关键实现代码如下所示，代码比较简单，所以就不再分析了。

```
1.  <div id="footer">
2.  <div id="footer-inner">
3.   <!—导航菜单-->
4.   <p><a href="#" rel="nofollow">首页 </a> |
5.    <a href="#" rel="nofollow">关于我们 </a> |
6.     省略其他导航菜单
7.   </a></p>
8.   <!—版权声明-->
9.   <div id="copyright">看书网&copy; 2006-2010 版权所有, 保留一切权利 </div>
10. </div>
11. </div>
12. <!—定义图片-->
13. <div id="iphone-badge" style="text-align:center;margin:10px 0 20px 0;">
14.   <a href="#" rel="nofollow" target="_blank">
15.    <img src="img/iphone_badge.gif" width="153px" height="50px" /></a>
16. </div>
```

24.2.9 首页CSS效果分析

在前面描述DIV的时候，已经讲述了部分CSS的代码，本小节我们将用表格的形式描述首页中其他CSS的效果，如表24-2所示。

表24-2 首页DIV和CSS对应关系一览表

DIV代码	CSS描述和关键代码	效果图
定义页头部分的样式 <div id="header-inner">	定义页头DIV的宽度、内边距和外边距 #header-inner{width:980px; margin:0 auto; padding:7px 0 0px 0px}	

<ul class="aux-nav">	定义文本框里的默认内容是加粗的
	.aux-nav {
	......
	　　list-style: none;
	　　overflow: visible;
	　　display: block;
	　　z-index: 300;
	}

（续表）

DIV代码	CSS描述和关键代码	效果图

`<div class="mm-ss-slide">`	定义标签卡中的数字的内边距相同，并设置字体颜色与背景色
	`.mm-slideshow .mm-ss-slide {`
	　　　`position:absolute;`
	　　　`width:100%;`
	　　　`height:100%;`
	`}`	

`<div class=" mm-cg-featured-desc">`
`<a href="#">详细`
`&hellip;</a>`
	设置a标签的颜色和字体
	`.mm-cg-featured-desc p a {`
	　　　`color:#6CF;`
	　　　`font-size:11px;`
	`}`	

24.3 在首页中实现动态效果

在首页中，CSS的主要功能是定义静态的样式，比如宽度、高度和字体颜色等，首页中用CSS实现动态效果的地方不多，主要是鼠标悬浮变换的效果，效果如图24-12所示。

图24-12 实现鼠标悬浮效果的样式

先来看一下这部分的HTML代码，请注意代码的第一行引入了ID为nav的CSS样式。

```
1.  <div id="nav"><!—在这里引入了nav这个CSS-->
2.  <ul>
3.   <li><a href="index.html" >首页</a></li>
4.   <li><a href="story.html" rel="nofollow">小说</a></li>
5.   <li id="blogd"><a href="search1.html">社区</a></li>
6.   </ul>
7.   <div id="subnav"><a href="#" rel="nofollow">最热小说排行榜</a></div>
8.  </div>
```

这个CSS部分的关键代码如下所示。

```
1.  #nav {
2.      background-color:#539DE6; //定义背景颜色
3.  ……
4.  }
5.  #nav ul li a:hover {
```

```
6.        background-color:#BCD7F1; //定义背景颜色
7.        ······
8.  }
```

当鼠标放上去时，就会如第6行定义的，展现#BCD7F1的颜色，当鼠标移开时，就会如第2行定义的，展现#539DE6背景色。

24.4 小说介绍页面

在小说介绍页面中，放置了"作家介绍"、"内容介绍"、"作者公告"、"书籍介绍"、"目录"和"内容更新"等内容。下面我们就来分析其中重要的DIV，页面上一些样子花哨但代码比较简单的DIV，就请大家直接阅读与本书配套的下载资源的相关代码，这里就不再分析了。

24.4.1 作家介绍部分的DIV

[签约作家]
兵心一片，黑龙江省人。一个出了校门进营门的军人，一个爱好文学、热爱生活、喜欢幻想的人，欲用文字编织自己的梦，写自己的成人童话。

图24-13 作家介绍部分的DIV

在作家介绍部分的DIV中，用图片和文字介绍的方式，简捷地介绍这部小说的作家信息，效果如图24-13所示。

这部分的关键代码如下所示，由于比较简单，所以不做详细分析。

```
1.  <div id="sidebar">
2.   <div id="author"><h3>作家简介</h3>
3.      <!--作家图片-->
4.              <img src="img/media/j003.jpg" border="0" />
5.                <a href="#">兵心一片</a><br />
6.              [签约作家]<br />
7.          省略描述性文字
8.   </div>
9.  </div>
```

24.4.2 小说目录部分的DIV

小说目录部分将列出小说的目录，以便访问者阅读，这个DIV里的文字排列整齐，效果如图24-14所示。

第一卷 苍云学艺 卷介绍 - 入修真门，炼自己身。

1.【RN书评】简评本作	2.人物介绍
3.楔子	4.第一章 抓周疑云
5.第二章 神秘古书	6.第三章 如意宝袋
7.第四章 家遭变故	8.第五章 履行诺言
9.第六章 记名弟子	10.第七章 灵智初开
11.第八章 艰辛筑基	12.第九章 同门孙进
13.第十章 师姐寒霜	14.第十一章 分丹增功
15.第十二章 苍云较艺（1）	16.第十三章 苍云较艺（2）
17.第十四章 苍云较艺(3)	18.第十五章 技惊同门

图24-14　小说目录部分的DIV展示

实现此部分的DIV代码如下所示，其中用到了table表格来放置目录，请注意在第1行中，直接通过background-color属性来设置这个DIV的背景色。

```
1.  <div style="padding:2px;border:dotted thin 1px #848484;background-
color:#EEEEEE">
2.              <h3>第一卷 苍云学艺
3.  <span style="color:BLACK;font-size:12px">卷介绍 - 入修真门，炼自己身。
4.  </span></h3>
5.  <table width="99%" border="0" cellspacing="5" cellpadding="0">
6.  <tr>
7.   <td>3.<a href="#">楔子</a></td>
8.   <td>4.<a href="#">第一章 抓周疑云</a></td>
9.  </tr>
10. 省略其他部分的目录
11. </table>
12. </div>
```

24.4.3　小说推荐部分的DIV

在小说推荐页面中，为了把访问者吸引到同类热门小说上，需要使用专门的DIV放置小说推荐的内容，效果如图24-15所示。

图24-15　小说推荐部分的DIV展示

实现此部分的DIV代码如下所示，其中在第2行里，直接定义了这个DIV的背景色、高度和边框属性，以第4~7行，给出了一本推荐小说的链接，其中第5行定义了图片，第6行定义了图片下方的文字。

```
1.  <!—定义这个DIV的背景色等样式-->
2.  <div style="padding:2px;border:dotted thin 1px #848484;background-
```

```
color:#FFFFFF;height:180px;">
3.    <h3 >喜欢此小说的还喜欢</h3>
4.                 <div style="width:100px;float:left;margin-left:20px;">
5.    <img src="img/media/j002.jpg" width="100px" height="100px" /><br />
6.             《九阳绝脉》第一部
7.    </div>
8.    省略其他推荐的小说
9.  </div>
```

包罗万象的新闻门户网站

门户网站是指提供某类综合性互联网信息资源的网站，由于互联网市场竞争的日趋激烈，门户网站也快速地向其他业务进行拓展，以至于目前门户网站的业务包罗万象，已经成为网络信息世界的"百货商场"。

本章我们要介绍一个新闻题材的门户网站，它包含诸如科技、娱乐、体育方面的新闻，还包含了针对当前热门新闻，开设的新闻专题模块，供大家阅读评论。

25.1 网站页面效果分析

新闻门户网站的特点是：第一，行文严肃，背景色调不能很花哨，第二，排版紧凑，让用户看到足够多的信息，第三，图文并茂，不能让用户在访问时产生枯燥的感觉，第四，在页面醒目的位置，需要留出广告位，因为出售广告位也是门户网站的一种盈利模式。

在本章中，将着重分析首页和"新闻专题导读"页面的设计样式。而"新闻"页面的特点不多，所以不做详细分析，相关代码都能在与本书配套的下载资源中获取。

25.1.1 首页效果分析

新闻门户网站需要包含的内容非常多，我们把首页分为三行的样式，在第一行里，放置门户网站的页头，包括网站的Logo和新闻位置。第二行是一个大的DIV，其中可以用诸多小DIV来布局各类的新闻。而第三行是页脚部分，包含版权声明和导航信息。

首页篇幅比较长，我们分两块截图来说明，页头和主体部分的效果如图25-1所示，页脚部分的效果如图25-2所示。

图25-1 首页上半部分的效果图

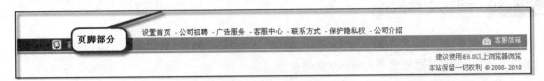

图25-2 首页页脚的效果图

25.1.2 新闻专题导读页面的效果分析

在新闻专题导读页面中，主要放置了若干个新闻主题，以及与这些新闻主题相关的一些新闻。

和首页一样，这个页面也是采用了三行的样式，第一、第三行依然分别放置页头和页脚。而在第二行里，以三行三列的方式布局，页面第二行的样式如图25-3所示，页头页脚与首页完全相同的部分我们就不再展示。

图25-3 新闻专题导读页面的效果图

25.1.3 网站文件综述

本网站用到的页面和图片、CSS文件和JS代码的位置如表25-1所示，这里代码的结构比较复杂，有一个内页面放置在newuser文件夹里。

表25-1 新闻门户网站文件和目录一览表

模块名	文件名	功能描述
页面文件	index.htm	首页
	waibao.html	新闻专题导读页面
	newuser/n_index.htm	新闻分类导读页面
css目录	之下所有扩展名为css的文件	本网站的样式表文件
js目录	之下所有扩展名为js的文件	本网站的JavaScript脚本文件
img和img2008目录	之下所有的图片	本网站需要用到的图片

25.2 规划首页的布局

一般来说，门户网站的首页比较长，方便容纳比较丰富的信息。本节我们按DIV模块分别说明诸多重要元素的设计方式。

25.2.1 搭建首页页头的DIV

首页第一行是页头，其中包含了网站的Logo图标和广告位图片，效果如图25-4所示。

图25-4 首页页头的DIV设计分析图

实现页头部分的关键代码如下所示。

```
1.   <div id="header">
2.   <dl> <!--无序列表-->
3.    <dt>
4.      <img src="img/ill_logo.gif"> <!--Logo图片-->
5.    </dt>
6.   <dt class="go_vip" "> </dt>
7.   </dl>
8.   <div id="crazyflash_ad" style="padding-left:305px;">
9.           <img src="toolbar/img/banner01.jpg" width="360" height="80"
```

```
/>
10.   </div>
11. </div>
```

请注意，在第2和第3行里，用到了dl和dt元素。<dl></dl>可以在网页中创建一个普通的列表，<dt></dt>用来创建列表中的上层项目，<dd></dd>用来创建列表中最下层项目，而且<dt></dt>和<dd></dd>都必须放在<dl></dl>标签对之间。

在第4行里，我们引入了网站的Logo图标，而在第9行里，放置了广告图片，在第6行里，通过go_vip的CSS代码，引入了工具导航菜单图片。

go_vip的关键代码如下所示。

```
1.  #header dt.go_vip{
2.       float:right;    //设置向右悬浮
3.       background: url(../img/bg_vip.gif) no-repeat;//设置背景图片
4.       width:277px;   //设置宽度
5.  省略其他代码
6.  ……
7.  }
```

请注意，在上面代码第3行的位置，通过**background:url**的方式引入背景图片，随后在第4行里设置了宽度。

由于在第2行里指定了向右悬浮的布局方式，所以在定义页头代码时，先在第6行定义靠右的工具导航菜单，再通过第9行的代码定位广告图片。

图25-5 新闻专栏部分的DIV效果图

25.2.2 搭建"新闻专栏"部分的DIV

新闻专栏部分的DIV放置的是新闻导航菜单，当鼠标移动到导航菜单上去时，会相应地弹出子菜单，效果如图25-5所示。

这部分的关键实现代码如下所示。

```
1.  <div class="L_content">
2.    <div id="box_01">
3.     <dl>
4.     <div id="popup_01">
5.      <div class="popup_box_L"><!—设置弹出菜单的CSS-->
6.       <ul>
7.        <!—大类-->
8.        <li class="t_ae5700_b">新闻</li>
9.        <!—如下是定义小类的代码-->
10.       省略小类信息
11.      </ul>
12.     </div>
13.      <div class="popup_box_C">
14.       <ul>
15.        <li class="t_ae5700_b">娱乐</li><!—这里定义第二个大类-->
16.        省略其他小类信息
```

```
17.        </ul>
18.     </div>
19.     省略其他大类和小类的代码
20.   </div>
21. </div>
```

上述代码中，第4行定义了弹出菜单的CSS样式，而从第8~15行中，定义了"大类"的类别，从第10行开始，可以放置小类信息。这部分的代码相当长，我们仅给出一部分作为示范。

弹出菜单的CSS部分关键代码如下所示，它定义了菜单的背景图片、背景图颜色、边框属性和宽度高度。

```
1. #popup_01 {
2. //定义背景图，而且设置平铺和顶对齐
3.      background:url(../img/popup_01_tit_bg.gif) repeat-x top;
4.      background-color:#FFFFFF; //定义背景色
5. //如下定义边框
6.      border:2px solid #cbcbcb;
7.      border-right:2px solid #a5a0a6;
8.      border-bottom:2px solid #a5a0a6;
9.      width:308px; //定义宽度
10.     height:293px; //定义高度
11. 省略其他无关代码
12. ……
13. }
```

25.2.3 搭建"热点新闻"部分的DIV

热点新闻部分采用的是头文字、新闻文字、图片结合的设计样式，大致的效果如图25-6所示。请注意，其中的重点新闻的标题需要用黑体表现。

图25-6 热点新闻部分的DIV效果图

这部分的关键实现代码如下所示。

```
1.  <div id="box_02">
2.    <h3 style="text-align:left">热点新闻</h3>
3.            <div style="border-top:1px solid #E3E3E3">
4.                <h3> </h3>
5.                <!—定义黑体的新闻标题-->
6.    <h3><a href="newuser/n_index.htm">
7.        <!—放置新闻标题-->
8.        《十月围城》横扫香港金像奖 </a> <a href="#">任达华称帝
9.    </a></h3>
10.               <p>省略其他新闻内容</p>
11.   </div>
12.   <!—放置广告图片-->
13.   <div id="ad_w420_h80">
14.     <img src="img/1199006_20100402180543.gif" border="0" />
15.   </div>
16. </div>
```

我们来看一下上述代码中用到的CSS样式，在第2行里，通过sytle属性定义了"热点新闻"是向左对齐的。而在第13行，通过ac_w420_h80的这个CSS，定义了广告图片的样式，CSS部分的关键代码如下所示，它定义了广告图片的悬浮方式和左部和底部的外边距。

```
1.  #ad_w420_h80{
2.      float:left; //定义悬浮方式
3.      margin-left:12px; //定义左边的外边距
4.      margin-bottom:10px; //定义底部的外边距
5.  }
```

25.2.4　搭建"主题频道"部分的DIV

主题频道部分的DIV中，用到了页签的形式放置不同类的主题，它与下面部分的广告模块风格非常相似，所以下面就一起给出效果图了，如图25-7所示。

主题频道部分DIV的关键实现代码如下所示。

图25-7　主题频道部分的DIV效果图

```
1.  <div id="box_08" >
2.   <p class="tit"> </p>
3.   <div id="tabs1">
4.    <div class="menu1box">
5.     <div id="menu1">
6.      <ul id="menu1_4">
7.       <li id="stg1" class="hover">
8.        <!—"传媒"页签-->
9.        <a href="#" onmousedown="adc('93080');" target="_blank" class="on">
10.           传媒</a></li>
11.        <!—"商机"页签-->
12.        <li id="stg2">
13.           <a href="#" onclick="return false;" >商机</a></li>
14.        <!—省略其他页签-->
15.       </ul>
16.     </div>
17.    </div>
18.    <div class="main1box">
19.     <div class="main" id="main1">
20.      <ul id="stg_dtl_1" class="block">
21.        <!—定义一个图片+标题+文字的新闻块-->
22.        <li>
23.        <h3><a href="#" onmousedown="adc('94280');" target="_blank">
24.        <img src="img/n2010033000.jpg" alt="" /></a>门户传媒</h3>
25.        <p><a href="#" onmousedown="adc('93081');" target="_blank" >
26.           酷6网否认李善友辞任CEO</a></p>
27.        </li>
28.      省略其他新闻块代码
29.       </ul>
30.     </div>
31.    </div>
32.   </div>
33. </div>
```

在上述代码中，第9第10行定义了"传媒"这个页签，其他的页签可以按类似方法编写。

从第20~30行，实现了一个"图片+标题+文字"表现的新闻块。其他的同类新闻块可以按照相似的方法编写。

25.2.5 搭建"社会新闻"部分的DIV

在首页中，会用很多DIV来布局一类的新闻，这样能方便访问者分门别类地找到想到查看的新闻。这里以社会新闻为例说明这种DIV的搭建方式。

社会新闻部分的效果如图25-8所示，它们上方放置了新闻标题抬头文字，它的左边部分，放置新闻标题列表，右边部分放置新闻图片。

图25-8 社会新闻部分的DIV效果图

这部分的关键现实代码如下所示。

```
1.  <div id="box_07_D">
2.   <div id="box_07_D_open">
3.    <!一抬头文字-->
4.   <dl><dt class="tit_L"> </dt></dl>
5.                    <div style="float:left;width:55%">
6.     <p style="text-align:left;">•
7.        <A href="#">
8.         091专案组曝文强案惊人细节庭审仅20分钟
9.        </A>
10.       </p>
11.    </div>
12.     省略其他社会新闻
13.    </dl>
14.  </div>
15.  <!一这个放置图片-->
16.  <div style="float:left">
17.      <a href="#"><img src="img/32063772.jpg" style="width:210px;height:
190px;"/>
18.    </a>
19.        </div>
20. </div>
```

上面代码中的DIV并不复杂，我们来看一下其中重要的CSS样式。

第2行里名为box_07_D_open的CSS，它作用到了DIV，<dl>和<p>等元素上，关键代码如下所示，从中我们能看到，由于在第5行里设置了背景色为白色，所以头文字部分的背景为白色，在第13行里，定义了dl部分的背景图片，由此能看到新闻部分的背景。

```
1.  <!一针对Div的CSS样式代码-->
2.  #box_07_D_open {
3.      clear:both; //清空样式
4.      width:614px; //设置宽度
5.      background-color:#FFFFFF; //设置背景色
6.      border:1px #c1c1c1 solid; //设置这个DIV的边框样式
7.      省略其他无关的代码
8.  }
9.  <!一针对Div里dl部分的的CSS样式代码-->
```

```
10.  #box_07_D_open dl {
11.      float:left;
12.      width:100%;
13.      background: url(../img/box07_tit_abcd_bg.gif) repeat-x top;
14.      省略其他无关的代码
15.  }
```

25.2.6 搭建"关于我们"部分的DIV

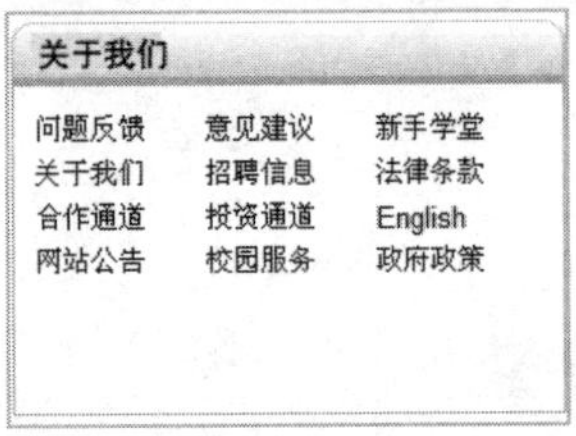

关于我们		
问题反馈	意见建议	新手学堂
招聘信息	法律条款	
合作通道	投资通道	English
网站公告	校园服务	政府政策

关于我们部分的样式比较简单，其效果如图25-9所示。

这部分的实现代码如下所示，由于比较简单，所以不做详细说明。

图25-9 关于我们部分DIV的效果图

```
1.  <div id="box_09" >
2.    <p class="tit"> </p>
3.    <div id="about_104">
4.     <ul class="info">
5.      <li><a href="#" title="" onmousedown="adc(1758)">问题反馈</a></li>
6.       省略其他的菜单文字
7.     </ul>
8.    </div>
9.  </div>
```

25.2.7 搭建页脚部分的DIV

本网站页脚部分比较传统，主要放置了导航菜单和版权声明，这里的一个特色是：导航菜单独立地显示在页脚上方，而并没有放置到框框里，页脚部分的效果如图25-10所示。

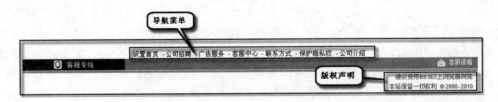

图25-10 页脚部分的DIV的效果图

这部分实现代码如下所示，请注意，代码第三行里定义的导航菜单，这部分与从第4行定义的DIV是并列的，没有嵌套关系，所以从效果上看，导航菜单能独立地显示在页脚的顶端。

```
1.  <div id="footerbg">
2.    <!—设置页底部分的导航菜单-->
3.    <div id="footer_list"> <a href="#">设置首页</a> - <a href="#">公司招聘</a>
- <a href="#">广告服务</a> - <a href="#">客服中心</a> - <a href="#">联系方式</a> - <a
```

```
href="#">保护隐私权</a>-<a href="#">公司介绍</a> </div>
    4.    <div id="footer">
    5.    <p class="tit">
    6.     <a href="#"><img src="img/ill_tel.gif" class="f_left_img" /></a>
    7.     <a href="#">
    8.          <img src="img/ill_mail.gif" vspace="4" style="vertical-
align:middle;">
    9.          客服信箱</a>
    10.   </p>
    11.   <!一版权声明部分-->
    12.   <dt class="copyrigh">建议使用IE6.0以上浏览器浏览</dt>
    13.   <dt class="copyrigh">本站保留一切权利 &copy; 2008-2010</dt>
    14.   </p>
    15.   </div>
    16.   </div>
```

25.2.8　首页CSS效果分析

本小节将用表格的形式，整理出首页中DIV和CSS样式的对应关系，如表25-2所示。由于在前文里，我们已经给出了一些CSS的描述，所以效果相同部分，这里就不再分析了。

表25-2　首页DIV和CSS对应关系一览表

DIV代码	CSS描述和关键代码	效果图
<dt class="tit_L">会员登录</dt> <dt class=" tit_R "><a href=" #" 新手上路</a></dt>	定义靠左对齐和靠右对齐的样式 dt.tit_L { float:left; 省略其他代码} dt.tit_R { background: url(../img/box01_tit_R.gif) no-repeat right top; }	
< p class="tit"> <a href="#"><img src="img/ill_tel.gif" class="f_left_img" /></a>	定义外边距，定义字体对齐方式，定义行高和宽度，效果如右所示。 { margin:0px; text-align:left; line-height: 20px; width:84px;}	
<dl><dt class="tit_L"> </dt></dl>	在CSS里引入背景图 dt.tit_L { float:left; background: url(../img/box07_tit_a.gif) no-repeat left top; width:91px; padding:0 0 9px 2px;}	

25.3 新闻专题导读页面

在新闻标题导读页面中，使用较大的篇幅放置专题性的新闻，下面我们就分析一下这个页面上重要DIV的构造方式。

25.3.1 搜索部分的DIV

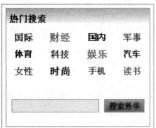

图25-11 搜索部分效果图

新闻主题导读页面的搜索模块能让用户按分类和按新闻的关键字找到感兴趣的新闻，这部分的效果如图25-11所示。

这部分的关键代码如下所示，请注意，这里使用了table的方式实现页面布局的，由于代码比较简单，所以不再详细分析。

```
1.  <div id="hotnews">
2.    <table width="248" border="0" cellpadding="0" cellspacing="0"
align="center" class="newsSty">
3.    <tr>
4.    <td width="100%" height="35" colspan="4"> <b>
5.      <font style="font-size:13px">热门搜索</font></b></td>
6.    </tr>
7.    省略无关代码
8.    <!一定义搜索外单的按钮和接收搜索关键字的文本框-->
9.    <td height="25" align="center">
10.    <input type="text" id="key" name="key" style="width:150;height:22">
11.    </td>
12.    <td>
13.      <img src="toolbar/img/img/btn_1.gif" width="71" height="22"></td>
14.    </td>
15.  </div>
```

25.3.2 新闻专题部分的DIV

新闻主题部分采用标题加文字的样式，在下方还放置了More按钮，它的效果如图25-12所示。

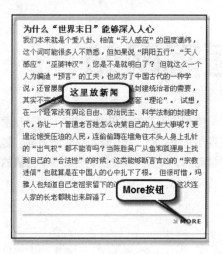

图25-12 导航菜单下方的广告位

这部分的关键实现代码如下所示，请注意，在第8行里，通过引用more这个CSS，在新闻的下方引入了一张图片。

```
1.  <div id="rightside">
2.  <div id="list">
3.   <h2></h2>
4.    <div id="caselist">
5.    <h3><a href="#" class="alllist">为什么"世界末日"能够深入人心</a></h3>
6.    <div id=d00 class="news_three">
7.    <p>中间省略新闻...</p>
8.    <a href="#" class="more"></a> <!一引入more图片-->
9.  </div>
10. </div>
```

第26章 医院网站

互联网是医院进行对外宣传、展示形象、交流信息的一个重要平台，建设医院特色网站，是医院网站持续发展、提高竞争实力的必然趋势。本章从医院网站建设应该具备的功能和需要把握的要素，重点分析了医院网站页面的设计样式。

26.1 网站页面效果分析

在本章中，将着重分析医院网站的首页和"专家介绍"页面的设计样式，而"在线咨询"页面风格与首页的风格比较相似，所以就不再分析了。

26.1.1 首页效果分析

医院网站首页的布局是非常常见的，它采用了三行的样式，其中，第一行里放置网站Logo、站内搜索、网站导航、语言选择等部分内容。第二行里，放置了"医院照片"、"医学导读"、"快速导航"、"最新新闻"、"便民导航"等几个部分。在第三行里放置了部分导航和版权相关链接，如图26-1所示。

在首页中，第二行的内容还是比较多的，其中包含了图片、导读、预防、新闻、动态等部分内容。

图26-1 首页的效果图

26.1.2 专家介绍页面的效果分析

在专家介绍页面中，将放置科室的分类和专家介绍，这个页面主要用于介绍专家的相关信息。

这个页面采用了三行样式，其中，第一行和第三行的样式与首页完全一致，都包括页头和页脚。而在第二行里，用科室分类导航结合专家介绍组成一个模块，这里我们就只给出第二行的效果图，如图26-2所示。

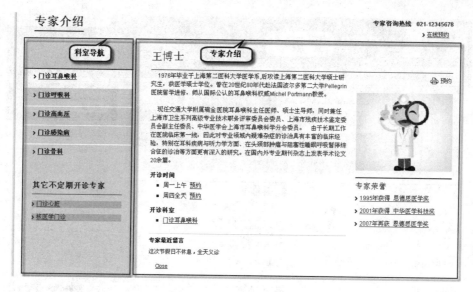

图26-2 专家页面的效果图

26.1.3 网站文件综述

这个页面的文件部分是比较传统的，用img、css和js三个目录分别保存网站所用到的图片、CSS文件和JS代码，文件及其功能如表26-1所示。

表26-1 医院网站文件和目录一览表

模块名	文件名	功能描述
页面文件	index.html	首页
	three.html	专家介绍页面
	two.html	在线咨询页面
css目录	之下所有扩展名为css的文件	本网站的样式表文件
js目录	之下所有扩展名为js的文件	本网站的JavaScript脚本文件
img目录	之下所有的图片	本网站需要用到的图片

26.2 规划首页的布局

因为是医院网站，所以网站的首页导航比较多，本节我们就来依次分析首页的重要部分的设计样式。

26.2.1 搭建首页页头部分

首页页头部分是比较重要的部分，它包含了网站Logo部分、网站的导航部分，站内搜索部分和语言选择部分，页头部分的效果如图26-3所示。

图26-3 首页页头设计分析图

页头部分的关键实现代码如下所示。

```
1.  <div id="header-global">
2.   <a rel="nofollow" href="index.html" id="logo-w-header"><img id="logo-w"
src="img/logo_W_8b_a.png" width="132" height="66" /></a>
3.   <div id="utility">
4.    <ul>
5.    <li class="wai"><a href="#main">返回首页</a> </li>
6.    <li><a href="#">中文版</a> </li>
7.    <li><a rel="nofollow" href="#">English</a> </li>
8.    <li><a rel="nofollow" href="#">日本语</a> </li>
9.    </ul>
10.  </div>
11.  <div id="search-site">
12.   <p>
13.    <input type="hidden" name="collection" value='westpac' />
14.     <input class="txt" name="query" id="query" type="text" value="请选择"
title="Search this site" />
15.      <input class="btn" type="image" src="img/btn_go_searchbox.png"
alt="Go" />
16.   </p>
17.  </div>
18.  <div id="wpr-nav-primary">
19.   <ul id="nav-primary">
20.    <li class="home"><a href="index.html"><i>首页</i></a> </li>
21.    ……
22.   </ul>
23.  </div>
24. </div>
```

在上述代码中，第2行定义了网站的Logo部分，第3~10行定义了语言选择部分，第11~17行定义了站内搜索部分，第18~23定义了导航部分。

其中，第1行引用了一个名为**header-global**的CSS，在这个CSS中定义了页头部分的背景图片，其代码如下所示。

```
1.  #header-global {
2.      position:relative;
3.      background:url(../img/bg_header_singlepiece_8b_a.png) no-repeat
left bottom;
4.  /* 定义背景图片 */
5.      min-height:83px; /* 定义最小高度 */
6.      padding-bottom:42px;
7.      z-index:10;
8.  }
```

26.2.2 搭建"医学导读"部分的DIV

医学导读部分DIV包含了医院图片和医学常识和
快速导航三个部分，这部分的效果如图26-4所示。

这部分的关键实现代码如下所示。

图26-4 医学导读部分的DIV效果图

```
1.  <div class="c1">
2.      /* 图片部分 */
3.      <div class="promo-primary">
4.        <h2>-</h2>
5.            <a class="non" href="#"><img src="img/hso_3-
WereMakingSuperSimple_335x175.jpg" width="335" height="175" /></a></div>
6.      /* 导读部分 */
7.      <div class="solutions">
8.        <h2>医学导读</h2>
9.        <ul style="background-image:url(img/atn_daytoday.png);">
10.       <li class="promo-solution"><a href="#">哮喘患者的四大疑问</a><i>哮喘
是一种长期的慢性病。哮喘是能够控制的，但尚不能达到"根治"。所以</i></li>
11.       <li class="more"><a href="#">更多详细内容...</a></li>
12.     </ul>
13.   </div>
```

```
14.    /* 导航部分 */
15.    <div class="products">
16.     <h2>快速导航</h2>
17.     <ul>
18.      <li><a href="#">会员登录</a></li>
19.      ……
20.     </ul>
21.     <ul>
22.      <li><a href="#">各科室开放时间</a></li>
23.      ……
24.     </ul>
25.    </div>
26.  </div>
```

在上述代码中，第2~4行是医院图片部分，第7~13行是医学导读部分，第15~25行是快速导航部分。

这里要注意的就是第9行的ul，这个ul引用了一张背景图片，这样就使得它与"健康你我"部分看起来不同了。

26.2.3 搭建"健康你我"部分的DIV

"健康你我"部分也是由图片、医学常识、导航部分组成的，因为这部分代码搭建方式与医学导读部分是一样的的，所以这里就只给出效果图，代码就不再重复给出了，效果如图26-5所示。

图26-5 健康你我部分DIV的效果图

26.2.4 搭建"最新新闻"部分的DIV

最新新闻部分位于正文左边部分的最后一部分，它包含了最新的医学方面的新闻，这部分的效果如图26-6所示。

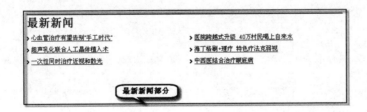

图26-6 最新新闻部分的效果

下面给出这个DIV的关键代码。

```
1.   <div id="news">
2.    <h2>最新新闻</h2>
3.    <ul>
4.     <li><a href="#">心血管治疗有望告别"手工时代"</a></li>
5.     <li><a href="#">医院跨越式升级 40万村民喝上自来水</a></li>
6.     <li><a href="#">超声乳化联合人工晶体植入术 </a></li>
7.     <li><a href="#">海丁格刷+理疗 特色疗法克弱视 </a></li>
8.     <li><a href="#">一次性同时治疗近视和散光 </a></li>
9.     <li><a href="#">中西医结合治疗眼底病</a></li>
10.   </ul>
11.  </div>
```

26.2.5 搭建"便民导航"部分的DIV

在便民导航部分中，医疗服务部分与医学中心部分的搭建方法相差不多，这部分的效果如图26-7所示。

这部分的关键实现代码如下所示。

图26-7 便民导航部分的DIV效果图

```
1.   <div class="c1">
2.       <h2>便民导航</h2>
3.       <a id="btn-applyonlinefor" href="#"><img src="img/btn_applyonline-
select.png" width="193" height="24" /></a>
4.       <div id="menu-applyonline">
5.        <ul>
6.         <li><a href="#">中医科</a></li>
7.         ......
8.        </ul>
9.       </div>
10.  </div>
11.  <div class="c2">
12.     <h2>医疗服务 </h2>
13.     <ul>
14.      <li><a href="#" rel="nofollow">门诊服务 </a></li>
15.      ......
16.     </ul>
17.  </div>
18.  <div class="c3">
19.     <h2>医学中心 </h2>
```

```
20.    <ul>
21.      <li><a href="#" target="_blank">微创外科临床医学中心 </a></li>
22.      <……>
23.    </ul>
24.  </div>
```

这里要注意的是第3行的下拉列表框，这个下拉列表框由图片和DIV组合而成，下拉列表的代码是第4~10行。

26.2.6 搭建"资讯"部分的DIV

资讯部分的DIV是主体部分的最后一部分，这部分主要包含医学的最新资讯，其效果如图26-8所示。

这部分关键代码如下所示。

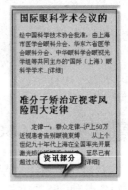

```
1.  <div class="c4">
2.    <h2>国际眼科学术会议的 </h2>
3.    <p> 经中国科学技术协会批准，由上海市医学会眼科分会、
……</p>
4.  </div>
5.  <div class="c4">
6.    <h2> 准分子矫治近视零风险四大定律 </h2>
7.    <p> 定律一：群众定律--沪上50万近视患者告别眼镜束缚
……</p>
8.  </div>
```

图26-8 资讯部分部分的DIV

26.2.7 搭建页脚部分的DIV

首页页脚部分包含了部分导航、版权说明、网站Logo等部分内容，效果如图26-9所示。

图26-9 页脚部分的DIV

这部分的关键实现代码如下所示。

```
1.  <div id="footer-global">
2.    <div class="sleeve">
3.      /* Logo */
4.      <a rel="nofollow" href="index.html" id="logo-w-footer">
5.  <img id="logo-westpac" src="img/logo-westpac.png"  width="346"
height="50" /></a>
```

```
6.      /* 导航 */
7.      <ul>
8.      <li class="contactus"><a href="#" rel="nofollow">联系我们</a></li>
9.      ……
10.     </ul>
11.     <ul>
12.     <li class="siteindex"><a href="#">网站地图</a></li>
13.     …...
14.     </ul>
15.     <ul>
16.     <li class="security"><a href="#" rel="nofollow">法律条款</a></li>
17.     ……
18.     </ul>
19.     /* 版权说明 */
20.     <p>友情提示：本网站信息仅作健康参考……</p>
21.     <p>医院网 &copy; 保留一切权利</p>
22.     </div>
23.   </div>
```

26.2.8 首页CSS效果分析

在前面描述DIV的时候，已经讲述了部分CSS的代码，本小节我们将用表格的形式描述首页中其他CSS的效果，如表26-2所示。

表26-2 首页DIV和CSS对应关系一览表

DIV代码	CSS描述和关键代码	效果图

\<div class="solutions">	定义DIV的上边框的宽度、颜色
	.solutions, #home .products {
	    margin:15px 0 30px;
	    border-top:2px #46403b solid;
	    background:no-repeat right top;
	}	

\<li class="more">	定义字体为粗体
	. li.more, a.more {
	    font-weight:bold;
	}	

26.3 专家介绍页面

专家介绍页面主体部分由三列组成，左边为科室列表，中间是专家的信息介绍，右边为专家相关的荣誉信息。

26.3.1 专家介绍页面左边科室列表的DIV

专家介绍页面左边的科室列表使用了ul和li进行列表设计，其效果如图26-10所示，这里我们就需要使用CSS的方式来实现。

上图列表包含在nav-tertiary父类容器内部，这里我们只将项目列出来，如果要增加相关标题的话，实现代码如下所示。

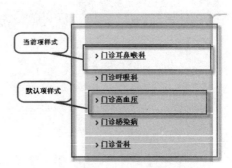

图26-10 科室列表DIV效果图

```
1.  <div id="nav-tertiary">
2.    <div class="menu-heading">
3.    <div>   </div> <!--这里可以添加标题---->
4.    </div>
5.    <ul id="content-navigator">
6.    <li class="item selected"> <a href="three.html">门诊耳鼻喉科</a> </li>
7.    <li class="item"> <a href="#">门诊呼吸科</a> </li>
8.    <li class="item"> <a href="#">门诊高血压</a> </li>
9.    <li class="item"> <a href="#">门诊感染病</a> </li>
10.   <li class="item"> <a href="#">门诊骨科</a> </li>
11.   </ul>
12. </div>>
```

以下是相关CSS样式代码。

```
1.  #nav-tertiary {
2.      display:none;
3.      width:240px;
4.      margin-bottom:30px;
5.  }
6.  #main #nav-tertiary .menu-heading {
7.      padding:10px 0 15px 0;
8.      margin:0;
9.      color:#46403b;
10.     font-size:240%;
11.     border-bottom:1px #46403b solid;
```

```
12.        text-align:left;
13. }
14. #nav-tertiary .menu-heading {
15.        border-bottom:2px #fff solid;
16. }
17. #nav-tertiary .menu-heading a.back {
18.        font-size:50%;
19.        padding-left:10px;
20.        background:url(../img/icon_chevron_right_secondaryred.png) no-
repeat 0 .3em;
21. }
22. #nav-tertiary .menu-heading a.selected {
23.        color:#bc1903;
24.        text-decoration:none;
25.        cursor:default;
26. }
27. #nav-tertiary .menu-heading a.selected i {
28.        position:absolute;
29.        left:-10000em;
30. }……
31. }
```

从上述样式表代码中，我们看到nav-tertiary样式的继承使用，从默认指定ID的样式，到main中nav-tertiary样式的定义，我们可以为某项具体的区域做单独样式定义。但是要注意的是，CSS中大量使用继承，会使样式表相对复杂，不利于日后维护，所以要注意尽量使用较少层次的继承。

26.3.2 专家介绍页面中间部分的DIV

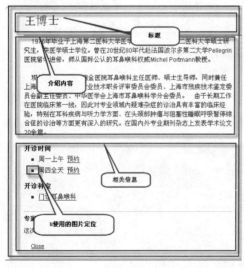

图26-11 专家信息介绍展示效果

专家介绍页面中间部分分成两部分，上面部分是专家信息的介绍，下面部分是专家相关信息显示。

先来介绍上面部分介绍专家信息的DIV，其效果如图26-11所示，我们不再做详细说明。

实现此部分的DIV代码如下所示。

```
1.  <div id="header-content">
2.    <h2>王博士</h2>
3.    <ul id="taskbar">
4.     <li><a href="#" class="print">预约</a></li>
5.    </ul>
6.   </div>
7.   <div id="content-primary" class="cms-content">
8.    <div>
9.     <p>  1976年毕业于上海第二医科大学医学系,后攻读上海第二医科大学硕
士研究生……</p>
10.    <h4>开诊时间</h4>
11.    <ul>
12.     <li>周一上午<a href="#">预约</a></li>
13.     <li>周四全天<a href="#">预约</a></li>
14.    </ul>
15.    <h4>开诊科室</h4>
16.    <ul><li><a href="#">门诊耳鼻喉科</a></li></ul>
17.    </div>
18.    <div class="notes">
19.     <div class="sleeve">
20.      <h6>专家最近留言</h6>
21.      <ul class="footnotes"><li>这次节假日不休息, 全天义诊</li></ul>
22.     </div>
23.    </div>
24.  </div>
```

上述代码自上而下设计，分别实现了标题、内容、相关信息，CSS代码如下所示。

```
1.  #main #header-content h2 {
2.      padding:10px 0 15px 0;
3.      margin:0;     /******//无外边距*******/
4.      color:#46403b;
5.      font-size:240%;
6.      border-bottom:1px #46403b solid;  //底边框的边框线样式 solid表示实线
7.      text-align:left;
8.  }
9.  #taskbar {  //ID选择器定义样式
10.     overflow:hidden;   /****超过容器部分隐藏*****/
11.     float:right;     /****流输出从右开始*****/
12.     padding:7px 0;
13. }
14. #header-content #taskbar li {
15.     float:left;
16.     margin:0 -16px 0 16px;
17. }
18. #taskbar li a {
19.     display:-moz-inline-box;     /******//指定taskbar内的li的默认样式
********/
20. }
21. #taskbar li a {
22.     display:inline-block;  /****//一行内块状显示****/
```

```
23.        font-size:110%;
24.        color:#46403b;
25.        line-height:17px;    /****/内容区域的高度，即行高****/
26.        border-right:1px #666 dotted;
27.        margin-right:8px;
28.        padding:1px 10px 1px 25px;
29.        background:url(../img/icon_toolbar_sprite.png) no-repeat 0 50%;
30. /*******//指定背景图片（不平铺）从左边的中间位置定位，如图九所示******/
31.        text-decoration:none;
32. }
33. #content-primary p, #content-secondary p {
34.        line-height:1.5;
35. }
36. .cms-content h3 {
37.        padding-top:8px;
38.        /****代码略***/
39. }
40. .cms-content h3.first {
41.        border-top:none;
42. }
43. .cms-content h3 a {
44.        border-bottom:2px #46403b solid;
45.        /****代码略***/
46. }
47. .cms-content h3 a:hover {
48.        border-bottom:2px solid #bc1903;
49.        color:#bc1903;
50.        text-decoration:none;
51. }
52. <!------//以上内容区域------------------>
53. div.notes, .type-a #content-primary div.notes, .type-b #content-primary
div.notes, .type-c #content-primary div.notes, .type-d #content-primary div.notes
{
54.        border-top:1px #dedcda solid;
55.        margin:20px 0;
56.        padding-top:10px;
57. }
58. <!-------//以上相关区域样式，其他样式略---------------->
```

上面我们列出了大部分样式，主要包括标题、内容和相关区域的样式代码，代码比较简单、比较特殊的样式，已经加上注释，这里不做过多介绍。

星光灿烂的娱乐资讯网站

娱乐资讯网站由于包含了娱乐圈里的时尚新闻和最新资讯，所以颇受一些"八卦"迷的喜好，这类网站通过发布一些"星闻"和"独家消息"，也能积聚到一定量的人气。

为了更好地吸引流量，所以这类网站首页要具备美观的界面和丰富的资讯，这样才能让一些偶尔路过的访客关注本网站；其次要不断更新，不能把一些陈年旧账放在页面上，要用"星闻"留住访客。本章我们就来分析一下这类网站的实现方式。

27.1 网站页面效果分析

在本章中，将着重分析娱乐资讯网站的首页和"明星照片"两个页面的设计样式，而"资讯要闻"页面风格比较简单，所以就不再分析了。

27.1.1 首页效果分析

娱乐资讯网站的首页布局是非常美观的，我们采用了"五行"的样式，其中，第一行里放置包含Logo图片的页头部分。第二行里，放置本网站的菜单导航条。在第三行里，放置网站里的"主题性图片"，包括广告、抬头图片等内容。第四行是网站的主体部分，包括"娱乐要闻"和"新闻图片"等元素。最后一行，是页脚部分，其中包括导航菜单、Logo图标和版权声明三大要素。

由于首页的篇幅较长，我们通过两个图来展示首页的整体样式。图27-1展示了首页上半部分前3行的样式。图27-2展示了首页后2行的效果。

图27-1 首页前3行的效果图

图27-2 首页后两行的效果图

27.1.2 明星介绍页面的效果分析

在这个娱乐资讯的网站里，明星信息是主体，所以在这类"明星介绍"页面中，需要使用图文并茂的形式介绍当红明星以及这些明星的最新资讯。

明星介绍页面的页头和页脚部分与首页很相似，首页主体部分分为三列，效果如图27-3所示。

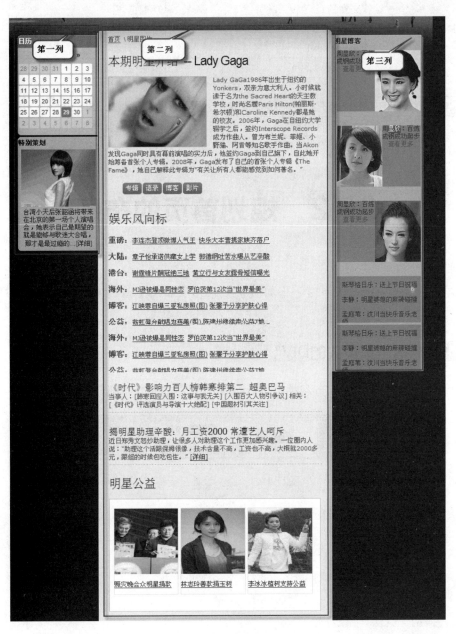

图27-3 明星介绍页面

27.1.3 网站文件综述

这个页面的文件部分是比较传统的，用img、css和js三个目录分别保存网站所用到的图片、CSS文件和JS代码，文件及其功能如表27-1所示。

表27-1 娱乐资讯网站文件和目录一览表

模块名	文件名	功能描述
页面文件	index.html	首页
	photos.html	明星介绍页面
	shownew1.html	资讯信息页面
css目录	之下所有扩展名为css的文件	本网站的样式表文件
js目录	之下所有扩展名为js的文件	本网站的JavaScript脚本文件
img目录	之下所有的图片	本网站需要用到的图片

27.2 规划首页的布局

首页中包含的内容比较丰富，下面我们就来依次看一下首页中比较重要的DIV的实现方式。

27.2.1 搭建首页页头的DIV

这个娱乐资讯网站页头部分包括网站Logo部分和网站的导航部分，效果如图27-4所示。

图27-4 首页页头设计分析图

页头的关键实现代码如下所示。

```
1.  <div id="cHeader">
2.  <!--放置Logo图片-->
3.  <a id="logo" href="index.html">娱乐资讯</a>
4.  <div class="right">
5.   <div class="top">
6.    <ul class="links">
7.     <li class="signup"><a href="#">注册</a></li>
8.     <li class="login panelButton"><a href="#">登录</a></li>
9.     <li class="cart"><a href="#">我的账号</a></li>
10.   </ul>
```

```
11.    <input name="q" type="text" id="headerSearch" value="搜索" />
12.    <input type="submit" class="search-button" value=" " />
13.   <div class="clearer"></div>
14.   </div>
15.   <ul class="subnav">
16.   <li><a href="#">近期热门</a></li>
17.   <li><a href="#">娱乐资讯</a></li>
18.   <li><a href="#">业界动态</a></li>
19.   <li><a href="#">业界新闻</a></li>
20.   <li class="last"><a href="#">小道消息</a></li>
21.   <li class="rss"><a href="#">免费订阅</a></li>
22.   </ul>
23.   </div>
24.  </div>
```

上面代码中，第3行放置页头部分的Logo图标，第5~10行里，定义了注册和登录部分的功能模块，第15~22行里，定义了页头部分的导航菜单。

在第3行引入Logo图标部分是通过ID为logo的CSS来实现的，这部分的代码如下所示，其中在第7行中，通过background:url来指定Logo图片。

```
1.  #cHeader #logo {
2.      display:block;
3.      float:left; /*设置悬浮方式*/
4.      width:252px;
5.      height:78px;
6.      padding-left:4px;
7.      background:url(../img/logo-centralpark.gif) no-repeat 4px 0;
8.      text-indent:-10000px;
9.  }
```

27.2.2　搭建"网站导航菜单"部分的DIV

在首页页头下方是整个网站的导航菜单，其效果如图27-5所示。

图27-5　企业简介部分的DIV效果图

这部分的关键实现代码如下所示，它使用了ul和li来定义段落。

```
1.  <div id="cMenu">
2.   <ul>
3.   <li class="home"><a href="index.html">首页</a></li>
4.   <li class="info"><a href="photos.html">娱乐新闻</a></li>
5.   <li class="zoo"><a href="shownew1.html">资讯</a></li>
6.   <li class="photos"><a href="index.html">明星图片</a></li>
```

```
7.    <li class="events"><a href="shownew1.html">业界动态</a></li>
8.    <li class="attractions"><a href="photos.html">小道八卦</a></li>
9.    <li class="sports"><a href="shownew1.html">博客</a></li>
10.   <li class="activities"><a href="#">嘉宾聊天</a></li>
11.   <li class="maps"><a href="#">大片</a></li>
12.   <li class="history"><a href="#">音乐库</a></li>
13.   <li class="store"><a href="#">#</a></li>
14.  </ul>
15. </div>
```

在第1行里，引入了ID为cMenu的CSS，这个CSS作用范围比较大，它能作用到ul和li等标签上，相关代码如下所示。

```
1.  #cMenu {
2.       width:800px;
3.       height:34px;
4.       overflow:hidden;
5.  }
6.  #cMenu ul { /*针对ul*/
7.       list-style-type:none;
8.  }
9.  #cMenu ul li { /*针对ul下的li*/
10.      height:34px;
11.      margin:0;
12.      padding:0;
13.      float:left;
14. }
15. #cMenu ul li a { /*针对诸如第3行里的a标记 */
16.      display:block;
17.      text-indent:-10000px;
18.      background-image:url(../img/header.png);
19.      background-repeat:no-repeat;
20.      height:34px;
21.      padding:0 1px 0 0;
22. }
```

27.2.3 搭建"娱乐要闻"部分的DIV

娱乐要闻部分使用了"标题+图片+文字"的样式，它位于网站的上部分，其效果如图27-6所示。

娱乐要闻部分现实代码如下所示，其中，在第2行里显示的是头文字，在第3行里，放置的是"娱乐要闻"的图片，而在第4~6行里，放置的是图片下的新闻。

图27-6 娱乐要闻部分DIV的效果图

```
1.  <div class="event-con">
2.    <h2 class="title">娱乐要闻</h2>
3.    <div class="pic"><a href="#"><img src="img/ev_0c294.jpg" /></a></div>
4.    <h2><a href="#">《如梦》公映 吴彦祖袁泉参演改变爱情观</a></h2>
5.    <p>[导演关键词：流浪情欲寻根 吴彦祖做客谈婚事
6.       <a href="#" class="more">详细 &rsaquo;</a>
7.    </p>
8.    </div>
9.  </div>
```

27.2.4　搭建“更多要闻”部分的DIV

更多要闻部分是纯粹的文字显示，样式效果如图27-7所示，它使用了“抬头+正文”的样式，而针对每篇文章，是用“标题+文章”的形式。

下面给出这个DIV的关键实现代码，代码主要采用了ul和li的分段方式，由于代码比较简单，所以就不再详细说明了。

图27-7　“更多要闻”部分的效果

```
1.  <div class="other-events">
2.    <h2>更多要闻</h2>
3.  </div>
4.  <ul class="other-events-content">
5.    <li>
6.       <!--标题加文字部分的文章-->
7.    <h3><a href="#">世博开幕 宋祖英周杰伦跨界献艺</a></h3>
8.    <p>由东方卫视倾情打造和播出的《世界，你好！》世博开幕电视三天大直</p>
9.    </li>
10.  省略其他新闻
11. </ul>
12. <div align="center"><a href="#">查看更多</a></div>
```

27.2.5　搭建“更多图片新闻”部分的DIV

在更多图片新闻部分中，图片是主体，除了新闻标题外，还有读者对此新闻的评分信息，效果如图27-8所示。

图27-8 "更多图片新闻"部分的DIV效果图

这部分的关键实现代码如下所示，代码通过一个新闻来举例，其中，第10行定义了图片部分，第21行定义了新闻标题。

```
1.  <div class="other-photos">
2.   <h2>更多图片新闻</h2>
3.  </div>
4.  <div class="other-photos-content">
5.   <ul>
6.    <li>
7.     <div class="left-column">
8.      <div class="frame"></div>
9.       <div class="middle">
10.       <a href="#"><img src="img/walkway-in-winter.jpg" width="90" /></a>
11.       </div>
12.       <div class="frame bottom"></div>
13.      </div>
14.     <div class="right-column">
15.      <div>
16.       <span class="text">读者评选(130投票)</span> | <span class="score">3.5分
17.       </span>
18.      </div>
19.      <div class="rater"> <span class="xrater x35"><img src="img/spacer.gif"
    width="74" height="14" /></span> </div>
20.     </div>
21.     <h3 class="clear"><a href="#">解密《阿凡达》如何打破电影发行常规 </a></h3>
22.    </li>
23.  <li>
24.  省略第二条新闻内容
25.  </div>
26. </div>
```

这部分位于页面主体部分的第二列，其外框与"娱乐要闻"和"更多要闻"两个部分是一样的，所以这里就不再详细分析了。这里要注意的是从第7行开始，我们使用了table这个标签，这是一个经典的DIV嵌套table，因为在某些时候，DIV+CSS的方式并不能完全实现想要的效果，这个时候就可以使用DIV嵌套table来实现。

27.2.6　搭建页脚部分的DIV

首页页脚部分包含了"导航菜单"和"版权说明"两大块，其效果如图27-9所示。

图27-9　页脚部分的DIV

这部分关键的实现代码如下所示，其中，从第4~13行定义了诸多导航菜单，而第16行定义了下方的Logo图标和版权声明。

```
1.  <div id="cFooter">
2.  <div class="line-two">
3.   <div class="col">
4.    <h3>关于我们</h3>
5.    <ul>
6.    <li><a href="#">关于我们</a></li>
7.    <li><a href="#">关于网站</a></li>
8.    <li><a href="#">关于公司</a></li>
9.    <li><a href="#">网站地图</a></li>
10.   <li><a href="#">网站帮助</a></li>
11.   <li><a href="#">联系我们</a></li>
12.   </ul>
13.  </div>
14.  省略其他新闻
15.  <!—放置logo和版权声明-->
16.  <div class="line-three">娱乐资讯网 &copy; 2009 - 2010 保留一切权利</div>
17. </div>
```

在上面代码的第1行里，我们定义了ID为cFooter的CSS，具体代码如下所示，它定义了页脚部分的宽度、内边距、字体大小和颜色。

```
1.  #cFooter {
2.      width:800px; /*定义宽度*/
3.      padding:5px 0; /*定义内边距*/
4.      font-size:10px; /*定义字体大小*/
5.      color:#666; /*定义颜色*/
6.  }
```

27.2.7 首页CSS效果分析

在前面描述DIV的时候，我们已经讲述了部分CSS的代码，本小节我们将用表格的形式描述首页中其他CSS的效果，如表27-2所示。

表27-2 首页DIV和CSS对应关系一览表

DIV代码	CSS描述和关键代码	效果图

`<a href="#" class="more">`	定义字体为斜体
	`.more {`
	　　　　`text-decoration:none;`
	　　　　`color:#357595;`
	　　　　`font-style:italic;`
	`}`
		定义字体为斜体

`<a id="logo"`	定义字体灰显效果
	`#left.cms {`
	　　　　`padding-left: 4px;`
	　　　　`background: url(../img/`
	`top_corner_left.gif) no-repeat;`
		将Logo以背景图片的方式显示

`<div class="pic">`	定义图片相框的阴影效果
	`.pic img {`
	　　　　`margin:2px 0;`
	　　　　`border:1px solid #555;`
	`}`
		定义相框的阴影效果

27.3 明星图片页面

明星图片页面使用了三列设计，内容包含明星图片和明星介绍等信息。

27.3.1 明星图片页面左边日历部分的DIV

日历部分使用了ul和li设计，红色框标出三部分内容，这里我们给出部分主要的DIV效果，其他的DIV暂不做介绍，如图27-10所示。

这里我们可以看到列表中包含图片、span标签描述文字和标题锚点；而搜索区域的GO和SHOW基本上用图片代替，通常在设计中会使用背景图去替代搜索栏原来方方正正的文本框和按钮，相应代码如下所示。

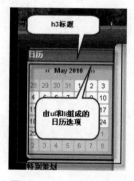

图27-10 日历标签效果

```
1.   <h3 class="title">日历</h3>
2.   <div id="sub2">
3.    <div class="content">
4.        <div class="nav"> <a id="calPrevMonth" href="#"
class="arrow">&laquo;</a>
5.            <a id="calCurrentMonth" href="#">2010 四月</a>
6.    <a rel="nofollow" id="calNextMonth" href="#" class="arrow">&raquo;</
a>
7.      </div>
8.      <div class="calendar">
9.       <div id="calWrapper" style="left: 0;">
10.      <div id="calMonth">
11.       <ul>
12.        <li><a rel="nofollow" href="#" class="blurred" >28</a></li>
13.        /**//略***/
14.       </ul>
15.       <ul>
16.        <li><a rel="nofollow" href="#" title="11">11</a></li>
17.        /**//略***/
18.       </ul>
19.       <ul>
20.        /**//略***/
21.         <li><a rel="nofollow" href="#" class="today" title="29">29</a></
li>
22.       <ul>
23.        <li><a rel="nofollow" href="#" class="blurred"title="02">2</a></
li>
24.        /**//略***/
25.       </ul>
26.      </div>
27.     </div>
28.    </div>
29.    <div class="clear"></div></div>
30.    <div class="bottom">
31.     <div class="left"></div>
32.     <div class="right"></div>
33.    </div>
34.  </div>
```

日期控件功能是用JavaScript实现的，这里不做介绍，我们把注意力放在样式代码上，每一个日期选择项是由一组ul和li组成的，并且所选择的日期可以有三种颜色，分别是历史日期颜色、未来日期颜色和当天日期颜色，li内部的颜色都包含在li标签内，下面是日期的样式代码。

```
1.   #sub2 ul, #sub2 ul li {margin: 0;  padding: 0 ;list-style-type: none; }
2.   #sub2 .content {
3.        width: 145px;
4.        font-size: 11px;
5.        color: #343F14;
6.        padding-left: 1px;
```

```
 7.        background: #CDDBA6;
 8.        border-right: 5px solid #8F9974;
 9.        overflow: hidden;
10.        zoom: 1;
11. }
12. #sub2 .content a {    color: #343F14;        text-decoration: none; }
13. #sub2 .content .calendar{margin:5px 0; width:145px; o verflow:hidden;positi
on:relative; }
14. #sub2 .content .calendar ul {        clear: left;  width: 140px;  margin: 0
auto; }
15. #sub2 .content .calendar ul li {
16. float: left; width: 18px;  height: 18px;  overflow: hidden;  text-align:
center;
17. font-size:11px;line-height:18px;background: #EFFDC8;color: #666;margin:
1px 2px 1px 0;
18. }
19. #sub2 .content .calendar ul a {
20.        display: block; background: #fff url( '../img/ltgreen.left.round-
cell.gif' ); color: #343;
21.        height: 18px; width: 18px;
22. }
23. #sub2 .content .calendar ul a:hover {
24.        background-color: #6BAF20;
25.        color: #fff;
26.        text-decoration: none;
27. }
28. #sub2 .content .calendar .clear { clear: left;  height: 5px; font-size: 0;
29. line-height: 5px;  }
#sub2 .content .calendar ul li .today {
    background-color:#6BAF20; color: #fff; font-weight: bold;}
#sub2 .content .calendar ul li .blurred { background-color: #DFEDB8; color:
#999;}
    #sub2 .content .calendar ul li .blurred:hover {        background-color:
#6BAF20; color: #fff; }
    #sub2 .content .calendar #calMonth {  width: 145px; float: left;}
    #sub2 .content .calendar #calWrapper {
    width: 145px;        position: relative;  top: 0; left: 0;
    }
    #sub2 .content .nav {
    font-weight: bold; text-align: center; line-height: 16px; margin-top:
5px; }
30. #sub2 .content .nav .arrow {
31.        font-size: 14px;
32.        line-height: 14px;
33.        margin: 0 5px;
34.        padding-bottom: 2px;
35. }
```

　　在上面HTML代码中使用了多个DIV嵌套来搭建日期区域的控件。DIV使用了从父类的sub2到calmonth的样式一级一级地实现了统一到内部的细化样式。这里我们只简单说明它的设计思路，代码不做介绍。ID为sub2和content的最外层DIV实现无ul和li的样式、无边距的定义、到内部逐步定位颜色以及四边的位置。

27.3.2　明星图片页面中间部分的DIV

明星图片页面中间部分包括相关明星图片和相关信息描述部分，其效果如图27-11所示。

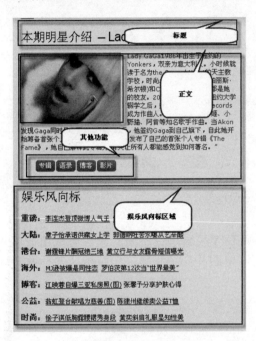

图27-11　杂志内容介绍效果图

实现此部分的HTML代码如下所示。

```
1.   <div id="photosContainer">
2.       <div class="no-overflow">
3.       <h1>本期明星介绍 -- Lady Gaga </h1>
4.       <img src="img/010.jpg" width="184" height="128" class="imgLeft" />
5.       <div> Lady GaGa1986年出生于纽约的Yonkers……" </div>
6.       <div class="clear links" style="font-size:12px">
7.        <ul class="roundButtons" style="width: 350px; margin-top: 7px;">
8.         <li><a href="#" style="font-size:12px">专辑</a></li>
9.        /**//略*****/
10.       </ul>
11.      </div>
12.      <div class="clearer"></div>
13.      <div class="separator"></div> <h1>娱乐风向标</h1>
14.         <div><p><span style="font-size:14px; font-weight:bold">重磅: </span><a href="#">李连杰登顶微博人气王</a> <a href="#">快乐大本营携家族齐落户</a></p>
15.                        /**//略*****/
16.      </div>
17.      <div class="links">
```

```
18.         <div class="clearer"></div>
19.       </div>
20.       <div class="separator"></div>
21.       <h2>《时代》影响力百人榜韩寒排第二 超奥巴马 </h2>
22.       <div>当事人：[韩寒回应入围：这事与我无关] [入围百大人物/…]</div>
23.       /**//略*****/
24.       <div class="separator"></div>
25.     </div>
26.     <div class="topContainer"> <h1>明星公益</h1>
27.     <div class="topPhotos">
28.     <ul><li>
29.     <div class="pic">
30.                   <a href="#"><img src="img/003.jpg" width="120"
height="120" /></a>
31.                   </div>
32.                   <p><a href="#">赈灾晚会众明星捐款</a></p>
33.       </li>
34.       /**//略*****/
35.     </ul>
36.     /**//略*****/
37.   </div>>
```

从上面代码看到，中间DIV区域是由不同的内容区域组成的，依次从上至下的DIV划分不同内容，这里只介绍明星图片介绍和第二个娱乐风向标两个区域，使用的样式代码如下所示。

```
1.   . #photosContainer {margin-top:14px;  }
2.   .main ul.roundButtons {
3.       margin:0 auto;
4.       padding:0;
5.       list-style-type:none;
6.       overflow:hidden;
7.   }
8.   .main ul.roundButtons li {
9.       background:url(../img/green.door.left.gif) no-repeat left top;
10.      float:left;
11.      padding:0;
12.      line-height:15px;
13.      font-size:8px;
14.      margin:0 1px;
15.      white-space:nowrap;
16.  }
17.  .main ul.roundButtons li a, .main ul.roundButtons li a:hover {
18.      background:url(../img/green.door.right.gif) no-repeat right top
!important;
19.      display:block;
20.      color:#fff !important;
21.      padding:3px 6px;
22.      text-decoration:none;
23.      text-transform:uppercase;
24.      font-size:8px;
```

```
25. }
26. #photosContainer .separator {
27.     background:url(../img/dotted-line.gif) repeat-x;
28.     height:1px;
29.     line-height:1px;
30.     font-size:0;
31.     overflow:hidden;
32.     width:400px;
33.     margin:5px 0;
34. }
35. #photosContainer .topContainer .topPhotos .pic {
36.     border-bottom:2px solid #fff;
37.     position:relative;
38.     font-size:0;
39. }
40. /******//略*****/
```

上述样式代码中，列出主要的CSS代码，其他内容请从与本书配套的下载资源中找到相关源代码。

第28章 杂志网站

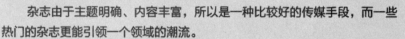

杂志由于主题明确、内容丰富，所以是一种比较好的传媒手段，而一些热门的杂志更能引领一个领域的潮流。

本章将介绍一个杂志综合资讯网站，这类网站由于对杂志资讯进行了整理分类，所以包含的信息量比较大，分类也比较明确，也能吸引一定的流量。

28.1 网站页面效果分析

在本章中，将着重分析杂志网站的首页和"杂志介绍"页面的设计样式，而"杂志推荐"页面风格比较简单，所以就不再的分析了。

28.1.1 首页效果分析

杂志网站的首页布局采用了两行的样式，其中，第一行里放置网站Logo、网站导航、站内搜索、杂志广告等几个部分内容。第二行里放置"推荐杂志"、"杂志列表"、"地址单"、"快速导航"四个部分。

由于首页的篇幅较长，所以我们通过两个图来展示首页的整体样式。图28-1展示了第一行的效果。图28-2展示了第二行的效果。

图28-1 首页第一行的效果图

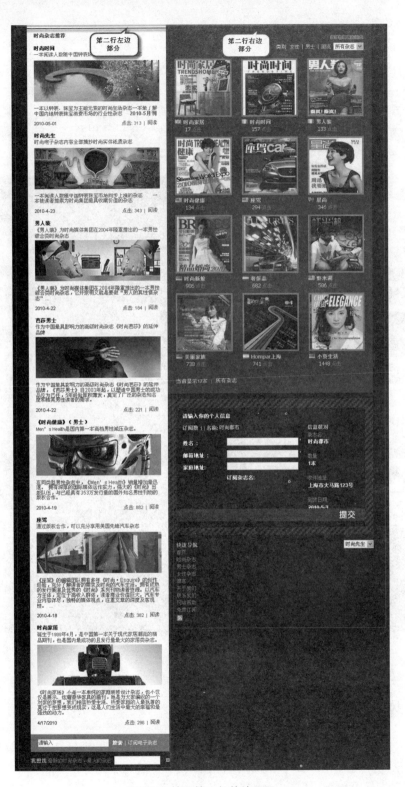

图28-2 首页第二行的效果图

28.1.2 杂志介绍页面的效果分析

在杂志介绍页面中，放置了杂志的分类和此分类下杂志的介绍，这个页面主要用于介绍各个杂志。

这个页面也采用了两行样式，其中，第一行的样式与首页完全一致，都包括导航和广告，而第二行包括杂志分类导航和杂志介绍，下面我们就只给出第二行的效果图，如图28-3所示。

图28-3 杂志介绍页面的效果图

28.1.3 网站文件综述

这个页面的文件部分是比较传统的，用img、css和js三个目录分别保存网站所用到的图片、CSS文件和JS代码，文件及其功能如表28-1所示。

表28-1 杂志网站文件和目录一览表

模块名	文件名	功能描述
页面文件	index.html	首页
	interviews.html	杂志介绍页面
	magazine.html	推荐杂志页面
css目录	之下所有扩展名为css的文件	本网站的样式表文件
js目录	之下所有扩展名为js的文件	本网站的JavaScript脚本文件
img目录	之下所有的图片	本网站需要用到的图片

28.2 规划首页的布局

因为需要引领时尚的杂志网站，所以网站的首页就比较重要了，本节我们依次讲述首页重要部分的设计方式。

28.2.1 搭建首页页头的DIV

首页页头部分是比较重要的部分，它包括网站Logo部分、网站的导航部分、站内搜索部分和杂志广告部分，这部分的效果如图28-4所示。

图28-4 首页页头设计分析图

页头的关键实现代码如下所示。

```
1.  <div class="top">
2.     <div class="top-left"> <a id="ct100_Header1_linkLogo" class="logo"
href="index.html">首页</a> </div>
3.  </div>
```

```
4.    <div class="menu-cover">
5.      <div class="menu-area">
6.       <ul id="navigation">
7.            <li id="navigation-1"><a id="ctl00_Header1_linkMagazine"
href="index.html"></a></li>
8.       ……
9.       </ul>
10.      <div class="clearfix"></div>
11.      <input type="text" class="search" />
12.      <input type="submit" value="" class="search-go" />
13.      <div class="clearfix"></div>
14.      <div class="clearfix"></div>
15.       <a id="ctl00_Header1_linkDownload" class="download">download</a> </
div>
16.      <div class="cover"> <a href="#"><img src="img/79292fef-14da-4bf0-ac58-
ba4a05ece525.jpg" style="border-width:0px;" /></a>…..</div>
17.   </div>
18.   <div class="clearfix"></div>
19.   <div class="middle-line">
20.    <div class="middle-dummy"></div>
21.    <div class="middle-line-left">
22.    <select class="select-issue2">
23.      <option value="15" selected="selected">-- 近1周------</option>
24.      ……
25.    </select>
26.    <ul class="issue-download">
27.     <li class="pc"><a id="pc-download" >流行</a></li>
28.     ……
29.    </ul>
30.    </div>
31.    <div class="middle-line-right">
32.     <div >
33.     <h5 class="pink-announce">《春晓》每一位学生都值得赞美 </h5>
34.     ……
35.    </div>
36.    <ul class="cover-selector">
37.       <li class="no1"><a class="active" href="JavaScript:void(0);"
title="1">1</a></li>
38.     ……
39.    </ul>
40. </div>
```

上面代码中，第1~3行定义了Logo所在的位置，第4~12行定义了网站的导航部分和搜索部分，第16行和第17行定义了杂志广告部分，第21~30行定义了网站的导航搜索部分，而第31~40行则定义了杂志广告部分。

在上面代码中，要注意导航部分的代码，它使用一张有全部导航的图片作为背景图片，并与导航链接配合，形成导航部分，它的实现方法是使用多个CSS一起衔接而成的，代码如下所示。

```
1.  ul#navigation li a {
2.      background: url(../img/menu.gif) no-repeat 0 0;
3.  }
4.  ul#navigation li#navigation-2 a {
5.      background-position: 0 -25px;
6.  }
7.  ul#navigation li#navigation-2 a:active, ul#navigation li#navigation-2
a:hover {
8.      background-position: -60px -25px;
9.  }
```

在上述代码中，第2行引用了那张包含全部导航的图片，而第4~6行、第7~9行则是配合这张图片使用的超链。这里要注意的就是第5行和第8行的属性，就是由于这个属性赋值的不同，才会形成图片和链接配合的导航部分。

28.2.2 搭建"杂志推荐"部分的DIV

杂志推荐部分位于第二行的左边部分，这部分主要用于显示网站推荐的杂志，这部分的效果如图28-5所示。

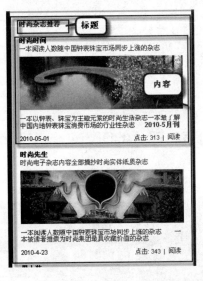

图28-5 杂志推荐部分的DIV效果图

这部分的关键实现代码如下所示。

```
1.  <div class="middle-big-left">
2.      <h4 class="blog">时尚杂志推荐</h4>
3.      <a class="submit-entry" href="#"></a>
4.      <div class='blog-entries'>
5.      <a class="name" href="#" target="_blank">时尚时间</a>
6.      <a class="url" rel="no-follow" href="#" target="_blank">一本阅读人数随中
国钟表珠宝市场同步上涨的杂志</a>
7.          <a class="thumb" rel="no-follow" href="#" target="_blank"><img
```

```
src="img/blog/d90328c2-e98b-4aec-8ce5-2de907b5fe62.jpg" style="border-
width:0px;" /></a>
  8.      <p>一本以钟表、珠宝为……  <strong>2010-5月刊</strong></p>
  9.      <span class="date">2010-05-01</span>
 10.    <a class="blog-share" href="#">阅读</a>
 11.    <span class="hit">点击: 313  |  </span>
 12.    <div class="clearfix"></div>
 13.    </div>
 14.    ………
 15.    <div class="middle-left-end">
 16.    <div >
 17.     <input type="text" value="请输入" class="subscribe" />
 18.      <a class="sub" href="#" style="font-weight:bold;">搜索</a> <span
class="unsub">|</span> <a class="unsub" href="#">订阅电子杂志</a> </div>
 19.    <span class="message"></span> </div>
 20.    <div class="outer-end">
 21.     <span class="yellow-text">我想找</span><span class="blue-text">最新的
时尚杂志，最火的杂志</span>
 22.     <input type="text" class="ithink" />
 23.     <input type="submit" value="" class="ithink-button" />
 24.    </div>
 25. </div>
```

每本杂志的搭建方法是一样的，为了节省篇幅这里只给出一个作为示范，其余的就不给出了，在上述代码中每本杂志都是以图片结合文字的方式显示出来。

在上述代码中，第15~24行搭建的是杂志搜索部分，这部分搜索分为两个，一个是只能搜到可以订阅的杂志，还有一个是能搜到当前最热门的杂志。

28.2.3　搭建"杂志列表"部分的DIV

杂志列表部分是正文部分的上面部分，它包含本网站所有的杂志，效果如图28-6所示。

图28-6 杂志列表部分DIV的效果图

这部分的实现代码如下所示。

```
1.  <div class="middle-big-right-1">
2.      <script type="text/JavaScript" src="js/bakatme.js"></script>
3.      <h3 class="bakatme"></h3>
4.      <a class="addyoursite" href="#">注册</a>
5.      <div class="middle-right-sort">
6.       <select class="sort-site">
7.        <option selected="selected" value="0">所有杂志</option>
8.        ……
9.       </select>
10.      <span class="sort"> 类别 <a class="right-yellow1" href="#">女性</a>|<a
class="right-yellow1" href="#">男士</a>|<a class="right-yellow1" href="#">潮流</
a></span></div>
11.      <div class="middle-right-content">
12.       <ul class="bakatme">
13.          <li > <a rel="no-follow" href="#" target="_blank"><img
class="website-images" src="img/82bebe25-bfc6-46c3-b038-c2979cb6d5ba.jpg"
style="border-width:4px;border-style:solid;" /></a> <img class="flag" src="img/
flags/gb.gif" style="border-width:0px;" /><a class="name" rel="no-follow" href="#"
target="_blank">时尚家居</a> <span class="rating-point"></span>
14.          <span class="hit-counts">17</span> <span class="hit-count">点击</
span> </li>
15.       ……
16.       <div> <a class="previous-right" href="#">当前显示12本</a> <span
class="previous-right">|</span> <a class="previous-right" href="#">所有杂志</a>
</div>
17. </div>
```

在上述代码中，只给出一本杂志的实现方式，其他所有杂志的搭建都是一样的，所以这里就不再给出其他代码，避免做重复的说明了，如有需要可以直接从与本书配套的下载资源中获取。

28.2.4 搭建"填写表单"部分的DIV

填写表单部分位于正文右边部分的中间部分，这部分的作用是当访客订阅杂志时，填写个人信息，这部分的效果如图28-7所示。

下面给出这个DIV的关键实现代码。

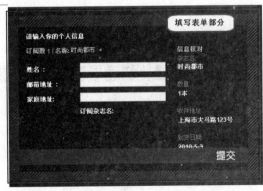

图28-7 填写表单部分的效果

```
1.  <div class="middle-big-right-2">
2.      <div class="work-submit" id="submityourwork">
3.         <h4>请输入你的个人信息</h4>
4.          <div class="submit-1"> <span class="yellow-text2">订阅数  </span> <span class="submit-no">1</span> <span class="yellow-text2"> | 名称:  </span><span class="submit-no">时尚都市</span>
5.         <div class="clearfix"></div>
6.         <span class="form-text"><strong>姓名 :</strong></span>
7.         <input type="text" class="submit-form" />
8.          <span class="yellow-text2">*</span> <span class="form-text"><strong>邮箱地址 :</strong></span>
9.         <input type="text" class="submit-form" />
10.          <span class="yellow-text2">*</span> <span class="form-text"><strong>家庭地址:</strong></span>
11.        <input type="text" class="submit-form" />
12.        <span class="select-files"><strong>订阅杂志名:</strong></span>
13.        <div class="browse-box">
14.         <input type="file" class="fileupload" />
15.         <input type="file" class="fileupload" />
16.         <input type="file" class="fileupload" />
17.        </div>
18.       </div>
19.       <div class="guide"> <span class="yellow-text3">信息核对</span><br />
20.          <span class="">杂志名:</span> <span class="guide-info">时尚都市</span> <span class="grey2">数量:</span> <span class="guide-info">1本</span> <span class="grey2">收件地址:</span> <span class="guide-info">上海市大马路123号</span> <span class="grey2">到货日期:</span> <span>2010-5-3</span> </div>
21.       </div>
22.       <div class="pink-submit">
23.        <input type="submit" class="work-submit-button" />
24.       </div>
25.       <div class="dummy-black"></div>
26.      </div>
27. </div>
```

在上面代码中，主要分为两个部分，信息填写和信息核对，第2~18行实现信息填写，第19~26行实现信息核对。

28.2.5 搭建"快速导航"部分的DIV

快速导航部分位于正文右边部分最后一部分，它是网站常用的导航方式，其效果如图28-8所示。

快速导航部分的关键实现代码如下所示。

```
1.  <div class="foot">
2.   <ul>
3.    <li>快速导航</li>
4.    <li><a href="#">首页</a></li>
5.    <li><a href="#">时尚杂志</a></li>
6.    ……
```

图28-8 快速导航部分的DIV效果图

```
7.      </ul>
8.    </div>
```

28.2.6　首页CSS效果分析

在前面描述DIV的时候，已经讲述了部分CSS的代码，本小节我们将用表格的形式描述首页中其他CSS的效果，如表28-2所示。

表28-2　首页DIV和CSS对应关系一览表

DIV代码	CSS描述和关键代码	效果图

`<div class="middle-line-right">`	定义宽度高度悬浮方式和背景图片
	.middle-line-right{
	　width:502px;
	height:71px;
	float:left;
	background-repeat:repeat-x;
	省略其他代码
	}	

`<div class='blog-entries'>`	定义宽度悬浮方式和内边距
	.blog-entries{
	　float:left;
	　　　　　width:305px;
	　　　　　padding:10px 0 0;
	}	

`<div class="middle-big-right-1">`	定义针对h3的的字体样式、悬浮方式，宽度高度和外边距
	.middle-big-right-1 h3{
	　text-indent:-9999px;
	　　　　float:left;
	　　　　width:94px;
	　　　　height:18px;
	　　　　margin:2px 0 0;
	}	

`<div class="clearfix"></div>`	清除在前文里定义的样式
	.clearfix{
	　clear:both;
	}	

28.3 杂志介绍页面

杂志介绍页面包含各类杂志网站的分类列表和杂志内容的介绍。

28.3.1 杂志介绍页面左边导航部分的DIV

图28-9 分类列表图

左边导航部分使用ul和li设计，红色框标出三部分内容，这里我们只标出搜索和分类列表区域，这部分的设计在之前的案例中有所介绍，效果如图28-9所示。

这里我们可以看到列表中包含图片、span标签描述文字和标题锚点；而搜索区域的go和show按钮基本上用图片代替，我们在设计中通常使用背景图去替代搜索栏原来方方正正的文本框和按钮，相应代码如下所示。

```
1.  <h4 class="interviews">快速搜索</h4>
2.    <div id=" pnlSearch" onkeypress="JavaScript:return WebForm_
FireDefaultButton(event, 'ct100_ContentPlaceHolder1_btnInterviewSearch')">
<span class="form-addsite3"><strong>搜索:</strong></span>
3.    <div class="input-container">
4.      <input name="txtSearch" type="text" id="txtSearch" class="issue-
search" />
5.    </div>
6.    <input type="submit" name="go" value="" id="go" class="issue-go" />
7.    </div>
8.    <span class="form-addsite"><strong>快速查找:</strong></span>
9.    <div class="input-container">
10.     <select name="ct100$ContentPlaceHolder1$ddlIssues" id="ct100_
ContentPlaceHolder1_ddlIssues" class="issue-select">
11.     <option value="14">2009年12月</option><!--//其他option略-->
12.    </select>
13.    </div>
14.    <a id="ct100_ContentPlaceHolder1_linkShow" class="issue-show"></a>
```

```
<span class="interviews-in">在线会员：<strong>234</strong>
15.                  人</span>
16.     <ul class="interview-list">
17.        <li> <a id="nav_1" title="" href="#"><img src="img/be5df9eb-0a0a-
49f6-b48a-d72995f81c9e.jpg" style="border-width:0px;" /></a> <a class="name"
href="#" style="line-height:15px">流行时尚</a><span>###</span> </li>
18.        <li class="split-list"></li>  <!---//虚线间隔区域-->
19.        <li> <a id="nav_1" title="" href="#"><img src="img/0a8ca8bb-9bd2-
43f4-bf0c-0b705c600543.jpg" style="border-width:0px;" /></a> <a class="name"
href="#" style="line-height:15px">电影杂志</a><span>###</span> </li>
20.     <li class="split-list"></li>
21.                  <!--//其他列表项代码略..-->
22.     <li class="split-list"></li>
23.     </ul>
24.     <div class="clearfix"></div>
25.       <div class="middle-left-end-2">杂志提供在线<a id="ctl00_
ContentPlaceHolder1_linkMail" href="#">订阅</a>，为您带来最新的杂志信息 </div>
26. </div>
```

在上面的代码中，select标签定义了name为ctl00_ContentPlaceHolder1_ddlIssues，可能大家觉得这个ID取名太长了，这主要与编程相关，开发人员使用控件完成对某块区域的显示，或用一种开发工具中的控件代替html控件实现一些功能，这些控件生成html源码的时候ID也会随之改变。遇到开发时用到动态ID的时候，设计师只能使用ID对class样式进行设置。

```
1.   .issue-show{float:left;
2.       height:14px;
3.       text-indent:-9999px; //首行缩进，负数表示不显示文字
4.       border:none;
5.       display:inline;
6.       overflow:hidden;  //文字或图片超出容器隐藏
7.       font-size:1px;
8.       cursor:pointer;    /*鼠标焦点焦点样式*/}
9.   ul.interview-list li{
10.      width:305px;
11.      float:left;
12.      list-style:none;  /*去除默认样式*/
13.      height:33px;
14.      background-color:#d6d6d6;
15.      overflow:hidden;     }
16.  ul.interview-list li a.name{
17.      list-style:none;
18.      text-decoration:none;  /*无下划线*/
19.      color:#595959;
20.      font-size:12px;
21.      font-weight:bold; /*行高*/
22.      margin:11px 5px 0 15px;
23.      float:left;  }
24.  ul.interview-list li span{
25.      list-style:none;
26.      text-decoration:none;
```

```
27.        color:#ffffff;
28.        /**样式略***/}
29.     ul.interview-list li img{
30.         float:left;
31. }
```

上面CSS代码中，不常用的一些CSS属性已经做了注释。针对ul和li给出了相应的CSS样式。高度、背景色、所在位置，以及内部子标签span、a等元素相应的样式，这里不做过多讲解了。

28.3.2 杂志介绍页面博客显示部分的DIV

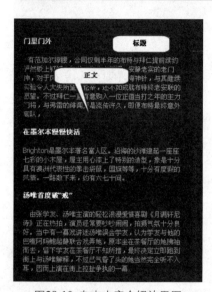

杂志介绍页面中间部分是介绍相关杂志的区域，内容从上至下排列，效果如图28-10所示。

实现此部分的HTML代码如下所示。

图28-10 杂志内容介绍效果图

```
1.  <div class="middle-big-right-1">
2.   <h3>热门内容推荐</h3>
3.     <div class="middle-right-content">
4.         <div class="interview-left">
5.         <p><span class="question">门里门外</span><br /><br />  
6.          有范加尔撑腰，合同仅剩半年的布特与拜仁提前续约俨然板上钉钉，如此一位为人低调
….//略   
7.          <a href="#">[查看]</a><br /><br />
8.          <span class="question">《杜拉拉》升值记 广告植入的春天来了</span><br
/><br />
9.          2010年的4月，一部由畅销职场小说《杜拉拉升职记》改编的同名电影引起了太多话
题，它是"杂家"徐静蕾"转型"……//略
10.         .<a href="#">[查看]</a><br /><br />
11.         </p>
12.        </div>
13.        <div class="interview-right-q"></div>
14.      </div>
15. </div>
```

从上面代码看出，博客显示部分由标题列表项和其他内容组成，该区域的父类容器 primary-content 的CSS代码如下所示。

```
1.  .middle-big-right-1 h3.all-issues{
2.    text-indent:-9999px;
3.      float:left;
4.      width:94px;
5.      height:18px;
6.      margin:2px 0 2px 0;
7.  }
8.  .middle-big-right-1 h3.press{
9.      text-indent:-9999px;
10.     float:left;
11.     width:55px;
12.     height:18px;
13.     margin:2px 0 2px 0;
14. }
15. .middle-big-right-1 h3.goodies{
16.     text-indent:-9999px;
17.     float:left;
18.     width:94px;
19.     height:19px;
20.     margin:2px 0 2px 0;
21. }
22. .interview-left{
23.     float:left !important;
24.     width:290px !important;
25.     /******//略*****/
26. }
27.
28. .interview-left p{
29.     padding:0 0 19px 0;
30. }
31. .question{
32.      font-size:8.5pt;
33.     font-family:Tahoma;
34.     font-weight:bold;
35.     /******//略*****/
36. }
```

上述样式代码是一部分，其他的样式由于篇幅就省略掉了，需要了解的读者从与本书配套的下载资源的源代码中直接查看。

第29章 简洁的购物网站

从规划、切图到采用"DIV+CSS"的方式构建网站，最后用到JavaScript编写脚本，这个是开发一个网站的一般流程。本章将根据这个流程，开发一个实用性很强的购物网站。

在这个购物网站的首页中，使用了三列的布局方式，而"商品展示"页面采用两列式的布局方式，这种设计上的变换我们可以通过简单地改变CSS样式代码来实现。下面我们一起来感受这个简洁的购物网站的魅力。

29.1 网站页面效果分析

这个购物网站中，我们需要开发首页、"商品展示"、"站点地图"和"关于我们"等页面，本章将重点分析其中比较复杂的首页和商品展示页，其他页面大家可以参看与本书配套的下载资源中的相关文件。

这个网站的风格是：第一，将Logo放在醒目的位置以突显购物网站的标志；第二，色彩采用浅色调，不会喧宾夺主从而影响到网站的主题；第三，网页足够长，从而能让客户在一个页面中就能看到足够多的信息。

29.1.1 首页效果分析

首页的大致效果如图29-1所示，它是一个三行的布局样式，在第一行里，放置了Logo图片、导航信息和购物网站公告等信息。在第二行里，分别用三列来表示"导航"、"用户博客"和"产品展示"部分，在第一列的"导航"部分的下方，需要放置"收藏页面"和"用户注册登入"的界面。而在最后一行里，放置购物网站信息等内容。

图29-1 首页的效果图

29.1.2 商品展示页面的效果分析

商品展示页面大致上也采用了三行的样式。这个页面的页头和页脚与首页的风格相同，而左边的导航部分也与首页一样，所不同的是，在第二行里，需要用两个DIV包含"所有商品"和"特别推荐商品"的信息。

商品展示页面的效果如图29-2所示。

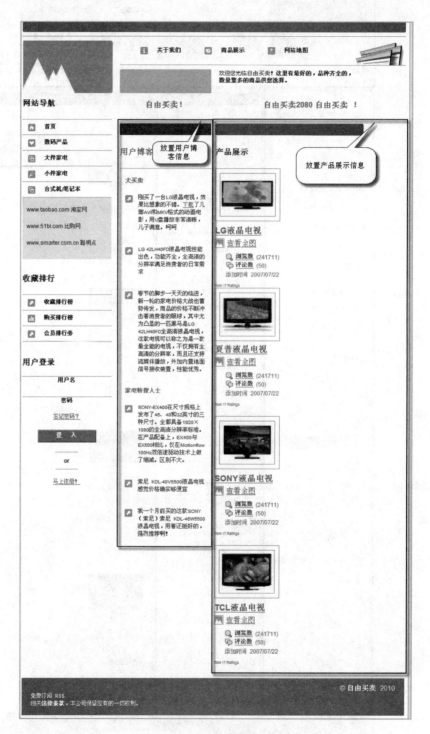

图29-2 商品展示页的效果图

29.1.3 购物网站文件综述

在这个购物网站里，除了首页和商品展示页面外，还包含"站点地图"和"关于我们"页面，这些页面中所用到的图片、CSS文件和JS代码，分别放置在images、css和js目录里，文件及其功能如表29-1所示。

表29-1 购物网站文件和目录一览表

模块名	文件名	功能描述
页面文件	index.htm	首页
	show.htm	商品展示页面
	sitemap.htm	网站地图的页面
	aboutus.htm	关于我们的页面
css目录	之下所有扩展名为css的文件	本网站的样式表文件
js目录	之下所有扩展名为js的文件	本网站的JavaScript脚本文件
images目录	之下所有的图片	本网站需要用到的图片

29.2 规划首页的布局

前一节我们已经介绍了首页和商品展示页面两个页面的大致结构，本节我们将在规划的基础上分析页面中重要DIV的实现方式。

29.2.1 搭建首页页头的DIV

刚才我们已经分析了，首页大致上可以分为三行，其中，第一行是页头，其中包含 Logo 图片、导航菜单、购物网站介绍等信息，页头效果如图29-3所示。

图29-3 首页页头的DIV设计分析图

实现页头部分的代码如下所示。

```
1.   <!—页头，用css的方式引入蓝色长条-->
2.   <DIV id=header>
3.     <DIV id="logo"></DIV> <!—logo部分的DIV-->
4.     <DIV id="navigationheader"><!—导航菜单部分的DIV-->
```

```
5.     <UL>
6.       <LI><A id=navinformation href="aboutus.htm"><img src="image/top_01.
jpg" border="0" alt="" style="vertical-align:middle; margin-right:20px;" />关于我
们</A>
7.     省略其他导航菜单
8.     </UL>
9.   </DIV><!—导航菜单部分-->
10.  <DIV id="introduction"><!—网站介绍部分DIV-->
11.   <H2>自由买卖！</H2>
12.   <img src="image/right_01.jpg" border="0" alt="" />
13.   <P>欢迎您光临<strong>自由买卖</strong>！
14.    <em>这里有最好的，品种齐全的，数量繁多的商品供您选择。</em>
15.   </P>
16.  <H3>自由买卖<STRONG>2080</STRONG>自由买卖！</H3>
17.  </DIV><!—网站介绍部分DIV结束-->
18. </DIV><!—网页头部分DIV结束-->
```

在上述代码的第2行里，使用CSS的方式引入了蓝色长条，随后，在第3行里，通过DIV的方式定义了网站的Logo图片，在第4~9行里，定义了导航菜单部分的DIV，而在第10~17行里，定义了网站介绍部分的DIV，这里"自由买卖"的文字是标题，所以采用H2标签处理，而一些描述性的文字，则使用P标签的方式实现。

29.2.2 搭建导航部分的DIV

按照前文的思路，我们还是用DIV的方式构建首页导航部分的DIV，这部分的效果如图29-4所示，它包括"网站导航"、"友情链接"、"收藏排行"和"用户登录"部分的四块DIV。

图29-4 首页网站导航部分DIV效果图

这部分关键实现代码如下所示。

```
1.  <DIV id="sidebar">
2.   <DIV id="navigationmain"><!---网站导航部分的DIV-->
3.    <H2>网站导航</H2>
4.      省略导航链接代码
5.   </DIV>
6.    <!---网站友情链接部分的DIV-->
7.    <DIV style="width:180px; margin:0 auto 0 auto;">
8.       省略友情链接部分的代码
9.    </DIV>
10.  </DIV>
11.  <DIV id="navigationfeatures"><!---收藏排行部分的DIV-->
12.   <H2>收藏排行</H2>
13.      省略收藏排行部分的代码
14.  </DIV>
15.  <DIV id="userlogin"><!---登录部分的DIV-->
16.   <H2>用户登录</H2>
17.   <FORM id=formlogin action=/user/login/ method=post>
18.    <DIV>
19.    <INPUT class=hidden type=hidden value=login name=action>
20.    <INPUT id=username name=username>
21.    <LABEL for=username>用户名</LABEL>
22.    <INPUT id=password type=password name=password>
23.    <LABEL for=password>密码</LABEL>
24.     省略其他部分的代码
25.   </FORM>
26.  </DIV>
27. </DIV>
```

从上面代码中可以看出，导航部分包含四个DIV，其中第2~5行包含了网站导航部分的DIV，第7~9行包含了友情链接部分的DIV，第11~14行包含了收藏部分的DIV代码，第15~26行包含了用户注册登录部分的DIV。

29.2.3　搭建"用户博客"部分的DIV

本小节我们把注意力放在如何构建用户博客部分DIV上，代码部分就不再分析。
用户博客部分使用一个大的DIV嵌套两个DIV，其效果如图29-5所示。

29.2.4 搭建"产品展示"部分的DIV

产品展示部分的效果如图29-6所示，其中也是采用外层DIV嵌套内层DIV的方式实现。

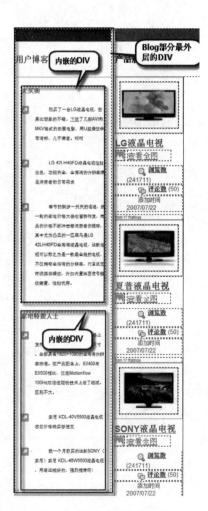

图29-5 用户博客部分的效果

图29-6 产品展示部分的效果

29.2.5 搭建页脚的DIV

首页页脚部分的DIV效果如图29-7所示，它也是采用外层DIV嵌套内层DIV的方式实现。

图29-7 页脚部分的DIV

它的实现代码比较简单，请大家在阅读的时候注意其中的嵌套关系，代码如下所示。

```
1.  <DIV id=footer>
2.   <DIV id=footertopbg></DIV>
3.   <DIV id=copyright>© <A href="mailto:#">自由买卖</A> 2010 </DIV>
4.   <DIV id=navigationfooter>
5.    <UL>
6.     <LI>免费订阅 <A href="#rss/">RSS</A></LI>
7.     <LI>相关<a href="#">法律条款</a>，本公司保留应有的一切权利。</LI>
8.    </UL>
9.   </DIV>
10.  <DIV id=footerbottombg></DIV>
11. </DIV>
```

29.2.6 首页CSS效果分析

这个章节中，我们将通过表格的形式，描述出首页中DIV使用的CSS效果，对于同种类型的CSS效果，我们将只给出一次，如表29-2所示。

表29-2 首页DIV和CSS对应关系一览表

DIV代码	CSS描述和关键代码	效果图

<DIV id=container>	首页头加入一个蓝色的图标
	#container {
	　…
	　　BACKGROUND-IMAGE: url(../image/top.jpg);
	　…
	}
		显示蓝色网页头效果

<DIV id=header>	定义首页导航部分的高度与宽度
	#header {
	　　WIDTH: 851px;
	　　HEIGHT: 168px
	　…
	}
		定义次DIV里的高度与宽度：851px 高度：168px

（续表）

DIV代码	CSS描述和关键代码	效果图

<DIV id="logo">	这里是网站logo
	#logo {
	…
	    background-image:url(../image/logo.jpg);
	…
	}
		以背景图片的方式来显示LOGO
		网站导航　　自由

<DIV id="navigationheader">	网站上边导航栏加入一个背景图片
	#navigationheader {
	…
	    background-image:url(../image/top_bg.jpg);
	    …
	}
		有品展示　网站地图
		欢迎您光临自由买卖！这里有最好的，品种齐全的数量繁多的商品供您选择。
		在此DIV导航栏里添加了一个装饰性的背景图片
		自由买卖2080 自由买卖

<DIV id="sidebar">	给网站左边导航栏定义宽度，并设置此导航栏上不允许出现任何浮动元素
	#sidebar {
	…
	CLEAR: left;
	    WIDTH: 198px;
	    …
	}
		自由买卖！
		首页
		数码产品
		大件家电
		小件家电
		台式机笔记本
		产品展示
		定义网站左边导航栏的宽度，并设置此导航栏上不允许出现浮动元素

<DIV id="contentsectionleft">	设置用户博客DIV宽度，并设置头背景图片
	#contentsectionleft {
	    …
	    background-image:url(../image/right_02.jpg);
	    WIDTH: 198px;
	    …
	}
		定义用户博客DIV的宽度，并设置头背景图片
		LG液晶电视
		精选宣金阁
		(24171)
		收藏版

<DIV class="designpreview">	定义产品详细DIV的宽度并对产品的文字说明做了处理，防止文字过长导致DIV变形
	.designpreview {
	    …
	    WIDTH: 140px;
	    POSITION: relative
	}
		产品展示
		LG液晶电视
		精选宣金阁
		(24171)
		评论数 (50)
		2007/07/22
		定义产品展示详细DIV的宽度并最产品文字说明进行处理预防过长导致DIV变形

29.3 利用CSS样式完善首页效果

CSS的作用是统一风格,在前一节我们已经完成了构建页面的DIV层,本节介绍如何通过CSS优化首页的风格。

29.3.1 整体布局

首页的CSS定义在default.css文件里,我们需要在其中的BODY部分进行整体布局,BODY部分的代码如下所示。

```
1.  BODY {
2.      PADDING-RIGHT: 0px;
3.      background-image:url(../image/body_bg.jpg);     /*定义背景图片*/
4.      BACKGROUND-POSITION: center top;
5.      PADDING-LEFT: 0px;                               /*定义左边距*/
6.      PADDING-BOTTOM: 0px;                             /*定义顶边距*/
7.      MARGIN: 0px;                                     /*定义外边距*/
8.      PADDING-TOP: 0px;
9.      BACKGROUND-REPEAT: repeat-y;                     /*定义图片拉伸方式*/
10.     FONT-FAMILY: arial,宋体;                          /*定义字体*/
11.     font-size:12px;                                  /*定义字体大小*/
12.     BACKGROUND-COLOR: #f4f4f4;                       /*定义背景颜色*/
13. }
```

通过上述代码,我们定义了首页的样式,在第3行设置了背景图片,在第9行设置了背景图片的拉伸方式,在第5~8行定义了首页的边框和各边距,在第10~11行定义了首页字体和字体大小。

29.3.2 定义其他样式

在定义首页的样式代码中,通过如下的代码定义了H2标签的样式,定义后,所有H2格式的文字都将是大小为1.4em,颜色为#434343的效果,代码如下所示。

```
1.  H2 {
2.      FONT-SIZE:1.4em;        /*定义字体大小*/
3.      COLOR:#434343           /*定义字体颜色*/
4.  }
```

首页中用到的其他CSS样式都不复杂,这里就不再重复说明了,大家可以参考与本书配套的下载资源中的相关代码。

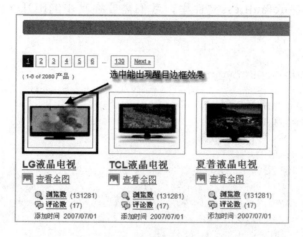

图29-8 CSS效果展示

29.4 商品展示页面

由于一些DIV布局和CSS引入等知识点在前文里已经叙述过，所以本节不再分析如何构建DIV，而只介绍如何开发商品展示页面的特色效果。

在这个页面上我们需要实现如下的特色：第一，用大图分页的效果展示商品，这个可以通过DIV布局的方式实现；第二，当鼠标移动到商品图片上时，需要出现醒目的方框效果，如图29-8所示，这里我们就需要用CSS的方式来实现。

29.4.1 用DIV层构建分页效果

商品分页的效果如图29-9所示。

图29-9 商品展示页面分页的效果

实现这个效果的关键代码如下所示。

```
1.  <DIV id="pager">
2.   <UL>
3.    <!—这里省略图片的链接-->
4.    <LI><A class=currentpage href="#">1</A> </LI>
5.    <LI><A href="#">2</A> </LI>
6.    <LI><A href="#">3</A> </LI>
7.    <LI><SPAN>...</SPAN> </LI>
```

```
8.      <LI><A href="#">130</A></LI>
9.      <LI><A href="#">Next »</A></LI>
10.   </UL>
11.   <DIV id=results>（1-6 of 2080 产品）</DIV>
12. </DIV>
```

这里第4行用到了一个名为**currentpage**的CSS，用来规范页码的格式。

29.4.2　用CSS构建商品图片的效果

为了实现当鼠标移动到图片上时图片加上边框的效果，我们可以这样做：

第一步，在页面上放置图片，并引入CSS效果，代码如下所示。

```
1.  <DIV class=designpreview id=id3684>
2.  <A class=dpview title=View href="#"><IMG height=90 alt="" src="image/
item04.jpg" width=120></A>
3.  <H3><A title="View Web Design Template" href="#">LG液晶电视</A></H3>
4.  <H4><A class=dpavatar title="View User Profile" href="#"><IMG height=16
alt="User Avatar" src="image/avatar_small.gif" width=16></A>
5.  <A class=dpprofile title="View User Profile" href="#">查看全图</A></H4>
```

我们可以看到，第4行通过class=**dpavatar**语句，引入了一个CSS。

第二步，定义如下CSS，关键代码如下所示。

```
1.  .designpreview H4 A.dpavatar:visited {  /*定义链接访问后的样式 */
2.      …
3.  }
4.  .designpreview H4 A.dpavatar:active { /*定义链接点击时样式 */
5.      …
6.  }
7.  .designpreview H4 A.dpavatar:hover { /*定义鼠标悬浮在链接上的样式 */
8.      BORDER-RIGHT: #5d5d5d 1px solid;
9.      BORDER-TOP: #5d5d5d 1px solid;
10.      BORDER-LEFT: #5d5d5d 1px solid;
11.      BORDER-BOTTOM: #5d5d5d 1px solid
12. }
13. .designpreview H4 A.dpavatar IMG {/*定义图片显示的样式 */
14.      BORDER-TOP-WIDTH: 0px;
15.      PADDING-RIGHT: 0px;
16.      PADDING-LEFT: 0px;
17.      BORDER-LEFT-WIDTH: 0px;
18.      BORDER-BOTTOM-WIDTH: 0px;
19.      PADDING-BOTTOM: 0px;
20.      MARGIN: 1px;
21.      PADDING-TOP: 0px;
22.      BORDER-RIGHT-WIDTH: 0px
23. }
```

上面第13行定义图片效果的样式，第14~19行定义了边框的宽度全部为0，而且没有颜色。而第7~12行定义鼠标悬浮在链接上的样式，第8~11行指定了边框的宽度为1px、边框的颜色为#5d5d5d，这样我们就实现了鼠标悬浮的效果。

29.5 站点地图页面

在站点地图页面中，需要实现如下的效果：当用鼠标移动到不同的页面时，页面说明里将动态地显示各个小页面的介绍，如图29-10所示。这个效果将通过CSS的方式来实现。

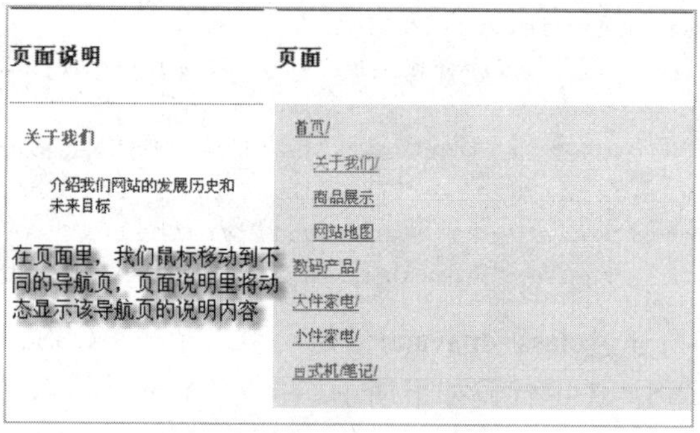

页面说明	页面
关于我们	首页/
介绍我们网站的发展历史和未来目标	关于我们
	商品展示
在页面里，我们鼠标移动到不同的导航页，页面说明里将动态显示该导航页的说明内容	网站地图
	数码产品/
	大件家电/
	小件家电/
	台式机/笔记

图29-10 动态显示文字的效果

这个效果的关键实现代码如下所示。

```
1.   <DIV id=content>
2.    <DIV id=contentsectionleft>
3.     <H2>页面说明</H2>
4.     <DIV id=summary>
5.      <H3>有什么作用？</H3>
6.      <P>告诉你该页面的功能，页面中所展示的内容的简介。</P>
7.     </DIV>
8.    </DIV>
9.    <DIV id=contentsectionright>
10.    <DIV id=pages>
11.     <H2>页面</H2>
12.     <UL style="PADDING-BOTTOM: 10px">
13.       <LI><A onmouseover="p('首页','首页，是网站的主要页面，进入网站时所看到的第
一个页面')" href="index.htm">首页/</A>
14.        <UL>
15.           <LI><A onmouseover="p('关于我们','介绍我们网站的发展历史和未来目标')"
href="aboutus.htm">关于我们/</A>
16.         省略类似的代码…..
17.        </UL>
18.     </DIV>
19.    </DIV>
20.</DIV>
```

请大家注意第13行和第15行中包含在li标签中的代码，如<A onmouseover="p('关于我们','介绍我们网站的发展历史和未来目标')" href="aboutus.htm">关于我们/</A>，这段代码是实现效果的关键，其中，除了用href标签定义超链接页面外，还用了onmouseover语句定义鼠标移动到链接上面时该调用JavaScript里的p方法。

p方法的代码如下所示。

```
1.  function p(title, summary)
2.  {
3.          document.getElementById('summary').innerHTML = "<h3>" + title +
"</h3><p>" + summary + "</p>";
4.  }
```

其中，通过第3行的innerHtml标记，动态地设置小页面的说明文字。

第30章 个人图片博客网站

在互联网异常发达的今天，每个人可以通过博客网站，来向自己的亲朋好友展示自己的风采。个人博客的内容可以是非正式的，而且，可以用一些非正规的方式来彰显自己的个性。本章我们将介绍一个典型而又美观的个人博客网站实现方法。

 ## 30.1　网站页面效果分析

博客网站属于个人网站，这种网站的风格是要突出个性，所以这类网站不仅要用色彩突出个性，而且要用图片来吸引别人的眼球。

本章中介绍的博客网站包含了样式丰富的首页、使用多张图片"集中轰炸"访问者眼球的"图片展示"页面，以及"博客文章"页面。

本章将着重分析首页、"图片展示"页面的设计样式，而"博客文章"页面，虽然效果非常个性化，但实现起来相对简单，所以本章就不再分析，这部分代码请大家自行从与本书配套的下载资源中获取。

30.1.1　首页效果分析

博客网站的首页效果如图30-1所示，它使用了三行的布局样式。在第一行里，放置"自我介绍"的内容，使用了能收缩放开的效果。第二行是首页的主体部分，这块分为三列，分别放置了"导航"、"最新发表的博客"和"广告图片"模块，在第三行里，放置博客网站的页脚，其中包含版权等信息。

首页的背景，是一张带白蓝色底的图片，上面有些浅浅的图案。使用不同颜色背景图片的方式，能很鲜明地突出博主的性格，比如这里的蓝色能显示出博主的神秘，如果用艳丽型的配色，则能体现出博主阳光灿烂的性格。

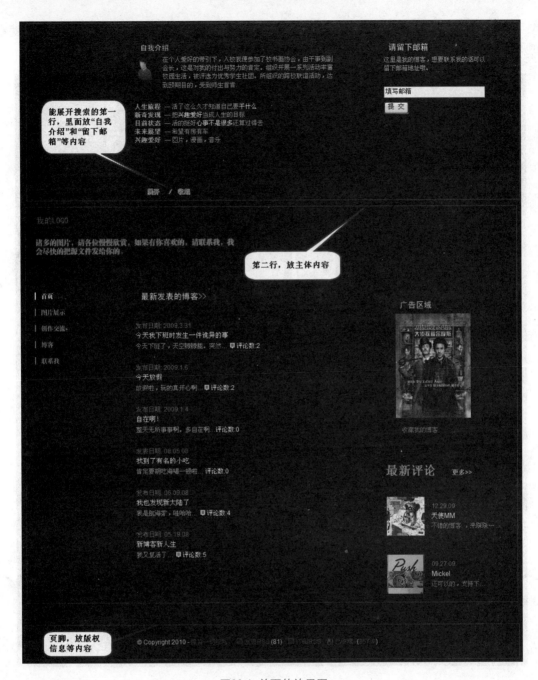

图30-1 首页的效果图

30.1.2 图片展示页面的效果分析

图片展示页面的样式与首页一样，也是采用三行样式，第一行和第三行与首页完全一样，效果如图30-2所示，图中通过"展开/收缩"按钮，把第一行收缩起来了。

第二行的左边部分与首页一样，也放置了导航部分的链接，而右边部分是本博客的特色：用一个很大的篇幅绘制了很多张图片，这里如果用JavaScript加入一些图片的特效，就能更吸引访问者，不过这个特效不是本章的重点，所以就不再详细介绍了。

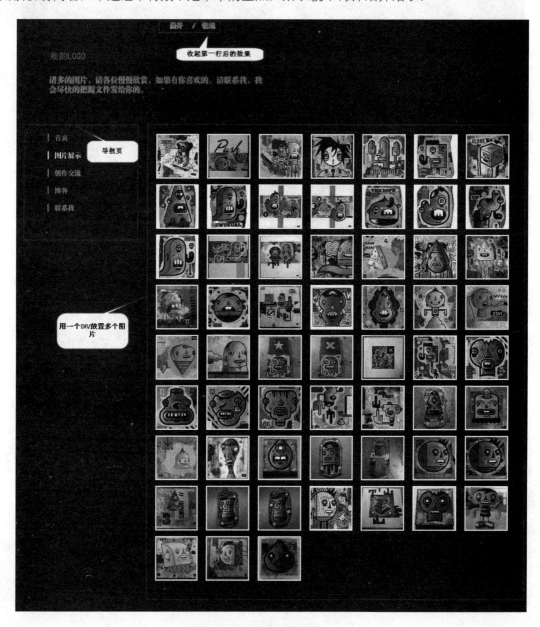

图30-2 图片展示页面的效果图

30.1.3 网站文件综述

在这个网站中，除了上文里提到的首页和图片展示页面外，还包括"博客文章"页面，这些页面中所用到图片、CSS文件和JavaScript代码，将分别放置在image、css和js目录里，文件及其功能如表30-1所示。

表30-1　图片网站文件和目录一览表

模块名	文件名	功能描述
页面文件	index.htm	首页
	picshow.html	图片展示页面
	blog.html	博客页面
css目录	之下所有扩展名为css的文件	本网站的样式表文件
js目录	之下所有扩展名为js的文件	本网站的JavaScript脚本文件
images目录	之下所有的图片	本网站需要用到的图片

30.2　规划首页的布局

　　设计这类网站的基本方法是：先用DIV构建总体框架，随后再细分各个模块地效果，最后用CSS和JS实现动态的效果。

30.2.1　搭建首页第一行的DIV

　　首页采用三行的样式，第一行是博客主人的自我介绍和博客主人的联系方法，它采用了多个DIV嵌套的样式，其效果如图30-3所示。

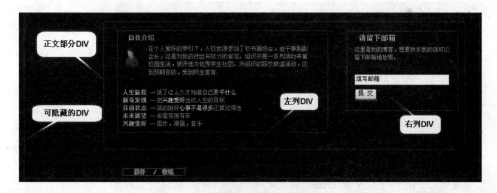

图30-3　首页第一行的DIV设计分析图

　　这个模块中包含了多个DIV，此部分DIV实现的代码如下所示。

```
1.  <div class="mailing_box">
2.   <div class="inner_mailbox">
3.    <div id="social_right">
4.     <h2 class="socialize_hdr hdr">自我介绍</h2>
5.      <p><img src="images/avatar.gif" border="0" class="social_avatar" />在
个人爱好的带引下，入校我便参加了校书画协会，……。</p>
6.     <ul class="left_links">
```

```
7.        <li><strong>人生旅程</strong> &mdash; 活了这么久才知道自己要<a href="#">
干什么</a></li>
8.      …
9.      </ul>
10.     </div>
11.   <div id="mail_left">
12.     <h2 class="maillist_hdr hdr">欢迎光临</h2>
13.     <p>这里是我的博客，想要联系我的话可以留下邮箱地址哦。</p>
14.     <form method="post">
15.       <input type="text" name="address" size="28"  value="填写邮箱"
onfocus="if(this.value=='填写邮箱')this.value='';" onblur="if(this.value=='')
this.value='填写邮箱';" class="text_input" />
16.       <input type="submit" value="提 交" name="submit" class="mail_button"
/>
17.      <br />
18.     </form>
19.   </div>
20.   <div class="clear"></div>
21.   </div>
22. </div>
```

　　在上述代码中，第1行的代码定义包在最外面的DIV，并且在CSS中设置为默认不显示，只有在点击"展开/收起"按钮后才会显示或隐藏，第2行包含正文的DIV，而第3~11行是正文的左边列，第13~19行则是正文的右边列。

30.2.2　搭建首页主体部分的DIV

　　首页主体部分的DIV是首页中最重要的部分，主体部分又分为两行，其效果如图30-4所示，我们就来逐行构建主体部分的DIV。

　　第一，构建主体部分第一行的DIV，这里关键部分的代码如下所示，代码比较简单，所以不做说明了。

图30-4　首页主体部分的DIV设计分析图

```
1.  <div id="header">
2.    <h1><a href="index.html">我的LOGO</a> <! – 网站Logo -->
3.    <a href="#" class="tag">看看</a></h1> <!—个性说明 -->
4.  </div>
```

第二，构建主体部分第2行的DIV，这部分的内容较多，我们展开说明。

左边部分DIV是网站导航部分，关键实现代码如下所示，这里使用ul和li等控制段落的元素来布局导航文字。

```
1.  <div>
2.  <ul id="nav">
3.    <li id="home"><a href="index.html" class="selected">首页</a></li>
4.    <li id="artwork"><a href="picshow.html"><strong></strong>图片展示</a></li>
5.    <li id="store"><a href="#">创作交流</a></li>
6.    <li id="blog"><a href="blog.html">博客</a></li>
7.    <li id="info"><a href="#">联系我</a></li>
8.    </ul>
9.  </div>
```

中间部分DIV是最新发表的博客，现在放置了6条博客信息，放置的条数可以自行定义，关键实现代码如下所示。

```
1.  <div id="center_well" class="narrow_center">
2.    <h2 class="recent_posts_hdr"><a href="#">最新发表>></a></h2>
3.    <ul class="recent_posts">
4.    <li>
5.      <div class="date">发布日期: 2009.3.31</div>
6.      <h3><a href="#">今天我下班时发生一件诡异的事</a></h3>
7.      <div class="entry">
8.          <p>今天下班了，天空朦朦胧。突然&hellip; <a href="#" rel="bookmark" class="comment_link">评论数:2</a></p>
9.      </div>
10.    </li>
11.    省略这模块的其他代码
12.    …
13.    </ul>
14. </div>
```

在上面代码中，为了节省篇幅只给出一条博客信息作为例子，如有需要请从与本书配套的下载资源中获取详细代码，并可根据需要修改代码。

这里请注意，在第1行里我们引入了class为narrow_center的CSS，这部分的关键代码如下所示，它定义了这个DIV的宽度和背景图片等信息。

```
1.  .narrow_center {
2.      width:400px; <!—设置DIV的宽度 -->
3.      margin:0 20px 0 0; <!-- 设置右边距 -->
4.      padding-right:60px; <!-- 设置右内边距 -->
5.      background:url(../images/rt_bk.gif) repeat-y 100% -20px; <!-- 设置背景图片 ->
6.  }
```

右边DIV的实现分为两个部分，上面部分是广告区域，下面部分是最新评论区域，关键实现代码如下所示。

```
1.  <div id="left">
2.   <!-- 广告区域代码 ->
3.   <div id="twitter">
4.    <h2 class="recent_tweets_hdr">广告标题</h2>
5.    <p><img src="images/flms.jpg" border="0" /></p>
6.    <a href="#" class="follow">收藏我的博客</a>
7.   </div>
8.   <!-- 最新评论区域代码 -->
9.    <h2 class="recent_art_hdr" ><p>最新评论 <span style="margin-left:20px;font-size:12px">更多&gt;&gt;</span></p></h2>
10.   <ul class="recent_art">
11.    <li> <a href="#" rel="4226628850" title="">
12.     <img border="0" src="images/4226628850_041effff78_s.jpg" /></a>
13.    <div class="date">12.29.09</div>
14.    <h3><a href="#" title="">天使MM</a></h3>
15.    <p>不错的博客，来踩踩~~ &hellip;</p>
16.    </li>
17.   省略部分评论代码
18.   ……
19.   </ul>
20. </div>
```

请注意上面代码的第11~16行，它只包含了一个最新的评论，如果需要多显示几个评论，那就请把评论都包含在li这个标签内。

到此为止，我们已经给出了第二行里DIV的主要代码，这里我们忽略了一些次要DIV的代码，这些代码可以到与本书配套的下载资源中获取。

30.2.3 搭建页脚部分的DIV

这个图片网站的页脚部分比较简单，大致的效果如图30-5所示。

图30-5 页脚部分的DIV设计

实现页脚部分的代码如下所示。

```
1.  <div id="footer">
2.   <p>&copy; Copyright 2010 - <a href="index.html">保留一切权利</a>      
3.       <a href="#" class="feed">发表RSS</a><span class="stats"> (81)</span>
4.          <a href="#" class="feed">订阅RSS</a><span
```

```
class="stats">
5.            </span>    <a href="#" class="dellink">已收藏</a><span
class="stats">
6.            (<a href="#" class="statslink">357次</a>)</span></p>
7.    </div>
```

　　到这里首页的搭建工作就完成了，要注意的是，因为整个页面都使用了背景，所以在定义文字颜色的时候，不能与背景图片的颜色相似。

30.2.4　首页CSS效果分析

　　在前面描述DIV的时候，我们已经讲述了部分CSS的代码，本小节我们将用表格的形式描述首页中其他CSS的效果，如表30-2所示。

表30-2　首页DIV和CSS对应关系一览表

DIV代码	CSS描述和关键代码	效果图

`<div class="mailing_box">`	用背景图片被拉伸的方式制造出阴影效果
	`.mailing_box {`
	　　　`display:none;`
	　　　`margin:0 0 10px 0;`
	　　　`padding:20px 20px 20px 160px;`
	　　　`background:url(../images/art_bk.gif);`
	`}`	

`<a href="#" class="buyart"></a>`	定义这个图标鼠标停留和鼠标离开是的效果
	`.a.buyart {`
	　　　`…..`
	　　　`background:url(../images/buyart.gif) 0 -52px;`
	`}`
	`a:hover.buyart {`
	　　　`background:url(../images/buyart.gif) 0 0;`
	`}`	

（续表）

DIV代码	CSS描述和关键代码	效果图

`<div id="center_well" class="narrow_center">`	在一个DIV中同时定义了ID和CLASS双重CSS，以此来定位这个DIV
	
	`#center_well {`
	    `float:left;`
	`}`
	`.narrow_center {`
	    `width:400px;`
	    `margin:0 20px 0 0;`
	    `padding-right:60px;`
	    `background:url(../images/rt_bk.gif) repeat-y 100% -20px;`
	`}`	

`<ul class="recent_art">`	用符合网站风格的背景图片来做行分隔符
	
	    `.recent_art li {`
	    `clear:left;`
	    `margin:18px 0 0 0;`
	    `padding:0 0 24px 0;`
	    `min-height:80px;`
	    `background:url(../images/line_bk.gif) no-repeat 0 100%;`
	`}`	

30.3 首页CSS效果分析

在首页中我们使用CSS实现了两个亮点效果，DIV阴影效果和图标悬浮的动态效果。

30.3.1 DIV阴影效果的实现方式

DIV阴影效果是，在此DIV显示时，DIV内部会出现阴影，如果不使用DIV覆盖，此阴影会一直存在，效果如图30-6所示。

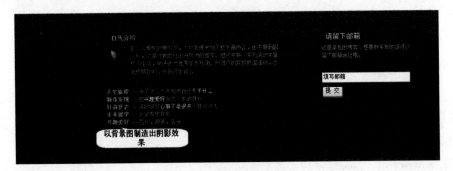

图30-6　DIV阴影效果的示意图

为了实现DIV阴影的效果，首先需要在这部分的DIV引入CSS样式，关键代码如下所示。

```
1.  <div class="mailing_box">
2.   <div class="inner_mailbox">
3.    <div id="mail_left">
4.    <h2 class="maillist_hdr hdr">欢迎光临</h2>
5.    <p>这里是我的博客，想要联系我的话可以留下邮箱地址哦。</p>
6.     这里省略部分代码
7.     …
8.    </div>
9.   <div>
```

在上面代码中，第一行引用的CSS为mailing_box，这使得整个DIV都有了阴影背景，如果不使用DIV进行覆盖，此阴影效果将一直存在。

其CSS实现代码如下所示。

```
1.  .mailing_box {
2.       display:none;
3.       margin:0 0 10px 0;
4.       padding:20px 20px 20px 160px;
5.       background:url(../images/art_bk.gif);
6.  }
```

上述代码中，第2行说明这个DIV是默认不显示的，只有当点击"展开/收起"按钮时才会显示或隐藏，这部分效果是由JavaScript实现的，这里就不做详细说明了。

在这部分代码中，其中第4行代码定义了覆盖阴影效果DIV位置，其顺序是"上右下左"，左边定义的留白最大，所以阴影效果就最多，如图30-6所示。

而第5行代码引用了一张图片作为背景图，并且不对它的拉伸效果做任何限制，所以才会出现DIV阴影的效果。

30.3.2　图标悬浮效果

在首页中有"欢迎光临"这个小图标，它游离于整个DIV之外，并且当鼠标停留和鼠标移开时会有不同的效果，如图30-7所示。

图30-7 小图标悬浮于动态效果示意图

小图标悬浮效果页面实现方式很简单，主要是通过CSS引用的方式来实现的，其实现代码如下所示。

```
<a href="#" class="buyart"></a>
```

这里主要就是引用了一个名叫buyart的CSS，这个CSS实现了小图标的悬浮效果，也实现了鼠标停留和移开时的动态效果，实现代码如下所示。

```
1.   <!-- 鼠标离开效果，并定义了小图标悬浮属性 -->
2.   a.buyart {
3.       width:83px;
4.       height:52px;
5.       position: absolute;  <!--定义绝对位置 ->
6.       right:15px;
7.       top:15px;
8.       background:url(../images/buyart.gif) 0 -52px;
9.       text-indent:-10000px; <!--设置文本缩进 ->
10.      overflow:hidden;  <!-- 不显示超过对象尺寸的内容 -->
11.  }
12.  <!-- 鼠标停留效果 -->
13.  a:hover.buyart {
14.      background:url(../images/buyart.gif) 0 0;
15.  }
```

在上述代码中，首先第2行和第3行定义了这个小图标的宽度与高度，并且因为动态切换效果是由一张图片完成的，所以小图标的高度只能是这张图片的一半。

在第8行中引用了要切换的图片，因为小图标默认显示的是图片的下半部分，所以在第8行中就定义了"-52px"这个属性，这与前文是不同的，大家要注意一下。

下面我们就来介绍小图标的悬浮效果，在这个效果中，最重要的属性是第5行的"position: absolute;"，这个属性定义了这个<a>标签的位置属于绝对位置，定义这个属性之后，这个小图标就变为浮动图标了，只要再定义距离边框的大小就行了，如第6、第7行定义了距离右边框15个像素、距离顶边框15个像素，这样这个小图标就显示在右上角，如果想改变显示位置，则可以通过调整像素大小来实现。

30.4 图片展示页面

图片展示页面使用7列缩略图显示，不同于相册，这种风格用来表现博客的个性化，如

图30-8所示。

设计图片展示区的布局应当考虑，用户可能上传多张图片，图片必须控制其宽度和高度，每张图片的外边距margin设置为一定宽度，让所有的图片看起来整齐有序。

图30-8 图片展示页面的效果图

图中红线为thumbs DIV的父类容器，a结合img标签是最常用的图片链接方式，对初学者来说，很容易忽视图片的表框问题。图片中看到的白色边框是img的border。请注意img和a组合时，图片默认有边框。必须将img的border设置为0，才能去掉边框，以下是图片展示区的实现代码。

```
1.  <div id="thumbs">
2.  <a href="#" title="">
3.   <img border="0" src="images/4226628850_041effff78_s.jpg" />
4.  </a>
5.  <a href="#" title="img_art">
6.   <img border="0" src="images/3960817116_7e8eb0cf5b_s.jpg" />
7.  </a>
8.  </div>
```

上面代码中第5行包含title的语句，很多初学者在开发页面的时候经常忽略title和alt这些描述文字的属性。它们的作用是描述某段文字或图片是什么、做什么用途。其实它们还有第二个作用，增加搜索引擎的收录率。

搜索引擎是无法解释图片的。而图片展示页以图片为主，即如何让搜索引擎更好地收录呢？这时就要靠title和alt属性来说明。虽然这种标准不会带来明显的作用，作为标准我们还是应该遵守。

```
1.  #thumbs img {
2.      border:2px solid #FFF; //2个像素点白色实线边框
3.      margin:0 9px 6px 0; //外边距下边是9像素宽度，左边6像素宽度
4.  }
5.  #thumbs img:hover {
6.      border:2px solid #365463; //2像素并且指定颜色的实线边框
7.  }
```

上面代码的第1行里，#thumbs img表示id="thumbs"的标签内所有img的样式。而第2行里，为img标签定义了边框和外边距。

在第5行里，我们在#thumbs img后面增加:hover，这样，hover就能定义鼠标移到img上时的样式规则。

30.5 博客文章页面

30.5.1 博客文章页面文章部分的DIV

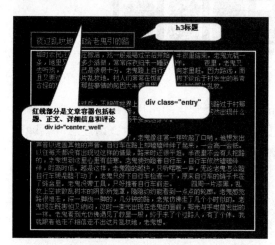

图30-9 博客文章上半部分标题和正文

博客文章页面的文章部分包括的内容比较多，其效果如图30-9所示，这里我们首先讲解标题和正文的实现方式。

图中红线框起来的文章区域的父类容器，包含了文章的标题、正文、发布日期、评论次数、浏览次数、外部引用、评论信息和发布评论等内容，其现实代码如下所示。

```
1.  <div id="center_well" class="narrow_center">
2.  <h3 class="single">夜过乱坟地 谁给老鬼引的路</h3>
3.  <div class="entry">
4.      <p>那时农民还忙着庄稼活，戏一般是喝过茶后开始，半夜里结束。老鬼光棍一条，地里又没
有多少活做，常常深夜归来一睡到晌午……//略</p>
5.  <p> 发表日期：2010.2.15 <br />
6.  评论数：2次<br />
7.  浏览  ：31次<br />  // 以开始的分号结尾的作为标记解释
8.  引用：<a href="#">引用网址</a>  </p>
9.  </div>
10.  <!--//省略评论部分 //-->
11.  </div>
```

文章内容的现实比较简单，标题和正文都使用了**h3**和**div**标签，CSS部分的代码如下所示。

```
1.  #center_well {float:left;} /* 浮动方式：左*/
2.      .narrow_center {width:400px;margin:0 20px 0 0;
3.      padding-right:60px;  /* 右内边距60像素 */
4.      background:url(./images/rt_bk.gif) repeat-y 100% -20px;
5.      /*设背景图并纵向拉伸，这里百分比和-20在下面会有解释*/
6.  }
7.  /* //以上父类容器的样式规则 */
8.  h3 {font:normal 13px/20px "宋体", sans-serif;
9.      margin:0 0 2px 0; /* h3外边距左边2像素*/
```

```
10.        padding:0;
11. }
12. h3.single {font:normal 16px/16px "宋体", sans-serif;
13.        margin:0 0 10px 0; /* 标题外边距左边10像素 */
14.        padding:0;
15. }
16. /* 以上文章标题样式 */
17. .entry {margin: 0 0 15px 0;} /* 外边距左边15像素 */
18. .entry p {margin-top:0;color:#9EE4F5;} /* 外边距顶部空白, 段落内字体颜色
#9EE4F5*/
19. .entry p a {color:#9baab1;border-bottom:1px dotted #566a75;}
20. .entry p a:hover {color:#fff;
21.        border-bottom:1px dotted #fff;
22.        /*正文段落内锚点选中时字体颜色白色底边1px白色点线 */
23. }
```

上面第1行的代码中，我们把#center_well设置为浮动式，这样做的目的是让left所在的DIV并排在其后面。在第2行里，设置了center_well宽度为400像素、下边距为20像素，目的是让文章下面内容与文章区分开。

第3行设置右内边距空60个像素，为了给图片预留足够的位置。那么图片在什么位置呢？图30-10中白色区域就是一张图片。这是一种高级设计技巧，很多设计师使用这种技巧对网页的区域内部进行美化，我们把它称为组合效果。

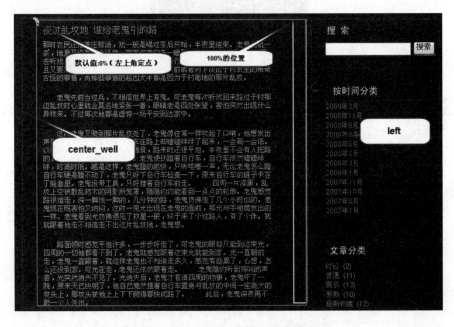

图30-10　repeater-y背景图定位效果

在上述代码的第4行里，"background:url(./images/rt_bk.gif) repeat-y 100% -20px;"这句代码对白色图片的位置进行定位并纵向拉升为最终效果。绿色区域是图片的背景图区域，用repeater-y属性对其进行平铺并纵向拉升。而100% -20px语句才是关键，100%是在下图位置，平铺高度是DIV高度，所以会出现一条一条波浪的效果；-20px表示图片上移20个像素点。

30.5.2 博客文章页面归档和分类部分的DIV

开发博客系统有一些标准，比如归档、分类、统计、引用、通告、RSS等数十条标准，我们可以在各种类型的博客上见到他们的身影。在本章的例子中我们可以看到图30-11所示的归档和统计，这也是我们日常设计博客界面时需要用到的模块。

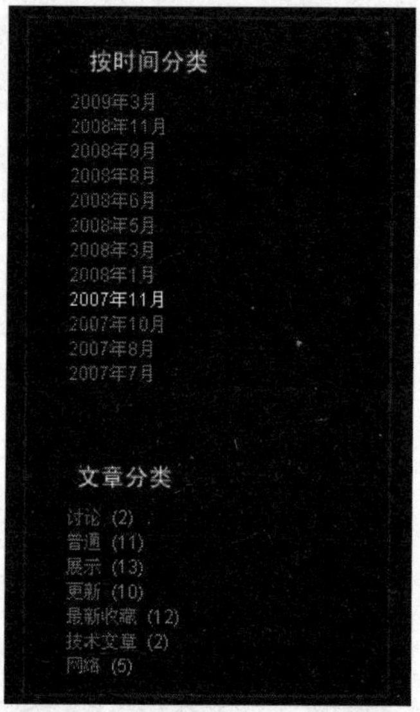

图30-11 归档分类效果

这部分的关键实现代码如下所示。

```
1.  <div id="left">
2.    <h2 class="search_hdr hdr">搜索</h2>
3.    <div id="search_form"><!--//搜索略--></div>
4.    <h2 class="archive_hdr hdr">按时间分类</h2>
5.    <ul>
6.     <li><a href='#' title='March 2009'>2009年3月</a></li>
7.      <!--//略-->
8.    </ul>
9.    <h2 class="cat_hdr hdr">文章分类</h2>
10.   <!--//略-->
11.   <ul>
12.    <li class="cat-item cat-item-5"><a href="#" title="View all posts filed under Contests">讨论</a> (2) </li>
13.   </ul>
```

在上面代码的第2行中，使用h2作为标头，而在第5、6行里，使用ul和li实现列表，之前对这种标签进行过介绍，这里不做过多说明。

```
1.  h2.archive_hdr {
2.      background:url(../images/archive_hdr.gif) no-repeat; /* 设置背景图，不拉升*/
3.      width:170px;
```

```
4.          height:17px;
5.          margin:50px 0 10px 0; /*右外边距 50像素*/
6.   }
7.   #left {        float:left; width:250px; padding-left:10px; } /* 左浮动 */
8.   #left a {color:#9baab1;}
9.   #left a:hover { color:#fff; }
10.  /* ------以上锚点样式---------- */
11.  ul { margin:0; padding:0; }
12.  li { style-list:none; }
13.  //源代码中最上面定义的，先用样式统一好ul和li的样式
```

　　在上面样式代码中对archive_hdr h2进行了定义，并对left内的锚点定义了宽度、浮动方式、颜色和选中的颜色。在第11行里，ul和li在CSS开始就已经统一了标签的样式，我们经常会看到像第11行这样的*{margin:0;padding:0;}样式定义。